Klaus D. Niemann

Client/Server-Architektur

Zielorientiertes Business-Computing

Herausgegeben von Stephen Fedtke

Die Reihe bietet Entscheidungsträgern und Führungskräften wie Projektleitern, DV-Managern und der Geschäftsleitung, wegweisendes Fachwissen, das zeigt, wie neue Technologien dem Unternehmen Vorteile bringen können.

Die Autoren der Reihe sind ausschließlich erfahrene Spezialisten. Der Leser erhält daher gezieltes Know-how aus erster Hand. Die Zielsetzung umfaßt:

- Nutzen neuer Technologien und zukunftsweisende Strategien
- Kostenreduktion und Ausbau von Marktpotentialen
- Verbesserung der Wertschöpfungskette im Unternehmen
- Praxisorientierte und präzise Entscheidungsgrundlagen für das Management
- Kompetente Projektbegleitung und DV-Beratung
- Zeit- und kostenintensive Schulungen verzichtbar werden lassen

Die Bücher sind praktische Wegweiser von Profis für Profis. Für diejenigen, die heute in die Hand nemen, was morgen Vorteile bringen wird.

Der Herausgeber, Dr. *Stephen Fedtke*, ist Softwareentwickler, Berater und Fachbuchautor. Er gibt, ebenfalls im Verlag Vieweg, die Reihe „Zielorientiertes Software-Development" heraus, in der bereits zahlreiche Titel mit Erfolg publiziert wurden.

Bisher sind erschienen:

Unternehmenserfolg mit EDI
Strategie und Realisierung des elektronischen Datenaustausches
von Markus Deutsch

QM-Handbuch der Softwareentwicklung
Muster und Leitfaden nach DIN ISO 9001
von Dieter Burgartz

Client/Server-Architektur
Organisation und Methodik der Anwendungsentwicklung
von Klaus D. Niemann

DV-Revision
Ordnungsmäßigkeit, Sicherheit und Wirtschaftlichkeit von DV-Systemen
von Jürgen de Haas und Sixta Zerlauth

Chipkarten-Systeme erfolgreich realisieren
Das umfassende, aktuelle Handbuch
für Entscheidungsträger und Projektverantwortliche
von Monika Klieber

Telearbeit erfolgreich realisieren
Das umfassende, aktuelle Handbuch
für Entscheidungsträger und Projektverantwortliche
von Werner Korte und Norbert Kordey

Klaus D. Niemann

Client/Server-Architektur

Organisation und Methodik
der Anwendungsentwicklung

Herausgegeben von Stephen Fedtke

2., verbesserte Auflage

Springer Fachmedien Wiesbaden GmbH

Die Deutsche Bibliothek – CIP-Einheitsaufnahme

ISBN 978-3-322-89124-2   ISBN 978-3-322-89123-5 (eBook)
DOI 10.1007/ 978-3-322-89123-5

1. Auflage 1995
2., verbesserte Auflage 1996

Das in diesem Buch enthaltene Daten-Material ist mit keiner Verpflichtung oder Garantie irgendeiner Art verbunden. Der Autor, der Herausgeber und der Verlag übernehmen infolgedessen keine Verantwortung und werden keine daraus folgende oder sonstige Haftung übernehmen, die auf irgendeine Art aus der Benutzung dieses Programm-Materials oder Teilen davon entsteht.

Der Verlag Vieweg ist ein Unternehmen der Bertelsmann Fachinformation GmbH.

Vorwort zur 2. Auflage

Seit dem Erscheinen der ersten Auflage hat es sich bestätigt, daß Client/Server-Projekte verstärkt eine unternehmensweite Bedeutung erlangen. Damit entwickelt sich auch die Softwarearchitektur dieser Client/Server-Lösungen von der Zwei-Ebenen-Architektur zur Mehr-Ebenen-Architektur, die erhöhte Anforderungen an Projektorganisation, methodische Vorgehensweisen, Werkzeuge und Architekturkonzepte stellt.

Große und strategisch bedeutsame Client/Server-Anwendungen verlangen von den Unternehmen, die sie entwickeln, den Aufbau einer professionellen Software-Produktionsumgebung im Client/Server-Umfeld. Die differenzierten Ausgangssituationen verschiedener Unternehmen untersagen es dem vorliegenden Buch, Patentrezepte zu liefern, die ohne eigenes Zutun adaptierbar wären. Das Buch liefert vielmehr Erfahrungen, Denkansätze und Konzepte, die sich in großen Client/Server-Projekten bewährt haben. Dem Leser, der mit den Rahmenbedingungen einer professionellen Softwareproduktion vertraut ist, wird es nicht schwerfallen diesen „Werkzeugkasten" auf die eigene Arbeit in Client/Server-Architekturen anzuwenden.

Kattendorf, im Juni 1996

Klaus D. Niemann

Vor einigen Jahren begannen die Geschichten um ein neues, bisher nahezu unbekanntes Land in der Welt der Informationsverarbeitung zu kreisen. In einigen Erzählungen wurde das „Client/Server-Land" zum Schlaraffenland der Datenverarbeitung. Unglaubliche Dinge waren zu hören, etwa davon, die Dinosaurier der Informationsverarbeitung seien in diesem Land vollständig ausgestorben, das leidige Problem der immer zu hohen IV-Kosten sei ein für alle mal gelöst und die Diskriminierung von Benutzern gehöre dort der Vergangenheit an.

Einige Pioniere machten sich auf den Weg, das „Client/Server-Land" zu erreichen; andere betrachteten das Ganze mit Skepsis aus der Ferne. Die ersten Expeditionen brachten widersprüchliche Ergebnisse. Manche bestätigten die Erzählungen, einige fanden den Weg nicht, und manche berichteten von allzu hohen Eintrittspreisen. Eines aber wurde deutlich: Je besser diese Expeditionen vorbereitet waren, um so einfacher gestaltete sich die Reise, und um so angenehmer war der Aufenthalt im „Client/Server-Land". Die Expeditionsteilnehmer berichteten von nützlichen Ausrüstungsgegenständen wie „Schichtenmodellen", „Architekturen" oder „Objektorientierung", die sich im „Client/Server-Land" als hilfreich erwiesen hatten. Und nach und nach setzte sich die Erkenntnis durch, daß alle Reisen durch diese Dinge komfortabler und sicherer wurden. War das „Client/Server-Land" vielleicht nur eine Fiktion, die aber dafür sorgte, daß neue Wege des Reisens gefunden wurden?

In der aktuellen Diskussion um die Client/Server-Architektur wird deutlich, daß sich ein Wandel im Umgang mit diesem Thema vollzieht. Wurden Client/Server-Lösungen vor einiger Zeit noch als Allheilmittel gegen hohe DV-Budgets und unzufriedene Benutzer gesehen, so objektiviert sich inzwischen die Sicht. Die Möglichkeiten von Client/Server-Architekturen sind inzwischen klarer, und es ist deutlich geworden, daß die Unterstützung wichtiger Geschäftsprozesse mit qualitativ hochwertigen Client/Server-Applikationen einen Wandel in der Anwendungsentwicklung erforderlich macht. Client/Server-Architekturen entstehen nicht allein aus neuen Werkzeugen heraus, sondern auch im methodischen und organisatorischen Umfeld besteht Handlungsbedarf.

Die genannte Entwicklung war ausschlaggebend für den Versuch, mit diesem Buch einen „Reiseführer für eine Expedition in das Client/Server-Land" zu schaffen. Nicht die technischen Besonderheiten der Client/Server-Landschaft stehen im Mittelpunkt, sondern Projektorganisation, Methodik, Architektur und Organisation der Anwendungsentwicklung.

Die in diesem Buch zusammengefaßten Konzepte sind über viele Jahre in Projekten, Expertisen, Seminaren und vorangegangen Publikationen im In- und Ausland entwickelt worden. Aus diesem Grund hat das dargestellte methodische Vorgehen und Organisationkonzept zur Realisierung von Client/Server-Applikationen den Charakter eines Werkzeugkastens. Keinesfalls wird davon ausgegangen, daß alle Konzepte, die in diesem Buch dargestellt werden, für jedes Client/Server-Projekt tauglich und notwendig sind. Die Projekterfahrung lehrt uns, den Unterschieden der Projekte durch Anpassung des Vorgehens Rechnung zu tragen. Der Leser ist vielmehr dazu aufgefordert, das Buch als Werkzeugkasten zu sehen, in dem Methodenelemente, Organisationskonzepte, Ergebnistypen, Erfahrungen und Anregungen zum Vorgehen gesammelt sind.

Mein Dank richtet sich an alle Kollegen, Projektmitarbeiter und Seminarteilnehmer, die mit Diskussionen, Ideen und kritischen Fragen die Inhalte dieses Buches mitgestaltet haben. Besonderen Dank an die Fima ExperTeam für die Testlizenz des CASE-Werkzeugs Systems Engineer, mit dem viele Diagramme gestaltet wurden. Herrn Dipl. Math. Volker Oesinghaus sei für die kritische Begutachtung des Manuskripts und viele Anregungen gedankt. Dr. Monika Alamdar-Niemann hat nicht nur das Manuskript korrigiert, sondern auch meine verlängerten Arbeitstage toleriert.

Kattendorf, im März 1995

Klaus D. Niemann

Inhalt

1 Einleitung

1.1 Ausgangssituation

Das Klima in vielen Unternehmen ist zur Zeit geprägt durch Veränderungen in der Aufbau- und Ablauforganisation. Hand in Hand mit diesen Veränderungen wird die betriebliche Infrastruktur und hier in besonderem Maße die Informations- und Kommunikationstechnologie an die neue Situation angepaßt.

Der Bereich Informationsverarbeitung (IV) sieht sich selbst in doppelter Weise den Anforderungen gegenübergestellt, die sich aus dem Veränderungsprozeß ergeben. Zunächst verändert sich auch in vielen IV-Bereichen die Aufbau- und Ablauforganisation. Dies geschieht vielfach unter der Zielsetzung, IV-Kosten zum Beispiel durch Reduktion der Fertigungstiefe mittels Einsatz von Standardsoftware oder „Outsourcing" zu senken. Der Veränderungsprozeß produziert darüber hinaus weitreichendere Anforderungen an den IV-Bereich. IV-Technologie wird als Mittel zur Optimierung von Geschäftsprozessen und damit schlagkräftige Waffe im Veränderungsprozeß gesehen.

Entscheidend für den Erfolg eines technologieunterstützten Veränderungsprozesses ist es, die Technologie der neugestalteten Organisation anzupassen. Ein mechanistisch geprägter Veränderungsprozeß erschöpft sich mit der Spezifikation technischer Lösungen ohne deren Einbettung in die Organisation zu betrachten. Die IV-Abteilung, die sich zum Lieferanten solcher technischer Lösungen degradieren läßt, kann ihrer Aufgabe kaum gerecht werden. Die Unterstützung des Veränderungsprozesses mittels IV-Technologie setzt eine ganzheitliche, interdisziplinäre Betrachtung voraus. Der IV-Bereich erhält in diesem Kontext die Chance,

- sich als Lieferant von Methoden und Strukturierungshilfen zu etablieren,

- durch Moderation des Veränderungsprozesses eine umfassende Sicht auf die Geschäftsprozesse zu gewinnen und sie damit besser zu verstehen,

- sich für die technologische Beratung der Fachabteilungen zu profilieren und

- die angemessene IV-Unterstützung in Form eines Portfolios aus Standardsoftware, Fremdsystemen und eigenentwickelten Applikationen bereitzustellen.

Methodik der Geschäftsprozeßoptimierung

Bereits in der Vergangenheit war es die Aufgabe des IV-Bereichs, im Rahmen von Fachkonzepten Geschäftsprozesse zu analysieren und sie dann DV-technisch zu unterstützen. Die methodischen Grundlagen sind demnach in den IV-Abteilungen vorhanden. Das methodische Rüstzeug muß gegebenenfalls ergänzt und auf die neuen Anforderungen hin angepaßt werden. Methodische Ansätze zur Optimierung von Geschäftsprozessen und zur Ableitung einer Technologieplanung, die auf diese neugestalteten Prozesse ausgerichtet ist, müssen entwickelt beziehungsweise adaptiert werden.

Moderation des Veränderungsprozesses

Die Moderation des Veränderungsprozesses stellt weitreichende Anforderungen an die Mitarbeiter des IV-Bereichs. Bereits im Zuge der Einführung strukturierter Methoden und CASE-Werkzeuge war eindeutig feststellbar, daß die sogenannten frühen Phasen (Planung, Analyse) in den Softwareentwicklungsprojekten an Bedeutung zunahmen, und damit der Anwendungsentwickler weniger als Programmierer und verstärkt als Systemanalytiker gefragt war. Die Bedeutung der frühen Phasen steigt weiter, und sie werden um zusätzliche Analyse und Optimierungsschritte ergänzt, wenn der IV-Bereich seine Rolle als Moderator des Veränderungsprozesses wahrnimmt.

Technologieplanung

Der IV-Bereich ist damit verantwortlich für die Ableitung einer Technologieplanung aus den Geschäftsprozeßmodellen. Die Unterstützung der Fachabteilungen bei der Auswahl der geeigneten Technologie setzt voraus, daß in der IV-Abteilung das Wissen um aktuelle technologische Entwicklungen aufgebaut und gepflegt wird. Die Entwicklung technischer Visionen zur Optimierung der Geschäftsprozesse gemeinsam mit den Fachabteilungen ist ebenso Aufgabe der Informationsverarbeitung wie der Abgleich dieser Visionen mit dem aktuell technisch Machbaren. Auf dieser Basis wird die strategische Technologieplanung der Entwicklung des Geschäfts angepaßt.

Bereitstellung von IV-Lösungen

Das Ergebnis der frühen Phasen eines Projektes kann dann auch eine Entscheidung gegen die Eigenentwicklung und für eine Standardsoftware sein. Der IV-Bereich sieht seine Aufgabe darin, Lösungen in Form von Standardsoftware, Fremdsystemen oder eigenentwickelten Applikationen bereitzustellen, die auf die neugestalteten Geschäftsprozesse ausgerichtet sind. Besondere Bedeutung erhalten IV-Lösungen, die neugestaltete Geschäftsprozesse mit verbesserter Qualität unterstützen können. Graphische Benutzeroberflächen, Multi-Media-Einsatz, Integration von Standardsoftware mit eigenentwickelten Applikationen, Verknüpfung von Informationen aus bisher getrennten Anwendungssystemen mit graphischen Auswertungsmöglichkeiten und weitere Kennzeichen prägen das Gesamtbild einer Client/Server-Architektur.

Die Rolle der Client/Server-Architektur

Vor diesem Hintergrund ist es zu erklären, daß die Client/Server-Architektur in immer mehr Unternehmen mit dem Fokus auf die verbesserte Unterstützung von Geschäftsprozessen gesehen wird. Zunächst wurde die Einführung von Client/Server-Architekturen unter dem Gesichtspunkt der Kostenreduktion propagiert. Im IV-Bereich wurden Maßnahmen zum „Downsizing" oder „Rightsizing" diskutiert. Diese Diskussion war eine Reaktion auf den zunehmenden Druck von außen („IV-Kosten senken"), der im Zuge des Veränderungsprozesses des Gesamtunternehmens entstand. In dieser Situation wurde in der Client/Server-Architektur lediglich ein Mittel gesehen, Veränderungen im IV-Bereich intern herbeizuführen.

Inzwischen stellen sich immer mehr IV-Bereiche den Herausforderungen des Veränderungsprozesses nicht nur im Hinblick auf ihre interne Organisation. Sie wirken darüber hinaus aktiv bei der Neugestaltung der Prozesse des Gesamtunternehmens mit und stellen adäquate IV-Infrastrukturen bereit. In diesem Kontext wird auch die Auseinandersetzung mit Client/Server-Architekturen neu beleuchtet.

1.2 Ziele der Einführung von Client/Server-Architekturen

In einer Umfrage der Computerwoche (*CW93a*) unter 60 deutschen Großanwendern zu den Zielsetzungen der hauseigenen Client/Server-Strategie wurden überwiegend die Anliegen

- Geschäftsfunktionen direkter zu unterstützen und

- Informationen näher zum Anwender zu bringen

genannt. Diese Zielsetzungen stehen inzwischen sehr viel stärker im Mittelpunkt der Überlegungen als das ebenfalls mit der Client/Server-Architektur verbundene Thema der Kosteneinsparung (s. Abb. 1-1).

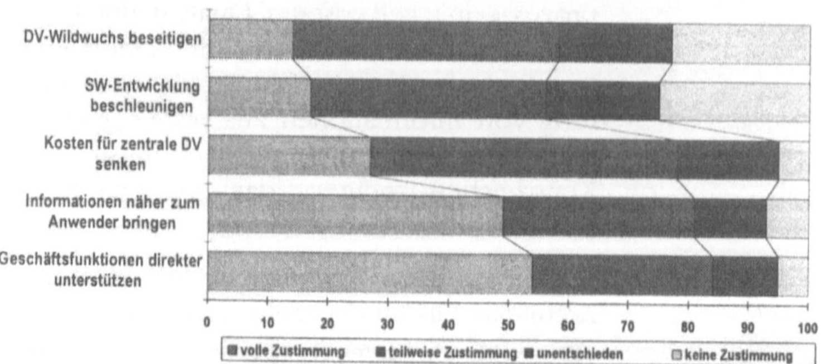

Abb. 1-1: Zielsetzungen von Client/Server-Strategien (nach *CW93a*)

Kosten

Die Erfahrungen von Unternehmen, die Client/Server-Strategien umgesetzt haben, zeigen, das die Client/Server-Architektur kein Garant für Kosteneinsparungen ist. Vielmehr ist die Ausgangssituation des Unternehmens entscheidend dafür, ob mit der Einführung von Client/Server-Architekturen Anwendungssysteme kostengünstiger entwickelt und bereitgestellt werden können. Trotzdem ist die Reduktion der Informatikkosten nach wie vor ein zentrales Thema der Unternehmensstrategien. Die Lösung ist nicht allein in Client/Server-Architekturen zu finden. Insbesondere eine Reduktion der Client/Server-Strategie auf die rein technische Dimension ohne Berücksichtigung methodischer und organisatorischer Randbedingungen führt zur Überschätzung der möglichen Ergebnisse des Downsizings. Verteilte Systeme erfordern einen höheren administrativen Aufwand und schaffen neue Sicherheits- und Konsistenzprobleme. Gleichzeitig geht ohne Berücksichtigung von methodischen und organisatorischen Voraussetzungen der Client/Server-Architektur aber auch der Blick vorbei am potentiellen Nutzen. Dieser Nutzen erschließt sich, wenn die Voraussetzungen zur Implementierung einer Client/Server-Architektur nicht nur in technischer sondern auch in methodischer und organisatorischer Hinsicht geschaffen werden.

Die mit einer Client/Server-Architektur verbundenen Qualitätsverbesserungen des Anwendungsportfolios wie Schichtenbildung, Modularisierung, Standardisierung tragen zur Interoperabilität der Anwendungssysteme bei. Ohne Interoperabilität von Anwendungen ist eine Integration der Anwendungssysteme nicht denkbar. Mit Hilfe integrierter Anwendungssysteme werden unternehmensweit relevante Informationen und Dienste bereitgestellt, die im Kontext der Optimierung von Geschäftsfunktionen im Unternehmen benötigt werden, um die notwendige höhere Kompetenz des Einzelnen zur Bewältigung größerer Verantwortungsbereiche zu fördern. Der Einsatz von IV-Technologie zur Stärkung der Haupterfolgsfaktoren des Unternehmens wurde bereits herausgestellt. Im Kontext des „Business Reengineering" wird von Technologien gesprochen, die die Neugestaltung der Unternehmensprozesse erst ermöglichen. Gemeint sind damit zum Beispiel Client/Server-Architekturen, Netzwerke und Multi-Media-Anwendungen (*HAM93*).

Qualität der Anwendungssysteme

Die Einführung von Client/Server-Architekturen setzt Interoperabilität der Anwendungssysteme im Rahmen einer stabilen Softwarearchitektur voraus. So wird gleichzeitig die Voraussetzung für eine wirkungsvolle Unterstützung von Geschäftsprozessen geschaffen. Der Impuls für die Beschäftigung mit Client/Server-Architekturen kommt in vielen Unternehmen von den Endbenutzern. Die Fachabteilungen mahnen auch bei der Gestaltung von Oberflächen eine stärkere Orientierung der Informatik auf das Kerngeschäft des Unternehmens an. Reaktionsschnelligkeit, Kundenorientierung und Servicequalität sind nur einige der Schlagworte, mit denen diese Forderungen der Endbenutzer nach besserer Unterstützung ihrer Arbeit zum Beispiel mit Hilfe von graphischen Bedienoberflächen der DV-Systeme untermauert werden. Die Einführung graphischer Oberflächen ist jedoch nur ein - wenn auch ein zur Zeit sehr wichtiges - Indiz für eine stärkere Orientierung der Informatik auf die Erfordernisse der Geschäftsabläufe im Rahmen der Entwicklung von Client/Server-Anwendungssystemen.

Orientierung an den Geschäftsprozessen

Die Mehrzahl der Erfahrungsberichte aus Client/Server-Projekten spricht von einer an den Geschäftsprozessen orientierten Gestaltung der Informationssysteme, in der Prototyping-Aktivitäten eine wichtige Rolle einnehmen. Partizipation der Endbenutzer ist in diesen Projekten ein Muß. Neben dem Prototyping von graphischen Benutzeroberflächen nimmt die Analyse von Geschäftsvorfällen und die Spezifikation der Vorgangssteuerung den Endbenutzer in Anspruch. Sollte also in der aktuellen Projektarbeit dieses Vorgehen nicht praktiziert werden, so stellt sich die Frage, wo und in welchem Ausmaß das methodische Vorgehen der Anwendungsentwicklung für die erfolgreiche Umsetzung einer Client/Server-Strategie modifiziert werden muß.

In vielen Unternehmen wird inzwischen die tragende Rolle erkannt, die Client/Server-Anwendungen im Rahmen der Optimierung von Geschäftsprozessen und der damit erforderlich werdenden Neugestaltung der Anwendungslandschaft spielen. Optimierte Geschäftsprozesse und flache Hierarchien erfordern eine qualitativ hochwertige Unterstützung an jedem Arbeitsplatz, um mit steigender Verantwortung des Einzelnen die zu ihrer Erfüllung notwendigen Ressourcen bereitzustellen. Das Prinzip der Kongruenz von Aufgabe, Verantwortung und Kompetenz erfordert in einer flachen Hierarchie höhere Kompetenz des Einzelnen, die mit der Bereitstellung integrierter Dienste und Informationen zur Schaffung von Entscheidungsgrundlagen wirksam unterstützt wird (s. Abb. 1-2).

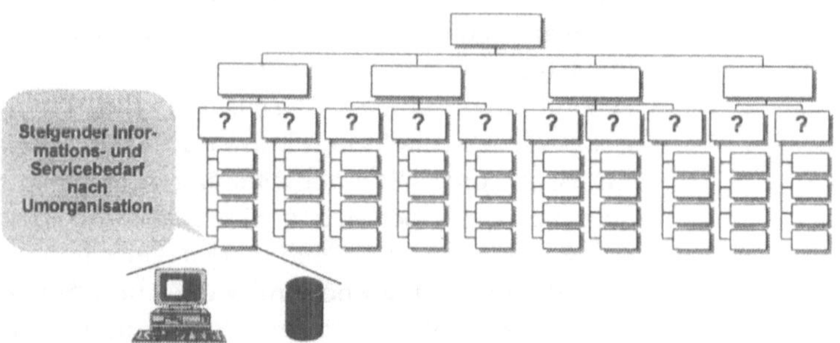

Abb. 1-2:Steigender Informations- und Servicebedarf

Die zur ganzheitlichen Bearbeitung komplexer Geschäftsprozesse notwendige Erweiterung des Horizonts wird durch transparenten Zugang zu den Services und Informationsbeständen des Unternehmens von jedem Arbeitsplatz aus realisiert. Die unternehmensweite Integration der Informationen und Services wird dem Endbenutzer durch die Implementierung graphischer Benutzeroberflächen und das damit zu verbindende einheitliche Erscheinungsbild der Anwendungssysteme vermittelt (s. Abb. 1-3). Graphische Bedienoberflächen unterstützen den Zugang zu den unternehmensweiten Diensten und Informationsbeständen, integrieren kostengünstige Standardsoftware und ermöglichen die optimale Unterstützung der Arbeitsabläufe in flachen Hierarchien durch Techniken des Workflow-Managements.

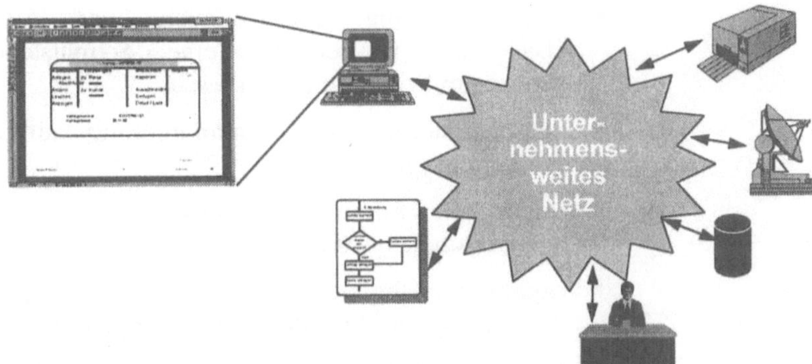

Abb. 1-3:Unternehmensweite Integration von Diensten

Kostensenkung

Mit der Einführung von Client/Server-Architekturen ist darüber hinaus ein Downsizing von Anwendungen verbunden. Die Verlagerung von Anwendungen oder Anwendungsteilen vom Großrechner auf andere Systeme schafft die Voraussetzungen, um die erforderliche Leistung mit Hilfe kostengünstigerer Ressourcen zu erbringen. Dies kann durch Portierung oder Neuentwicklung geschehen. Auch hier ist die Entwicklung einer Softwarearchitektur, die die Verteilung unterstützt, eine Kernaufgabe des Projektes und Voraussetzung für eventuelle Kostensenkungen.

Ziele der Client/ Server-Strategie

Verbesserte Qualität des Anwendungsportfolios und wirtschaftliche Entwicklung und Bereitstellung von Anwendungen können damit als übergeordnete Ziele einer Client/Server-Strategie identifiziert werden, wobei die Mehrheit der Unternehmen inzwischen qualitative Zielsetzungen wie die direktere Unterstützung von Geschäftsfunktionen höher bewertet als das Ziel der Kostensenkung. Die im Rahmen der Client/Server-Strategie zu spezifizierenden Lösungen richten sich auf Integration und Downsizing von Anwendungssystemen. Beides ist nur auf der Basis einer Softwarearchitektur realisierbar, die Standardisierung und Verteilung unterstützt (s. Abb. 1-4).

Wenn eine solche Architektur nicht existiert, ist der Weg zur Client/Server-Architektur zunächst verbaut. Existierende Anwendungssysteme können nur mit hohem Aufwand migriert werden. Für neue Client/Server-Anwendungssysteme fehlt die Entwicklungsunterstützung. Eine Integration der Anwendungen erfolgt nicht.

Demzufolge sind abhängig von der Ausgangssituation des Unternehmens Einführungsmaßnahmen zum Aufbau der Client/Server-Softwararchitektur zu treffen, wie zum Beispiel

- Standardisierung im Bereich der Systemplattformen (Datenbanken, Betriebssysteme, Schnittstellen zur Inter-Programm-Kommunikation, etc.),

- Standardisierung der Programmierung durch Programmierkonventionen,

- Methodeneinführung oder -modifikation zur Ausrichtung der Anwendungsentwicklung auf die Geschäftsprozesse oder

- organisatorische Regelungen zur Nutzung vorproduzierter Services bei der Erstellung neuer Applikationen.

Diese Einführungsmaßnahmen haben das Ziel, eine Softwarearchitektur ins Leben zu rufen, die für die Realisierung von Client/Server-Applikationen ausreichende Unterstützung bietet.

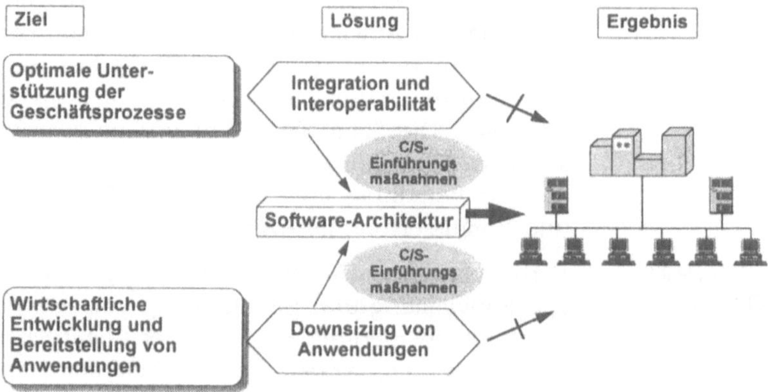

Abb. 1-4: Migration zu Client/Server-Architekturen

Client/Server-Softwarearchitektur

Jede der genannten Zielsetzungen impliziert demnach den Aufbau einer Softwarearchitektur nach dem Client-Server Model, um auf den neu geschaffenen Hardware-Umgebungen leistungsfähige Anwendungen zu realisieren. Im Gegensatz zu monolithisch. gestalteten Host-Anwendungen, die nur als abgeschlossenes Ganzes nutzbar sind, werden Anwendungen nach dem Client-Server Modell aus Bausteinen montiert, die auf mehrere Rechner verteilt installiert und in mehr als einer Anwendung benutzt werden können. So wird es möglich, jeden verfügbaren Rechner seinen speziellen Eigenschaften entsprechend einzusetzen, indem zum Beispiel für die Bearbeitung von Aufgaben der Benutzerführung und -unterstützung auf die preiswerte Verarbeitungskapazität und die komfortable Unterstützung von Workstations zurückgegriffen wird.

2 Charakteristika von Client/Server-Architekturen

Every program is part of some other program and rarely fits.

(Epigrams on Programming, A.Perlis)

2.1 Der Leitgedanke der Client/Server-Architektur

Die Wurzeln dessen, was heute unter dem Begriff „Client/Server-Architektur" diskutiert und realisiert wird, finden sich im Personal-Computer- und Abteilungsrechnerbereich. Einzeln installierte Personal-Computer (PC) wurden mit dem Ziel integriert, nicht nur die Arbeit von Individuen zu unterstützen, sondern die Kooperation im Team zu ermöglichen. Ausschlaggebend war zunächst das Interesse, teure Ressourcen, wie zum Beispiel eine leistungsfähige Festplatte, mehreren Benutzern gleichzeitig anzubieten. Die Zentralisierung der Festplatte in einem Dateiserver mit Hilfe eines „Local Area Networks" (LAN) bot dann aber auch die Möglichkeit, Dateien zwischen den Benutzern auszutauschen und damit eine einfache Form der Unterstützung von Teamarbeit zu realisieren.

Die zur Unterstützung der Teamarbeit notwendige Integration wird im LAN mit einem Dateiserver erreicht, indem die Betriebssystemdienste des Dateisystems allen Benutzern gemeinsam angeboten werden. Der gemeinsame Nenner der Integration ist in diesem Fall ein Hardwaredienst, der zuvor nur isoliert auf allen Rechnern zu Verfügung stand, nun aber gemeinsam benutzt werden kann.

Integration durch Auslagerung von Diensten

Auch die Weiterentwicklung der Client/Server-Architektur stand im Zeichen der Integration durch Auslagerung und zentrale Installation gemeinsam benötigter Dienste. Systemdienste von Datenbankmanagement- oder Kommunikationssystemen werden in Datenbank- oder Kommunikationsservern zentralisiert. Die Hersteller von Standardsoftwaresystemen machen von diesem Prinzip Gebrauch, um anwendungsspezifische Dienste wie Adreß- oder Lagerverwaltung in Form von Anwendungsservern zu realisieren und sie mehrfach in verschiedenen Anwendungssystemen zu verwenden.

Die Analyse von Client/Server-Installationen deckt damit eine immer wiederkehrende Lösungsidee auf (s. Abb. 2-1). Der Leitgedanke von Client/Server-Architekturen besteht darin,

- mehrfach verwendbare Dienste (Services) zu identifizieren,

- diese Dienste aus den Anwendungssystemen, in denen sie genutzt werden, herauszulösen,

- sie einmal in allgemeingültiger Form zu realisieren und

- sie netzweit mit Hilfe eines Application Programming Interfaces (API) zur Verfügung zu stellen.

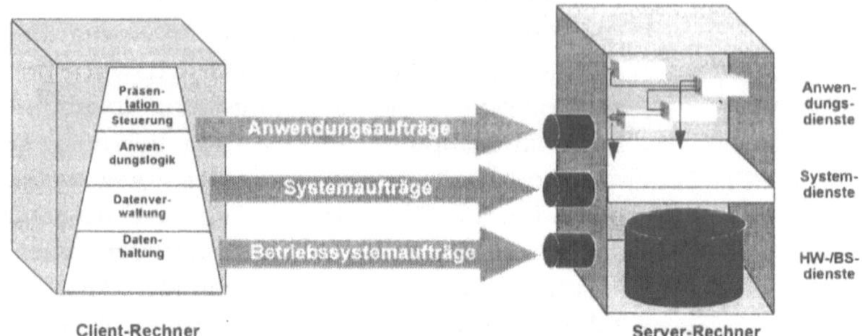

Abb. 2-1: Leitgedanke der Client/Server-Architektur: Bereitstellung und Nutzung mehrfach verwendbarer Dienste

Verteilung der Hardwaredienste

Der Leitgedanke der Client/Server-Architektur findet sich demnach in all ihren Ausprägungen, die sich primär im Funktionsumfang des Servers differenzieren. Die rudimentäre Form einer Client/Server-Architektur ist der Dateiserver, auf dessen Festplatte Client-Rechner im Netz als „virtual disk" zugreifen. In dieser Form ist die Client/Server-Architektur allein durch ihren Hardwareaufbau charakterisiert. Die Struktur der Anwendungen unterscheidet sich in dieser Architektur nicht von PC-Anwendungen, die auf einem nicht-vernetzten PC ablaufen. Der Zugriff auf die Festplatte des Servers wird vom Netzwerkbetriebssystem des LAN abgewickelt.

Verteilung der Systemdienste

In der zur Zeit am häufigsten anzutreffenden Form der Client/Server-Anwendung wird eine Client/Server-Datenbank eingesetzt. Die Anwendung selbst liegt als sogenanntes „Front-End" auf dem Client und wird häufig mit Hilfe von Werkzeugen zur Erstellung graphischer Benutzeroberflächen (GUI-Painter) und zugehörigen Programmiersprachen implementiert. Der Zugriff auf die Datenbank über das Netz erfolgt mit Hilfe eines Application Programming Interfaces (API), das die SQL-Schnittstelle der Datenbank lokal zur Verfügung stellt. Die Erstellung von Anwendungen für diese Spielart der Client/Server-Architektur kann den Aspekt der Verteilung unberücksichtigt lassen. Die Anwendung greift über das API der Datenbank auf den Server zu. Neu im Prozeß der Anwendungsentwicklung im Vergleich zur Erstellung von Host-Anwendungen sind die graphische Benutzeroberfläche und die zugehörigen Werkzeuge.

Online Transaction Processing

Der Einsatz eines Client/Server-Datenbankmanagementsystems ermöglicht es, auch im LAN Anwendungen mit gleichzeitiger, konkurrierender Bearbeitung gemeinsamer Datenbestände durch viele Benutzer zu realisieren. Diese Form der Bearbeitung ist für Großrechner-Anwendungen typisch. Platzreservierungssysteme für Fluggesellschaften, Vertragsbearbeitungssysteme für Versicherungen, Buchungssysteme für Banken oder Auftragsbearbeitungssysteme in der Industrie basieren auf diesem Prinzip des „Online Transaction Processing (OLTP)". PC-Anwendungen sind Einbenutzersysteme, während OLTP-Applikationen durch eine große Zahl von Benutzern mit gemeinsamen Datenbeständen gekennzeichnet sind. Mit Hilfe eines Client/Server-DBMS können nun auch im LAN operative OLTP-Anwendungen realisiert werden.

Geschäftsregeln

Eine Weiterentwicklung der Client/Server-Datenbanksysteme besteht darin, Regeln zur Manipulation der Daten in Form sogenannter „stored procedures" ebenfalls in der Datenbank abzulegen. Damit werden der Anwendung auf dem Client ganze Transaktionen als Service angeboten, denn mit den genannten Regeln können komplexe Manipulationen von Daten in einer Operation zusammengefaßt und damit gekapselt werden. Die Realisierung von OLTP-Anwendungen im LAN wird damit weitergehend unterstützt. Eine ausgereifte Datenmodellierungstechnik ist Voraussetzung für die Erstellung solcher Anwendungen, da die Spezifikation von „stored procedures" unter anderem auf einer sorgfältigen Formulierung der Integritätsbedingungen basiert. Regeln zum Umgang mit der Datenstruktur wie zum Beispiel Existenzbedingungen, Wertebereiche, Prüfregeln werden als Geschäftsregeln in der Server-Datenbank hinterlegt und dort an die Datenstruktur gekoppelt. Die Identifikation dieser Geschäftsregeln muß methodisch in der Daten- und Funktionsmodellierung unterstützt werden. Dies unterscheidet eine solche Anwendungsentwicklung deutlich von der Entwicklung klassischer Host-Anwendungen.

Verteilung von Anwendungsdiensten

Wirklich verteilte Anwendungen entstehen, wenn neben der Datenbank auch Funktionen der Anwendung auf dem Server implementiert werden. Hierzu muß die Anwendung in Bausteine zerlegt werden, die untereinander über Mechanismen zur Inter-Programm-Kommunikation gekoppelt sind. Wenn es bei der Spezifikation dieser Bausteine gelingt, fachliche Zusammenhänge aus den Geschäftsprozessen des Unternehmens in Form von Datenstruktur und darauf operierenden Funktionen zu kapseln, so können die entstehenden Anwendungsserver als Bausteine in mehr als einer Anwendung verwendet werden. Die Aufgabe der Anwendungsentwicklung ist es, Datenstruktur und zugehörige Operationen zu identifizieren, sie in Form von Anwendungsservern zu implementieren und den Zugriff über das Netz zu sichern. Anwendungssysteme bestehen in dieser Architektur aus aufgabenspezifischen graphischen „Front-Ends" und über das Netz verteilten Anwendungsservern, die mehrfach in unterschiedlichen Anwendungen Verwendung finden.

Redundante Funktionen

Fachliche Zusammenhänge aus den Geschäftsprozessen des Unternehmens, die mit Hilfe von Datenmodellierungstechniken identifiziert wurden, werden in bestehenden Anwendungen häufig durch Anwendungsprogramme nicht wirksam gekapselt. Statt dessen wird die Logik von Geschäftsprozessen häufig mehrfach in disjunkten Anwendungsprogrammen abgebildet. Zumindest elementare Funktionen, die eine Integrität der Datenstruktur sicherstellen, werden mehrfach realisiert (s. Abb. 2-2).

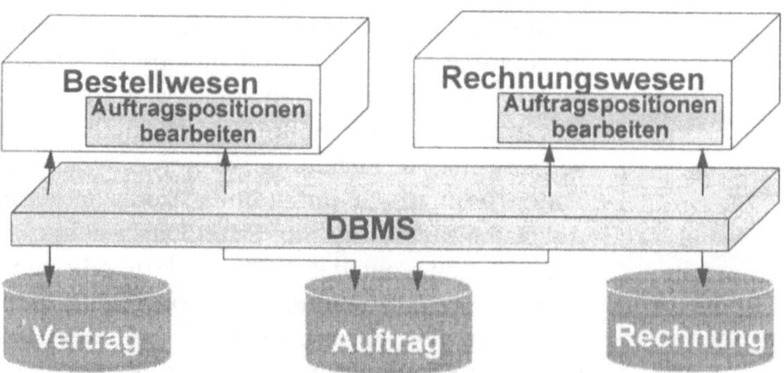

Abb. 2-2:Monolithische Anwendungssystemarchitektur

Die monolithische Anwendungssystemarchitektur ist gekennzeichnet durch redundante Abbildung von Funktionalität und fehlende Schnittstellen zur Partitionierung. Die zur Zeit überwiegend eingesetzten Methoden der Funktionsmodellierung (z.B. Structured Analysis) unterstützen mit ihrem Top-Down-Vorgehen nicht die Identifikation solcher Funktionen, die mehrfach in verschiedenen Anwendungsprogrammen benötigt werden. Führte dies in der Vergangenheit lediglich zu Mehrfachentwicklungen gleicher oder ähnlicher Funktionen und damit zu höheren Kosten, so verhindert es jetzt den erfolgreichen Umstieg auf die Anwendungsentwicklung für Client/Server-Architekturen. Denn die Grundidee dieser Architektur ist die Bildung mehrfach verwendbarer Dienste und damit die Schaffung einer neuen Anwendungssystemarchitektur, die sich primär auf dem Gedanken der Wiederverwendbarkeit abstützt (s. Abb. 2-3). Die Auslagerung mehrfach verwendbarer Funktionen und Daten beseitigt Redundanz und schafft Schnittstellen zur Verteilung.

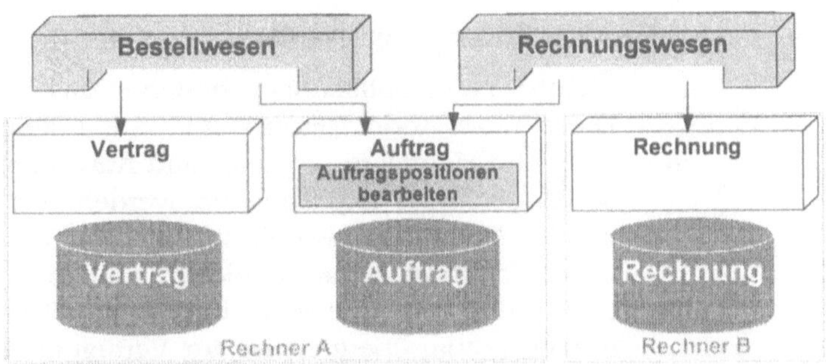

Abb. 2-3: Client/Server-Anwendungssystemarchitektur

Anwendungsserver

Der Umstieg auf eine Client/Server-Architektur wird langfristig dadurch zum wirtschaftlichen Erfolg, daß nicht nur Hardware- und Systemdienste wie Datenbank- oder Kommunikationssysteme in Form von Servern installiert werden, sondern auch Anwendungsteile als Anwendungsserver wiederverwendet werden können. Durch Zentralisierung mehrfach benötigter Daten und Funktionen in Anwendungsservern werden Mehrfachentwicklungen reduziert, Redundanzen beseitigt und Synergiepotentiale ausgeschöpft.

Die Installation eines Anwendungsservers erlaubt den unternehmensweiten Zugriff auf Daten und Funktionen des Bausteins. Die gekapselten Daten des Anwendungsservers können über die im API angebotenen Schnittstellenfunktionen manipuliert werden. Die Datenstruktur des Anwendungsservers bleibt dabei verborgen. Ein Anwendungsserver kann jederzeit von anderen Anwendungen benutzt und zur Konstruktion neuer Anwendungen wiederverwendet werden.

Die Client/Server-Architektur wird im Zuge dieser Entwicklung mehr und mehr durch die Struktur der Anwendungen definiert. Entscheidendes Merkmal ist nicht die Tatsache, daß hier Client- und Server-Rechner über ein Netz gekoppelt sind, sondern der Umstand, daß Anwendungsteile als wiederverwendbare Dienste entwickelt und installiert werden. Das bahnbrechende Nutzenpotential einer Client/Server-Architektur liegt in ihren Software-technischen Implikationen - Ablösung monolithischer Software-strukturen durch modulare Systeme. Damit wird die Client/Server-Architektur zu einer Softwarearchitektur.

2.2 Definition der Client/Server-Architektur

2.2.1 Bildung von Diensten

Client/Server-Applikationen bestehen aus Komponenten, die als Dienstnutzer (oder „Front End") auf Client-Rechnern installiert sind, und Hardware-, System- und Anwendungsdiensten, die auf Server-Rechnern implementiert werden und von mehreren Applikationen genutzt werden können. Die zur Unterstützung eines Geschäftsprozesses erforderlichen Funktionen und Daten werden also in Form von Diensten abgebildet, mit Hilfe einer Schnittstelle anwendungsübergreifend zur Verfügung gestellt und von den Dienstnutzern verwendet.

Client/Server ist eine Softwarearchitektur

Zunächst gilt es, die erforderlichen Dienste zu identifizieren, um sie dann auszulagern und Zugriffsschnittstellen zu schaffen. Die Anwendungs-, System- und Hardwaredienste in einer Client/Server-Architektur kooperieren mit Hilfe definierter Schnittstellen, sogenannter „Application Programming Interfaces" (API). Die Client/Server-Architektur ist damit eine Softwarearchitektur, die über einzelne Anwendungssysteme hinausgehend ein strukturbildendes Rahmenwerk für die Konstruktion von Applikationen vorgibt. Clients sind Komponenten von Anwendungssystemen, die als Dienstnutzer konzipiert sind, während Server Dienste bereitstellen.

Integration der Dienste

So werden zum Beispiel in einer Client/Server-Architektur die Anwendungsdienste „Vertrieb", „Auftragsbearbeitung", „Rechnungswesen" und der Systemdienst „Archiv" integriert betrachtet und realisiert (s. Abb. 2-4), indem die Frage nach den notwendigen Funktionen und Daten zur Unterstützung der Geschäftsprozesse „Kundenbetreuung", „Angebotserstellung" und „Auftragsannahme/-bearbeitung" übergreifend für alle beteiligten Organisationseinheiten gestellt wird. Diese Form der Integration verhindert das Entstehen isolierter Einzelanwendungen, die dann mit Hilfe von Dateischnittstellen lose gekoppelt werden müssen oder Doppelerfassungen von Daten erforderlich machen.

Client/Server-
Rollenwechsel

Ein Server ist demnach nicht ein spezieller Rechner, sondern ein Dienst, der zur Unterstützung von Geschäftsprozessen genutzt wird. Ein Client ist dementsprechend ein Dienstnutzer. Client und Server sind Rollen, die von einer Anwendungskomponente temporär wahrgenommen werden. Eine Anwendungskomponente kann kontextabhängig sowohl Client wie auch Server sein. Der Anwendungsdienst „Vertrieb" beispielsweise, der für die Clients im Rahmen von „Kundenbetreuung", „Angebotserstellung" und „Auftragsannahme" Services wie zum Beispiel die Ablage und Verwaltung vertriebsrelevanter Kundendaten (Adresse, Kontaktpersonen, Vertriebsaktivitäten, etc.) anbietet, ist seinerseits Client des Systemdienstes „Archiv" und der Anwendungsdienste „Auftragsbearbeitung" und „Rechnungswesen". Der Systemdienst „Archiv" wird zum Beispiel vom Anwendungsdienst „Vertrieb" genutzt, um den Schriftwechsel zu Vertriebsaktivitäten optisch zu archivieren und damit eine papierlose Sachbearbeitung zu ermöglichen. Server können demnach temporär selbst als Clients fungieren.

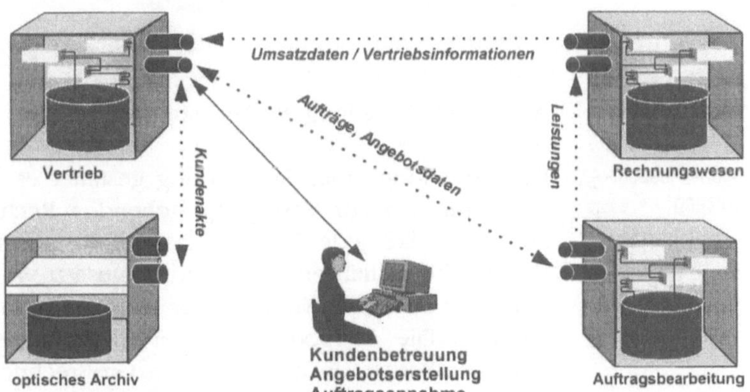

Abb. 2-4: Bildung von Diensten

2.2.2 Verteilung der Dienste

Die Komponenten einer Client/Server-Anwendung (Clients und Server) werden über die Rechnerplattformen verteilt, um eine optimale Nutzung der zur Verfügung stehenden Ressourcen zu erreichen. Die sichere und konsistente Verarbeitung von

Massendaten mit hohen Aktualitätsanforderungen, wie sie zum Beispiel im Rahmen von „Auftragsbearbeitung" und „Rechnungswesen" erforderlich ist, erfolgt auf dem (Main-) Server. Kundenbezogene und vertriebsrelevante Daten, die dezentral entstehen, werden beispielsweise auf dem Server-Rechner im LAN der Filiale verarbeitet. Die spezifischen Anforderungen eines optischen Archivs machen den Einsatz eines hierfür geeigneten Abteilungsservers erforderlich. Komfortable, graphische Benutzeroberflächen, die zum Beispiel auch die Integration von Bildern aus dem optischen Archiv gestatten, werden auf einem PC oder einer Workstation realisiert (s. Abb. 2-5).

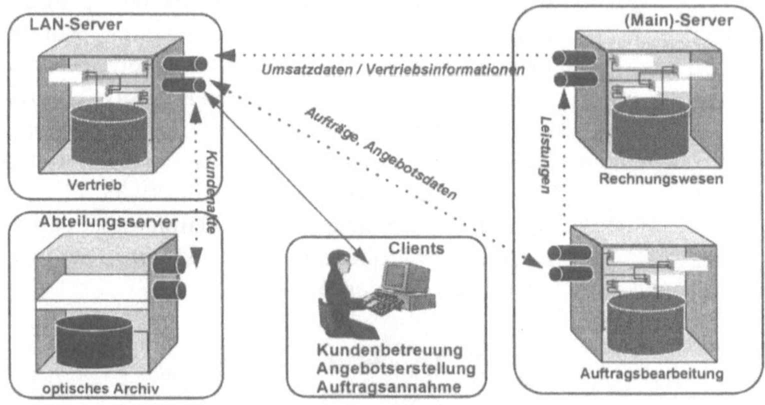

Abb. 2-5 : Verteilung der Dienste

optimierte Ressourcennutzung

Die Verteilung einer Anwendung gestattet es, Teile der Anwendung auf den zur Verfügung stehenden Rechnerklassen so abzubilden, daß jede Rechnerklasse ihrer spezifischen Bauweise und Funktionalität entsprechend eingesetzt wird. Das Ziel ist dabei eine optimale Nutzung der zur Verfügung stehenden Ressourcen. Die Antipoden in einer Client/Server-Architektur sind der Main-Server (in der Regel ein Großrechner klassischer Bauweise) und der Personal Computer (PC). Der Main-Server steht für

- Aktualität der dort abgelegten Daten und Funktionen,

- Konsistenz der Daten,

- Sicherheit der Verarbeitung und

- Homogenität der Hardware und Systemsoftware.

Der PC ist durch die Eigenschaften

- schnelle Zugriffe auf lokale Daten und Funktionen,

- umfassende Services in einheitlicher Umgebung (z.B. Cut & Paste, Dynamic Data Exchange (DDE), Object Linking and Embedding (OLE)),

- Dienstintegration (z.B. E-Mail, Fax, etc. direkt aus der Anwendung heraus),

- geringe Kosten von Hardware und Software,

- Unterstützung von Workflow Management und

- komfortable Benutzerschnittstellen

charakterisiert.

höhere Qualität und Komplexität

Die Verteilung der Komponenten einer Anwendung erlaubt es, für alle Dienste und Dienstnutzer die jeweils bestmögliche Realisierungsplattform zu wählen. Die bei der Erstellung nicht verteilter Anwendungen notwendigen Kompromisse zwischen den spezifischen Leistungsmerkmalen der möglichen Realisierungsplattformen beeinträchtigen die erzielbare Qualität, reduzieren aber die Komplexität. Eine Client/Server-Anwendung vereinigt die Qualitäten verschiedener Hardwareplattformen unter einem Dach und bietet damit weitergehende Chancen als bisher, die zur Unterstützung wichtiger Geschäftsprozesse geforderte Qualität zu realisieren. Sie ist aber mit dem Preis höherer Komplexität verbunden.

2.2.3 Interoperabilität der Dienste

Die Verteilung der Dienste und Dienstnutzer setzt Interoperabilität voraus. Clients, Anwendungs-, System- und Hardwaredienste müssen über mehrere, gegebenenfalls heterogene Rechnerplattformen hinweg kooperieren. Die Komponenten werden durch Schnittstellen- und Realisierungsstandards aufeinander abgestimmt, um die erforderliche Interoperabilität zu gewährleisten.

Portabilität

Ein einmal realisierter Dienst muß gegebenenfalls mehrfach auf verschiedenen Rechnern installierbar sein, um durch Redundanz für Ausfallsicherheit oder ausreichende Leistung zu sorgen. Die erforderliche Portabilität der Anwendungs- und Systembausteine wird gleichfalls durch Standards garantiert, die sich in einer technischen Anwendungsarchitektur manifestieren.

technische Anwendungsarchitektur

Eine technische Anwendungsarchitektur standardisiert den Aufbau von Client/Server-Anwendungssystemen und die für die Anwendungsentwicklung verbindlichen Schnittstellen (s. Abb. 2-

6). Die Kooperation der verteilten Dienste und Dienstnutzer wird mit Hilfe der Schnittstellen der technischen Anwendungsarchitektur unterstützt. Über diese Schnittstellen können die Anwendungsdienste „Vertrieb", „Auftragsbearbeitung" und „Rechnungswesen" untereinander und mit dem Systemdienst „optisches Archiv" ihre Dienste teilen und sie den Clients anbieten.

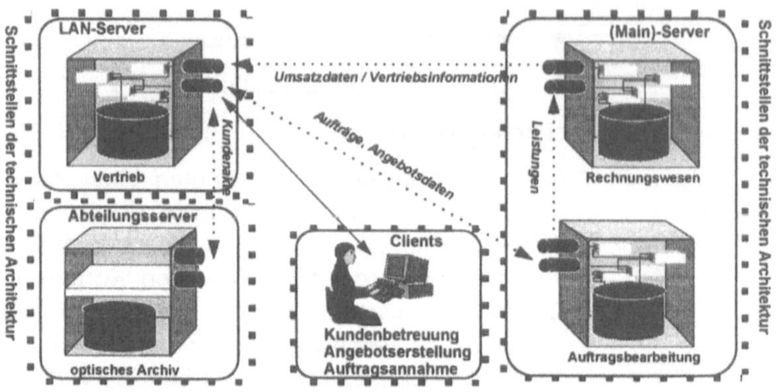

Abb. 2-6: Interoperabilität der Dienste

Interkonnektivität und Interoperabilität

Interoperabilität ist die wesentliche Voraussetzung für den Aufbau operativ wirksamer Client/Server-Architekturen und beinhaltet weit mehr als physische Interkonnektivität auf der Ebene eines Netzwerks. Um zu einer vollständigen Integration auf der Ebene von Anwendungssystemen zu kommen ist es zum Beispiel erforderlich, daß Ergebnisse, die von einem Dienst geliefert werden, von den Dienstnutzern weiterverarbeitet werden können. Unterschiede in bezug auf Codierungen, Formate oder Datentypen müssen demnach durch die Schnittstellen der technischen Anwendungsarchitektur kompensiert werden. Sicherheit und Konsistenz müssen beim Zugriff auf Dienste gewährleistet werden. Schließlich sollte die Client/Server-Anwendung mit Hilfe der Schnittstellen der technischen Anwendungsarchitektur unabhängig von der Art der physischen Verteilung gehalten werden.

2.3 Verteilungsformen

2.3.1 Klassifikation der Anwendungsverteilung

Das hier entwickelte Verteilungsmodell verfolgt das Ziel, nicht nur Verteilung zwischen zwei Rechnerklasssen, die Zwei-Ebenen-Architektur (englisch: „two tier architecture"), sondern auch mehrstufige Verteilungsformen (englisch:„multi tier architecture") zu unterstützen. Client/Server-Anwendungen nach dem Modell der Zwei-Ebenen-Architektur sind in der Regel auf der Basis eines Client/Server-Datenbanksystems im LAN realisiert (s. Abb. 2-7). Sie haben damit keine unternehmensweite Reichweite. Die Dienste dieser Anwendungen werden nicht in anderen Anwendungssystemen wiederverwendet. Präsentation, Steuerung, Anwendungs- und Datenverwaltungslogik werden in der Regel mit Hilfe eines Client/Server-Entwicklungssystems zur Gestaltung von Datenbank-Anwendungen, sogenannten graphischen „Front-Ends", in monolithischer Form realisiert.

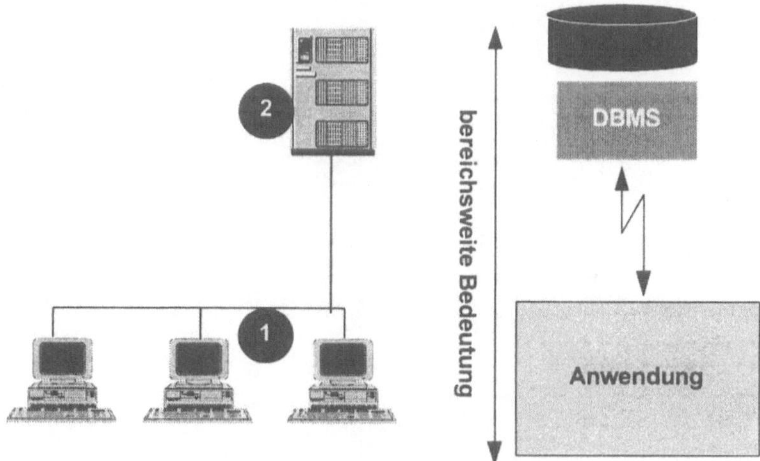

Abb. 2-7: Zwei-Ebenen-Architektur

Monolithische Anwendungen vermeiden!

Als Leitgedanke der Client/Server-Architektur wurde die Gestaltung von Anwendungssystemen mit Hilfe kooperierender Dienste identifiziert. Client/Server-Anwendungen nach dem Zwei-Ebenen-Architekturmodell machen von diesem Leitgedanken lediglich auf der Ebene des Datenbankdienstes Gebrauch. Die aus fachlichen Inhalten resultierende Anwendungs- und Datenverwaltungslogik wird mit Hilfe eines Client/Server-Entwicklungswerkzeugs realisiert. Um der Gefahr monolithischer Realisierungen mit damit verbundenen zukünftigen Wartungsproblemen wirksam zu begegnen und darüber hinaus die Chance zur Identifikation weiterer Dienste zu nutzen, ist eine weitergehende Schichtenbildung innerhalb der Anwendung auch im Rahmen einer Zwei-Ebenen-Architektur anzustreben.

Anwendungen mit unternehmensweiter Reichweite

Client/Server-Anwendungen mit unternehmensweiter Reichweite stellen Services für das Gesamtunternehmen bereit und nutzen Services auch aus anderen Anwendungssystemen. Sie haben damit eine weitaus größere Bedeutung als Anwendungen mit einer abteilungsbezogenen Reichweite. Soll eine Client/Server-Anwendung unternehmensweite Bedeutung haben, so ist eine weitergehende Schichtenbildung erforderlich. Die Anwendung wird nach der Mehr-Ebenen-Architektur gestaltet (s. Abb. 2-8).

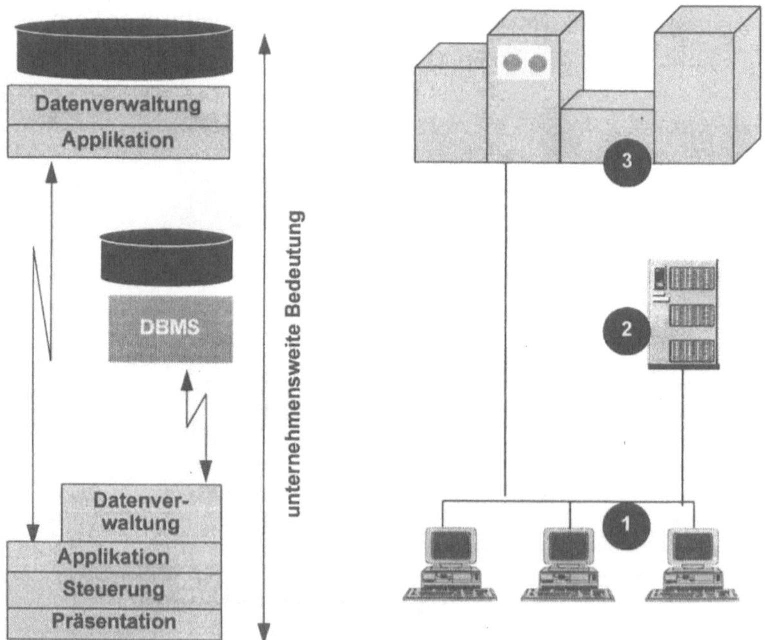

Abb. 2-8: Mehr-Ebenen-Architektur

Die unternehmensweite Bedeutung der Services einer solchen Client/Server-Anwendung hat Auswirkungen auf das Verteilungsmodell und die Schichtenarchitektur. Während in einer

Zwei-Ebenen-Architektur die gesamte Anwendungs- und Datenverwaltungslogik gemeinsam mit der Präsentation und der Steuerung in einem Programm realisiert werden, sollen in einer Mehr-Ebenen-Architektur Anwendungdienste unternehmensweit verfügbar gemacht werden.

Abbildung der Geschäftsregeln

Die Prüfungen und Regeln, die sowohl für die Gestaltung der Benutzeroberfläche wie auch für die Prüfung der Daten bei der persistenten Speicherung benötigt werden, müssen identifiziert und einer separaten Schicht, der Datenverwaltung, zugeordnet werden. Diese Schicht kann auf dem Client, dem Server oder auch mehrfach installiert werden, um Datenprüfungen zu realisieren. Sie enthält Geschäftsregeln, die bei der Benutzung der Anwendungsdienste zu berücksichtigen sind. Gerade im Rahmen der Gestaltung von Client/Server-Anwendungen mit unternehmensweiter Reichweite ist eine mehrfache Installation der Datenverwaltung erforderlich. So kann einerseits der Endbenutzer an der graphischen Benutzeroberfläche wirksam mit kontextsensitiver Hilfe unter Berücksichtigung der Geschäftsregeln unterstützt werden. Andererseits wird die Einhaltung der Geschäftsregeln auch bei der Manipulation der zentral abgelegten und unternehmensweit bedeutsamen Daten durch die redundante Installation der Datenverwaltung auf dem „Mainserver" garantiert.

Verteilungsformen

Wird ein Anwendungsprogramm zur Verarbeitung auf mehreren Rechnern so aufgeteilt, daß jeder der beteiligten Rechner die Verarbeitungsschritte übernimmt, für die er seiner spezifischen Bauart entsprechend geeignet ist, so ergeben sich die nachfolgend dargestellten Verteilungsformen (s. Abb. 2-9).

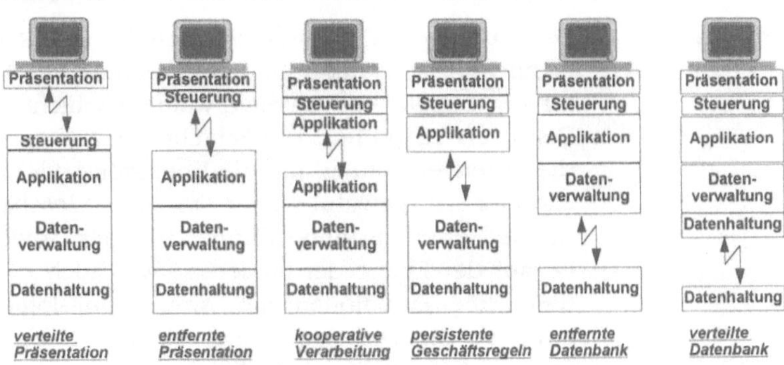

Abb. 2-9:Verteilungsformen einer Client/Server - Anwendung

Den Verteilungsformen liegt ein Modell der Anwendung zugrunde, das aus folgenden Schichten besteht:

- Präsentation
- Steuerung
- Anwendungslogik
- Datenverwaltung
- Datenhaltung.

Präsentation

Die Präsentationsschicht besteht aus Funktionen zur Anzeige fachlicher und technischer Daten am Bildschirm bzw. zu deren Ausdruck. Die Anzeige kann zeichenorientiert, in Gestalt eines formatierten Bildschirms oder graphisch erfolgen. Beispiele für Funktionen der Präsentationsschicht sind „Vertragsdaten anzeigen", „Angebot drucken" oder „Umsätze anzeigen".

Steuerung

Die Steuerungsschicht beinhaltet die Ablauflogik der Geschäftsvorfälle. Sie steuert den Dialog mit dem Benutzer und reagiert auf seine Eingaben. Die Steuerungsschicht benutzt die Funktionen der Präsentationsschicht, um Ausgaben auf dem Bildschirm oder Drucker durchzuführen. Beispiel für Funktionen der Steuerungsschicht sind „Vertrag erfassen", „Angebot erstellen" oder „Umsatzstatistik aufbereiten".

Anwendungslogik

In der Schicht der Anwendungslogik sind die fachlichen Funktionen des Anwendungssystems abgebildet. Die Steuerungsschicht benutzt die fachlichen Funktionen, um die mit Hilfe der Präsentationsschicht darzustellenden fachlichen Daten aufzubereiten. Beispiele für Funktionen der Anwendungslogik sind „Vertrag prüfen", „Angebot kalkulieren" oder „Umsätze berechnen".

Datenverwaltung

Die Datenverwaltungsschicht besteht aus Regeln, die für die fachliche Datenstruktur gelten („business rules"). Die Steuerungsschicht benutzt die Datenverwaltungsschicht, um Eingaben des Benutzers zu prüfen. Die Schicht der Anwendungslogik benutzt die Datenverwaltung, um die Konsistenz der Daten bei der Speicherung zu gewährleisten. Da eine Geschäftsregel wie z.B. „keine Bestellung ohne Kundennummer" sowohl bei der Eingabe auf der Ebene der Steuerung wie auch bei der Speicherung durch die Funktionen der Anwendungslogik geprüft werden muß, ist die Definition einer eigenen Schicht sinnvoll. Damit wird sichergestellt, daß diese Funktionen kontextunabhängig spezifiziert werden, um sie mehrfach und einheitlich verwenden zu können. Eine Verteilung der Anwendung, insbesondere in der Form von Mehr-Ebenen-Architekturen, macht häufig die redundante Realisierung der Datenverwaltungsschicht auf dem Client-Rechner zur Prüfung von Benutzereingaben und auf dem (Main-) Server-Rechner zur Prüfung vor der Speicherung notwendig. Einige Werkzeuge bieten mittlerweile Möglichkeiten zur Generierung beider Instanzen der Datenverwaltungsschicht aus einer Spezifikation. Darüber hinaus erübrigt sich bei Einsatz eines Datenbanksystems mit „stored procedures" die Frage, welche Funktionen in der Datenbank abzulegen sind, denn es handelt sich hier genau um die Funktionen der Datenverwaltungsschicht. Beispiele für Funktionen der Datenverwaltungsschicht sind „Vertrag anlegen (und Existenz des zugehörigen Kunden prüfen)" oder „Gültigkeit der Artikelnummern im Angebot prüfen".

Datenhaltung

Die Datenhaltungsschicht wird in der Regel durch ein Datenbankmanagementsystem realisiert. Die Funktionen der Datenhaltung entsprechen somit denen des Datenbanksystems.

2.3.2 Verteilte Präsentation

Die verteilte Präsentation zeichnet sich durch eine Realisierung der Präsentationsfunktionen auf dem Client aus. Alle anderen Schichten werden auf dem Server realisiert. Die Steuerungsschicht verwendet eine Netzwerkschnittstelle, um die Funktionen der Präsentationsschicht aufzurufen und damit fachliche Inhalte anzuzeigen. Die Prüfung der Benutzereingaben erfolgt durch Funktionen der Datenverwaltung auf dem Server, die von der Steuerungsschicht aufgerufen werden. Im einfachsten Fall handelt es sich bei der Netzwerkschnittstelle um dieselbe, die auch für die Ausgabe auf ein Terminal ohne eigenen Prozessor verwendet wird. In diesem Fall wird das Terminal durch einen PC ersetzt, auf dem (in der Regel mit Hilfe eines Werkzeugs) der Terminaldatenstrom gelesen, interpretiert und mit Hilfe der Präsentationsfunktionen in Form einer graphischen Oberfläche dargestellt wird.

Prüfungen und Steuerung auf dem Server

Um eine verteilte Präsentation handelt es sich, da die Präsentation auf dem Client, Prüfungen und Steuerung aber auf dem Server realisiert sind (s. Abb. 2-10). Verbreitet ist diese Lösung im UNIX-Umfeld unter dem Namen X-Window-System. In diesem Fall sind der UNIX-Rechner und das X-Terminal über ein LAN verbunden. Da alle Ein- und Ausgaben über das Netz transportiert werden müssen und der Vorgang sich bei Fehleingaben des Benutzers wiederholt, ist das Datenvolumen an der Schnittstelle zwischen Client und Server sehr groß.

Migration bestehender Großrechneranwendungen

Häufig findet man diese Form der Verteilung dort, wo bestehende Großrechneranwendungen in eine Client/Server-Architektur überführt werden sollen. Die monolithische Anwendung bleibt bestehen. Es wird lediglich statt des Terminals ein PC mit einem GUI-Werkzeug eingesetzt. Da der zwischen Anwendung und PC ausgetauschte Datenstrom derselbe ist, der zuvor zum Terminal gesandt wurde, kann die graphische Oberfläche lediglich kosmetische Wirkung erzielen. Die Realisierung einer ereignisgesteuerten Oberfläche mit interaktiven Hilfs- und Unterstützungsfunktionen (z.B. Auswahllisten zur Unterstützung von Benutzereingaben) bleibt ausgeschlossen, solange nicht das Verhalten der bestehenden Großrechneranwendung verändert wird.

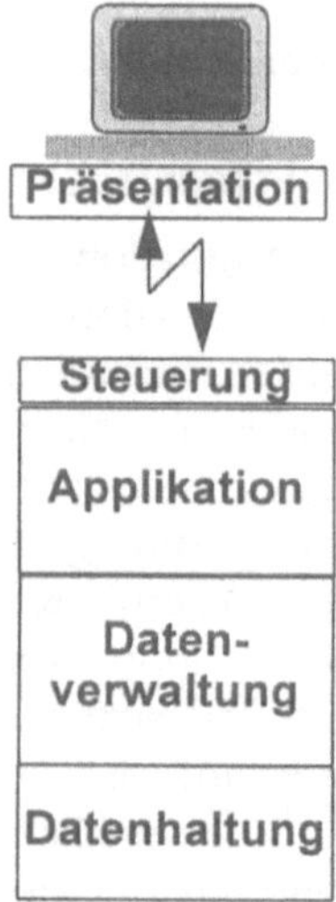

Abb. 2-10: Verteilte Präsentation

Eingeschränkte Funktionalität des GUI

Die verteilte Präsentation kann bei reinen Auskunfts- und Anzeigesystemen sinnvoll sein, um eine schrittweise Migration in die Client/Server-Welt einzuläuten, ohne bereits Eingriffe in bestehende Applikationen vorzunehmen. Graphische Oberflächen mit vollständiger Funktionalität lassen sich auf diesem Wege jedoch nicht realisieren. Die verteilte Präsentation wird als Einstieg in die Client/Server-Architektur von Unternehmen gewählt, die von einer bestehenden Großrechnerinstallation ausgehen. Im Workstation- und LAN-Bereich ist diese Verteilungsvariante selten und man findet sie nur bei den genannten X-Terminals.

2.3.3 Entfernte Präsentation

Neben graphischen Präsentationsfunktionen werden auch Dialogsteuerungslogik und Prüffunktionen auf dem Client installiert (s. Abb. 2-11). Die Schicht der Datenverwaltung wird entweder sowohl auf dem Client wie auch auf dem Server realisiert, oder es erfolgen Zugriffe über das Netz auf die Geschäftsregeln zwecks Prüfung der Benutzereingaben. Die Wahl der geeigneten Lösung wird von der Art der Netzwerkverbindung zwischen Client und Server beeinflußt. Handelt es sich um ein LAN, so ist der Zugriff über das Netz vertretbar, ist es ein Weitverkehrsnetz mit geringen Übertragungsarten, so müssen die Funktionen der Datenverwaltungsschicht redundant installiert werden. Heterogene Programmierumgebungen auf Client und Server führen in diesem Fall zu einem doppelten Programmieraufwand für die Umsetzung der Geschäftsregeln. Auf dem Client können nur solche Funktionen der Datenverwaltung installiert werden, die nicht gegen die operative Datenbasis prüfen. So kann z.B. die Prüfung der Existenz eines Kunden bei Erstellung eines neuen Vertrags nur auf dem Server erfolgen, wo Kunden- und Vertragsdaten abgelegt sind.

<table>
<tr><td>Redundante Prüftabellen</td><td>Die redundante Speicherung von Referenztabellen auf dem Client oder dem Server im LAN ermöglicht es z.B., Prüfungen auf dem Client bei Eingabe lokal durchzuführen, dieselbe Prüfung aber auf dem Großrechner zusätzlich bei Datenspeicherung vorzusehen. Da die Quelle der Daten nicht in jedem Fall ein Client mit eigener Prüfung ist, muß auch bei der Speicherung geprüft werden. Voraussetzung für die redundante Ablage von Referenztabellen ist, daß sie auf den Clients nur gelesen werden und sich nicht häufig ändern, so daß der Aufwand für die Verteilung der Tabellen im Netz zu bewältigen ist.</td></tr>
<tr><td>GUI mit voller Funktionalität</td><td>Die entfernte Präsentation ist bei der Migration bestehender Großrechneranwendungen häufig der zweite Schritt nach Realisierung einer verteilten Präsentation. Durch Modifikation der bestehenden Anwendung wird es möglich, die Schnittstelle zwischen Großrechner und PC zu verändern. Es wird nicht mehr der ursprüngliche Terminaldatenstrom ausgetauscht, sondern eine Schnittstelle zur entfernten Präsentation definiert. In diesem Fall liegt die Steuerung nicht bei der Großrechneranwendung, sondern im Rahmen einer ereignisgesteuerten Oberfläche auf dem</td></tr>
</table>

Client. Damit wird die Realisierung eines GUI mit voller Funktionalität möglich. Die Erstellung der Präsentations-, Steuerungs- und Prüffunktionen auf dem Client wird in der Regel durch ein GUI-Werkzeug unterstützt.

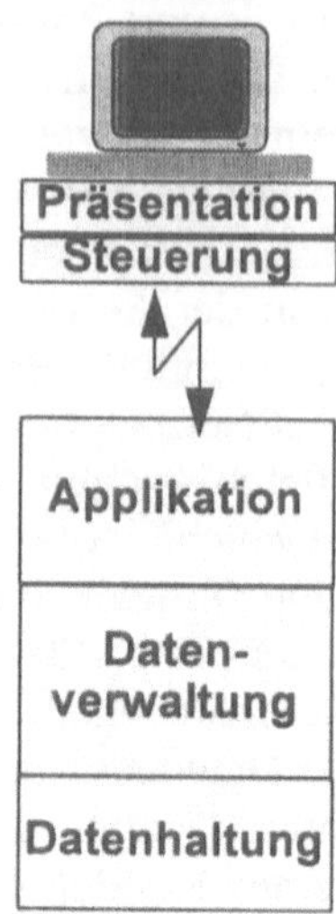

Abb. 2-11:Entfernte Präsentation

2.3.4 Kooperative Verarbeitung

Das Verteilungsmodell der kooperativen Verarbeitung beruht auf der Installation von Teilen der Anwendungslogik auf dem Client, während andere Teile als Anwendungsserver auf dem Server realisiert werden (s. Abb. 2-12). Die als kennzeichnendes Merkmal der Client/Server-Architektur identifizierte Bildung von Diensten findet in diesem Fall auf einem sehr hohen Abstraktionsniveau statt, das heißt die angebotenen Dienste sind anwendungsnah.

Identifikation der kleinsten Schnittstelle

Dieses Verteilungsmodell findet sich in der Regel bei großen Client/Server-Anwendungen mit vielen Benutzern, weiträumiger Verteilung und hohem Integrationsgrad der Anwendungssysteme. Sollen z.B. Filialsysteme auf LAN-Basis mittels eines Weitverkehrsnetzes an einen Zentralserver angebunden werden, so bietet sich das Verteilungsmodell der kooperativen Verarbeitung zwischen LAN und Zentralserver an. Mit Hilfe einer adäquaten

Aufteilung der Anwendungslogik auf LAN und Zentralserver kann die kleinste Schnittstelle zwischen den Modulen der Anwendungslogik über das Netz abgebildet werden. Die Schicht der Anwendungslogik wird also dort aufgetrennt, wo ein geringes Datenvolumen zu bewegen ist. Dieses Vorgehen eignet sich auch bei weiträumiger, geographischer Verteilung zur Gestaltung performanter, operativer Anwendungen.

Verteilte Daten

Die Aufteilung der Anwendungslogik zwischen Client und Server führt dann zu kleinen Schnittstellen, wenn gleichzeitig die zugehörigen Daten verteilt werden. Prinzipielle Möglichkeiten der Verteilung sind z.B.

- redundante Speicherung von Prüftabellen oder anderen Daten, die auf den Clients nur lesend verarbeitet werden,

- Partitionierung der Datenbestände und Verteilung der Partitionen oder

- eindeutige Zuordnung der Daten zu einem Ort und unikate Speicherung.

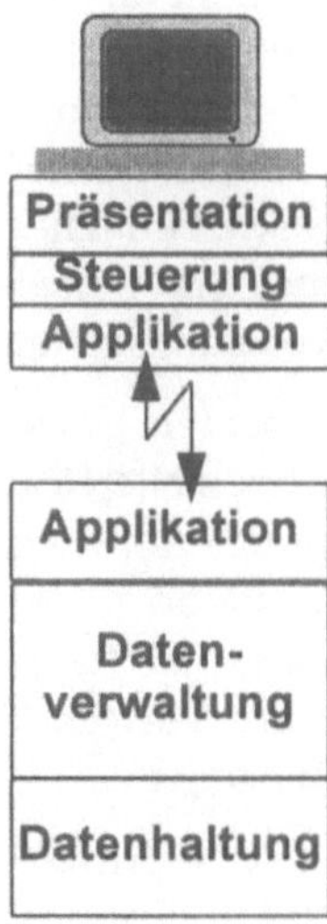

Abb. 2-12: Kooperative Verarbeitung

Inter-Programm-Kommunikation

Die Realisierung einer kooperativen Verarbeitung setzt voraus, daß sich die Anwendungsentwicklung mit der Inter-Programm-Kommunikation beschäftigt. Teile der Anwendungslogik werden z.B. auf Workstations, andere Teile auf dem LAN-Server und dem Großrechner realisiert. Die Kommunikation zwischen diesen Teilen muß von der Anwendungsentwicklung mit Hilfe von Werkzeugen aufgebaut werden. Die Wahl der geeigneten Schnittstelle zur Inter-Programm-Kommunikation bleibt der Anwendungsentwicklung vorbehalten. Ein unternehmensweiter Standard ist zu definieren, um Wildwuchs und damit unnötige Kosten zu vermeiden.

2.3.5 Persistente Geschäftsregeln

Das Verteilungsmodell der persistenten Geschäftsregeln wird auf der Basis von Client/Server-Datenbankmanagementsystemen realisiert, die es ermöglichen, anwendungsspezifischen Code in der Datenbank in Form von gespeicherten Prozeduren abzulegen (s. Abb. 2-13). Diese gespeicherten Prozeduren beinhalten sowohl die Datenmanipulation (im allgemeinen SQL) wie auch Regeln, die an die Datenstruktur geknüpft sind. Da die gespeicherten Prozeduren jeweils einen eindeutigen Namen erhalten, können sie in mehr als einem Anwendungssystem verwendet werden und bieten damit eine weitergehende Funktionalität als persistente SQL-Anweisungen, die mittels eines Pre-Compilers entstehen (s. „Technik der Client/Server-Architektur"). Die gespeicherte Prozedur enthält damit eine namentlich identifizierbare Geschäftsregel, die persistent in der Datenbank abgelegt wird und allen Anwendungssystemen zur Verfügung steht.

Abhängigkeit

Zur Realisierung der gespeicherten Prozeduren wird je nach Hersteller eine spezielle Notation oder auch eine der klassischen Programmiersprachen verwendet. Handelt es sich um eine spezielle Notation, die an die jeweilige Datenbank gebunden ist, so entsteht damit bei der Realisierung von Applikationen eine Abhängigkeit zum verwendeten Datenbankmanagementsystem bzw. dessen Hersteller.

Die Verteilung der Anwendung erfolgt, indem Präsentation, Steuerung und Applikationslogik auf dem Client-Rechner installiert werden, während die Datenverwaltung und die Datenhaltung auf dem Server-Rechner liegen.

geringe Netzbelastung

In einer gespeicherten Prozedur können mehrere Zugriffe auf die Datenhaltungsschicht zusammengefaßt werden, so daß das Nachrichtenvolumen im Netzwerk gegenüber dem Zugriff auf eine entfernte Datenbank reduziert wird. Die gespeicherte Prozedur wird über ein API aufgerufen, das vom Datenbankhersteller angeboten wird.

Zentralisierung von
Geschäftsregeln

Das Verteilungsmodell der persistenten Geschäftsregeln verfolgt das Ziel, die Schicht der Datenverwaltung, in der die an die Datenstruktur gebundenen Geschäftsregeln abgelegt sind, an zentraler Stelle in der Datenbank abzubilden. Damit wird dafür gesorgt, daß alle Anwendungssysteme die Geschäftsregeln in gleicher Form benutzen.

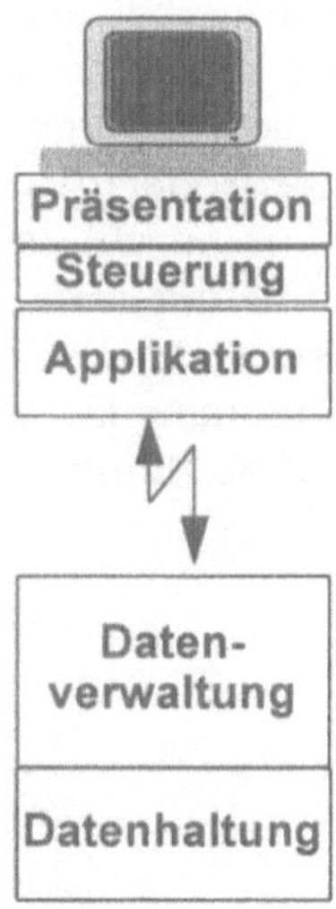

Abb. 2-13:Persistente Geschäftsregeln

Einsatz im Rahmen
von Zwei-Ebenen-
Architekturen

Das Verteilungsmodell der persistenten Geschäftsregeln findet im Rahmen von Zwei-Ebenen-Architekturen Anwendung. Nur in dieser Form der Client/Server-Architektur ist innerhalb des LAN ein Zugriff auf die Datenverwaltungsschicht für alle notwendigen Prüfungen akzeptabel. In Mehr-Ebenen-Architekturen muß die Datenverwaltungsschicht in der Regel repliziert werden, um Prüfregeln sowohl auf dem Client-Rechner für die Unterstützung der Benutzeroberfläche wie auch auf dem (Main-) Server für die Prüfung der korrekten, persistenten Speicherung zur Verfügung zu haben.

2.3.6 Zugriff auf entfernte Datenbanken

Das Verteilungsmodell des Zugriffs auf eine entfernte Datenbank basiert auf den sogenannten Client/Server-Datenbanksystemen. Die Datenhaltungsschicht, also die Datenbank selbst, wird auf dem Server-Rechner installiert. Die Datenverwaltungsschicht kommuniziert mit der Datenbank über ein API, das auf dem Client-Rechner zur Verfügung steht. Der Zugriff auf die entfernte Datenbank beruht auf der Verteilungsschnittstelle des Remote Database Access (s. Abb. 2-14).

C/S-DBMS im LAN

Es handelt sich hierbei um eine Standard-Technologie im LAN. Der Zugriff auf einen Zentralserver mittels eines Weitverkehrsnetzes ist auf diesem Wege nur im Einzelfall, nicht aber für große Datenmengen oder häufige Zugriffe realisierbar. Das Datenvolumen und die Anzahl der über das Netz zu transportierenden Meldungen ist naturgemäß sehr hoch, da weder Optimierungen durch geeignete Wahl der Schnittstelle (s. „kooperative Verarbeitung") noch Zusammenfassung mehrerer Zugriffe auf die Datenbank in einer Prozedur (s. „persistente Geschäftsregeln") möglich ist.

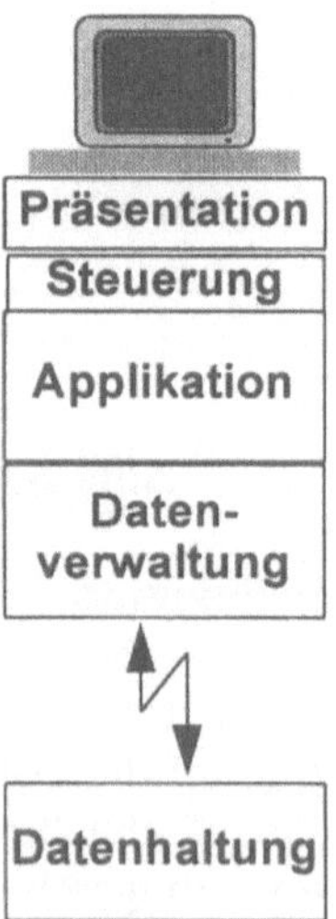

Abb. 2-14:Zugriff auf eine entfernte Datenbank

2.3.7 Verteilte Datenbank

Das Verteilungsmodell der verteilten Datenbank entspricht weitgehend dem des Zugriffs auf eine entfernte Datenbank. Im Unterschied hierzu ist jedoch auf jedem Rechner ein Datenbankmanagementsystem installiert. Die Verteilung der Daten wird vollständig vom Datenbanksystem übernommen. Die Anwendungssysteme laufen dabei vollständig auf einem Rechner ab. Es handelt sich also nicht um eine Downsizing-Technologie, bei der durch Verteilung von Anwendungssystemen eine funktional und wirtschaftlich optimale Nutzung von Rechnerplattformen ermöglicht wird (s. Abb. 2-15).

Verwaltung verteilter
Datenbestände

Die verteilte Datenbank unterstützt die Erstellung von Client/Server-Anwendungen durch Verwaltung verteilter Datenbestände, die in den Verteilungsmodellen entfernte Präsentation und kooperative Verarbeitung entstehen. Der Aufwand zur Administration verteilter Datenbestände muß also nicht im Anwendungsprogramm betrieben werden, sondern wird von den Funktionen des verteilten Datenbankmanagementsystems übernommen.

Abb. 2-15:Verteilte Datenbank

Die bereits genannten Möglichkeiten zur Verteilung sind Partitionierung, redundante Speicherung und unikate Ablage. Für die

Verwaltung verteilter Datenbestände stellt ein verteiltes Datenbanksystem unterstützende Funktionen bereit. Der netzweite, transparente Zugriff auf unikat gespeicherte Daten wird unterstützt. Partitionierung von Datenbeständen und Zugriff auf die Partitionen sind weitere Funktionen. Werden Daten redundant gespeichert, so muß die Verteilung und Aktualisierung der Kopien abgedeckt werden.

2.4 Architekturformen

2.4.1 Klassifikation der Serverfunktionalität

2.4.1.1 Dateiserver

Die Mehrheit der zur Zeit installierten LANs wird nicht genutzt, um Client/Server-Anwendungen zu betreiben, sondern dient lediglich der zentralen Ablage von Dateien verschiedener Benutzer auf einem Dateiserver. Eine Verteilung von Anwendungen erfolgt hier nicht; die genannten Eigenschaften einer Client/Server-Architektur werden nicht erfüllt. Dennoch wird der Leitgedanke einer Client/Server-Architektur in Form der Zentralisierung eines Hardwareservices bereits in dieser technischen Infrastruktur für Client/Server-Architekturen deutlich. Im LAN wird dieses Konstruktionsprinzip genutzt, um einen transparenten Zugriff auf Ressourcen des Netzes zu gewähren (s. Abb. 2-16). Rudimentäre Betriebssystemfunktionen wie das Dateisystem oder Druckfunktionen wurden auf speziellen Servern (Fileserver, Printserver) zentralisiert und allen Client-Workstations im Netz zur Verfügung gestellt.

Ein Dateiserver entsteht, indem ein in der Regel dedizierter Rechner im Netz so konfiguriert wird, daß die übrigen Rechner des Netzes über die Dateisystemschnittstelle Zugriff auf die Festplatte dieses Rechners erhalten. In der Regel erscheint die Festplatte des Dateiservers bei den Client-Rechnern als virtuelle Platte (virtual disk) unter einem speziellen Laufwerksnamen (z.B. p:).

Erste Installationen solcher Dateiserver (ca. Mitte der 80er Jahre) ließen an Stabilität zu wünschen übrig, da beim konkurrierenden Zugriff mehrerer Clients auf die Platte des Servers das Server-Betriebssystem MS-DOS an die Grenzen seiner Leistungsfähigkeit stieß (MS-DOS ist ein „Single User/Single Task Operating System"). Erst die Ablösung von MS-DOS als Server-Betriebssystem z.B. durch Novell NetWare oder OS/2 LAN Server konnte hier Abhilfe schaffen.

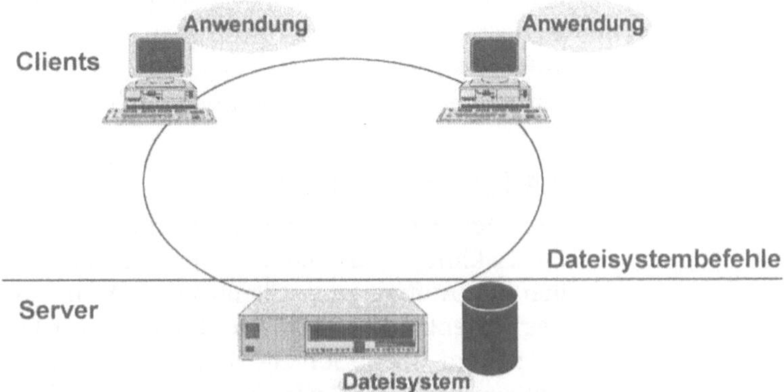

Abb. 2-16:Datei Server-Architektur

Heutige Dateiserver-Installationen werden zu Recht als Netzwerkbetriebssysteme bezeichnet, da sie eine sehr viel weitreichendere Funktionalität besitzen. Nach wie vor besteht die Hauptaufgabe darin, einer Vielzahl von Client-Rechnern die gemeinsame Plattennutzung zu gestatten. Ergänzende Funktionalitäten zur Wahrung der Sicherheit, Zugriffssteuerung, Datensicherung, Fehlertoleranz und Administration sind jedoch hinzugekommen und gestatten die professionelle Verwendung des Netzwerkbetriebssystems.

Standardsoftware   Anwendungsprogramme (Standardsoftware wie Textverarbeitung oder Tabellenkalkulation, Individualsoftware), die unter diesen Netzwerkbetriebssystemen ablaufen, sind in sich unabhängig von der Tatsache, daß sie in einem LAN unter einem Netzwerkbetriebssystem ablaufen. Das Anwendungsprogramm wird auf der lokalen Festplatte des Client-Rechners installiert oder von der Festplatte des Dateiservers geladen. Es läuft aber vollständig auf dem Client-Rechner ab. Dateien, die vom Anwendungsprogramm bearbeitet werden, können auf dem Dateiserver liegen. Die Funktionen des Netzwerkbetriebssystems verwalten den konkurrierenden Zugriff auf Dateien des Servers. So erhält z.B. der Benutzer eines Textverarbeitungsprogramms beim Öffnen einer Datei den Hinweis, daß diese Datei zeitgleich von einem anderen Benutzer bearbeitet wird. Der Benutzer erhält dann die Möglichkeit, die Datei entweder nur im lesenden Zugriff zu bearbeiten oder aber eine Kopie zu öffnen.

Individualsoftware

Die Entwicklung von Individualsoftware für Dateiserver ist unabhängig von den Randbedingungen verteilter Systeme (Synchronisation, Inter-Programm-Kommunikation, etc.). Hardware und Netzwerkbetriebssystem einer Dateiserver-Installation sind nach den Grundprinzipien der Client/Server-Architektur aufgebaut, während die Anwendung in dieser Form einer Client/Server-Lösung monolithisch aufgebaut bleibt.

2.4.1.2 Datenbankserver

Die Mehrzahl der auf dem Markt verfügbaren Werkzeuge zur Entwicklung von Client/Server-Applikationen unterstützt lediglich den Aufbau einer Client/Server-Architektur nach dem Prinzip des Datenbankservers. Die Client/Server-Datenbank ist in sich nach dem Client/Server-Prinzip aufgebaut. Es werden nicht nur Dateien, wie im Dateiserver, zentralisiert und mehreren Benutzern oder Anwendungsprogrammen zur Verfügung gestellt, sondern Tabellen einer Datenbank und die erforderliche Zugriffsfunktionalität (i.d.R. via SQL) (s. Abb. 2-17) . Ein Systemservice wird auf dem Server-Rechner zentralisiert und allen Client-Rechnern im Netz angeboten. Daraus ergibt sich, daß nicht jede PC-Datenbank eine Client/Server-Datenbank ist. Zentrale Installation des Datenbankservice setzt eine Funktionalität voraus, die konkurrierende Zugriffe vieler Benutzer auf die Datenbasis sicher und unter Wahrung der Konsistenz unterstützt.

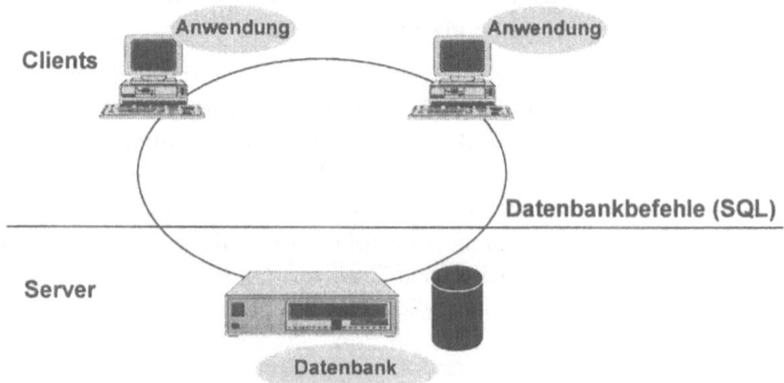

Abb. 2-17:Datenbankserver-Architektur

Für den Anwendungsprogrammierer verhält sich dieses System ebenso, wie eine Datenbank auf einem Rechner, der mehrere Benutzer parallel verwalten kann (Großrechner oder Abteilungsrechner). Der Anwendungsprogrammierer muß in dieser Verteilungsvariante keine Spezifika von Client/Server-Lösungen beachten. Anwendungsprogramme, die auf der Basis einer Client/Server-Datenbank erstellt wurden, müssen in ihrer internen Struktur nicht nach den dargestellten Charakteristika einer Client/Server-Architektur aufgebaut sein.

Schichtenmodell ist sinnvoll

Hier ist zunächst eine Gefahr für den Erfolg der Client/Server-Applikation nach diesem Verteilungsmodell zu sehen. Wird bei der Strukturierung der Anwendung nicht ein Schichtenmodell und die damit verbundene Modularisierung berücksichtigt, so entstehen wiederum monolithische Anwendungssysteme, deren Datenhaltungsteil lediglich auf einem Server installiert ist. Diese zweischichtigen Anwendungen sind ebenso wenig skalierbar wie existierende monolithische Großrechnerapplikationen.

Es handelt sich um eine zweischichtige Architektur, in der Steuerungs- und Anwendungslogik auf dem Client realisiert werden. Die Datenbank enthält keine Prüfregeln. Damit werden die Geschäftsregeln in den Werkzeugen zur Erstellung des Client-Applikationsteils abgebildet. In der Regel erfolgt dies in Form von sehr vielen kleinen Logikbausteinen, die zusammengenommen eine Geschäftsregel bilden. Diese Logikbausteine werden an die Elemente der graphischen Bedieneroberfläche angehängt, indem zum Beispiel zu einem Eingabefeld Prüfungen formuliert werden. Die Geschäftsregel wird damit in viele, kleine Teile zerlegt und nicht zusammenhängend dokumentiert.

Wenn im Rahmen einer Client/Server-Architektur nach dem Prinzip des Datenbank-Servers mehrere Anwendungen gleiche Datenbestände benutzen sollen, wie es im Rahmen großer operativer Anwendungssysteme üblich ist, dann müssen die Geschäftsregeln in allen Client-Systemen neu und einheitlich abgebildet werden. Eine Problematik, die eingangs bereits als kennzeichend für monolithische Anwendungssysteme dargestellt wurde, erlebt ihre Renaissance.

Die Client/Server-Architektur nach dem Prinzip der Client/Server-Datenbank ist damit nicht geeignet, die redundante Abbildung von Geschäftsregeln zu unterbinden. Damit gewährleistet sie keineswegs die geforderte hohe Flexibilität von Anwendungssystemen, die bei Veränderungen des Geschäfts notwendig ist und unterstützt nicht die mehrfache Verwendung von Services auf der Ebene der Anwendungslogik.

Die redundanzfreie Ableitung und Nutzung von Geschäftsregeln verlangt nach einer Client/Server-Architektur mit mehr als zwei Schichten. Die Datenbankserver-Architektur kennt lediglich Anwendungslogik und Datenhaltung. Präsentation, Steuerungslogik und Datenverwaltung werden nicht explizit charakterisiert. Eine mehrschichtige Client/Server-Architektur entsteht, wenn nicht nur Dienste wie Dateisysteme, Datenbanken oder Kommunikationsfunktionen über API's netzweit zugänglich sind, sondern auch Transaktions- oder Anwendungsserver konstruiert werden.

2.4.1.3 Transaktionsserver

Die Evolution der Client/Server-Architektur zum Anwendungsserver wird begünstigt durch die genannten Entwicklungen im Bereich der Client/Server-Datenbanksysteme. Die so entstehenden Transaktionsserver (s. Abb. 2-18) beinhalten Datenhaltungs- und Datenverwaltungsschicht. Somit muß bei der Entwicklung von Individualsoftware dem Grundgedanken einer Client/Server-Architektur Rechnung getragen werden. Die Geschäftsregeln werden in einem Server als Transaktionen abgebildet und unternehmensweit zur Verfügung gestellt. Bei der Entwicklung neuer Anwendungssysteme können solche Transaktionen wiederverwendet werden - die redundante Abbildung der Geschäftsregeln wird vermieden. Damit reduziert sich auch die Gefahr einer unterschiedlichen Analyse und Realisierung von Geschäftsregeln in Anwendungssystemen verschiedener Fachbereiche.

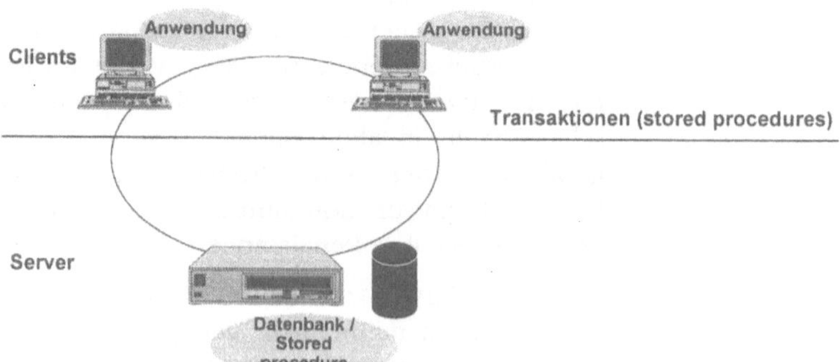

Abb. 2-18:Transaktions Server Architektur

Performance-
optimierung

Die Entwicklung von Client/Server-Datenbanksystemen mit der Funktionalität von „stored procedures" erfolgte zunächst unter dem Gesichtspunkt der Performanceoptimierung. Statt große

Datenmengen zwischen Client- und Serverrechner auszutauschen, wird die Verarbeitung direkt auf dem Server durchgeführt und nur die Ergebnisse werden an den Client-Rechner weitergereicht. Inzwischen wird bei der Gestaltung von Anwendungen mit Hilfe dieser Datenbanksysteme deutlich, daß sie einen wesentlichen Beitrag zur Neugestaltung der Anwendungssystemarchitektur leisten. Wiederverwendung, Reduktion von Redundanz und Konzentration der Geschäftsregeln in der Datenbank zur unternehmensweiten Nutzung sind die Eckpfeiler dieser neuen Anwendungssystemarchitektur.

2.4.1.4 Anwendungsserver

Die Installation eines Anwendungsservers (s. Abb. 2-19) erlaubt den unternehmensweiten Zugriff auf Daten und Funktionen des Bausteins. Die gekapselten Daten eines Anwendungsservers können über die in seinem Application Programming Interface (API) angebotenen Funktionen manipuliert werden. Die Datenstruktur des Anwendungsservers bleibt dabei verborgen. Ein Anwendungsserver kann jederzeit von anderen Anwendungen benutzt und zur Konstruktion neuer Anwendungen wiederverwendet werden.

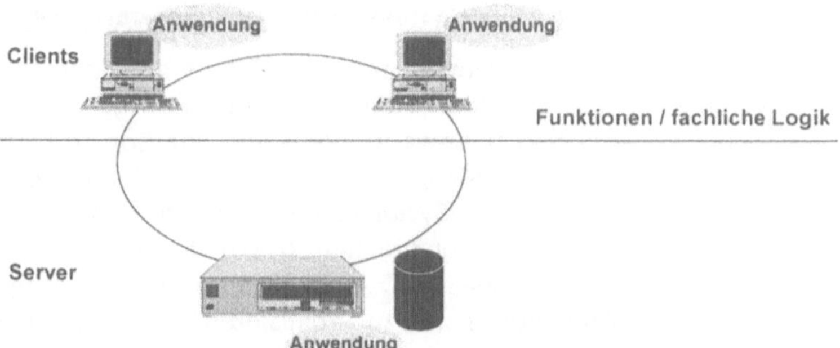

Abb. 2-19:Anwendungsserver

Anwendungs-
bausteine

Eine auf Basis dieser Softwarearchitektur erstellte Buchhaltungsanwendung z.B. stellt Funktionen zur Verfügung, über die andere Anwendungen Daten an die Buchhaltung übergeben oder aus der Buchhaltung lesen können, sich Statistiken erstellen lassen oder aber buchhaltungsspezifische Funktionen nutzen können. Wird jede neue Anwendung nach diesem Muster erstellt und auch das Redesign bestehender Anwendungen in diesem Sinn vorangetrieben, so entsteht sukzessive ein Baukasten aus Anwendungen oder Anwendungsbausteinen, die bei der Erstellung neuer Anwendungen genutzt werden können.

Anwendungsserver werden durch Installation von Anwendungsprogrammen auf einem Server realisiert. Diese Anwendungsprogramme nutzen dann direkt das auf dem Server installierte Datenbanksystem und stellen so den Client-Rechnern ebenfalls ein API zur Verfügung, mit dem die zugrundeliegende Datenstruktur manipuliert werden kann. Diese Form der Realisierung ist technisch kompliziert, da die Fähigkeiten eines Servers (z.B. gleichzeitige Bedienung mehrerer Clients - multi-threading) im Anwendungsprogramm realisiert werden müssen. Hier versprechen erst Entwicklungsumgebungen wie das Distributed Computing Environment der OSF Unterstützung, die dem Anwendungsentwickler entsprechende Standardfunktionen anbieten.

Eine weitere Möglichkeit der Realisierung eines Anwendungsservers ist der Einsatz eines Datenbankmanagementsystems, in dem die Speicherung von Prozeduren möglich ist. In diesem Fall wird die Kommunikation zwischen den Teilen der Anwendungslogik durch ein API des Datenbankherstellers übernommen.

2.4.2 Kombination der Client/Server-Architekturformen

Die Verteilungs- und die daraus abgeleiteten Architekturformen werden sind lediglich Baumuster für die Erstellung von Client/Server-Anwendungen, die zur Konstruktion konkreter Systeme herangezogen werden. In der Praxis finden sich in der Tat nur wenige Systeme, die einer der oben gezeigten Formen in Reinkultur entsprechen. In der Regel werden Kombinationen der Verteilungs- und Architekturformen angewandt, um operative Anwendungen zu realisieren. In operativen Client/Server-Anwendungen werden heterogene Systeme durch Kombination der Architekturformen integriert. So wird zum Beispiel eine Client/Server-Applikation konstruiert durch

- Zugriff auf einen Dateiserver von den Client-Rechnern aus zum Laden der Programme,

- Nutzung eines Host-DBMS als Datenbankserver, um Kontextdaten dynamisch zu laden,

- Verwendung eines Client/Server-Datenbankmanagementsystems mit „Stored Procedures" im LAN als Transaktionsserver und

- Zugriff auf einen dedizierten Abteilungsserver mit Anwendungsdiensten (s. Abb. 2-20).

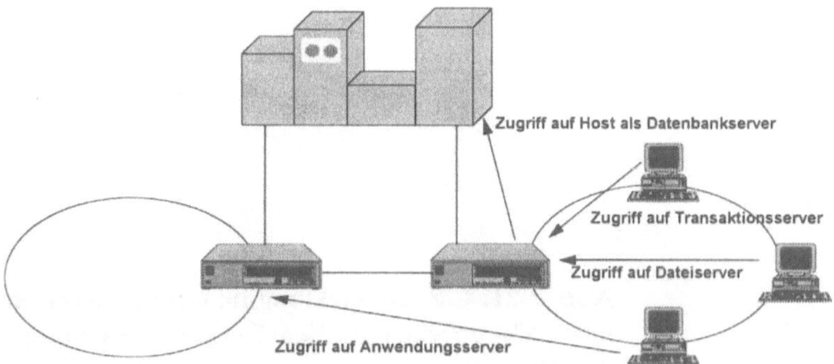

Abb. 2-20:Kombination der Client/Server-Architekturformen

Die Wahl der Verteilungsform bei der Entwicklung von Client/Server-Anwendungen hängt zunächst vom Ausgangspunkt ab. Hat das Projekt die Aufgabe eine Client/Server-Anwendung mit geringer Reichweite bezogen auf die Unternehmensorganisation zu entwickeln, so ist der Ausgangspunkt der Workstation- und LAN-Bereich. Hier ist es ggf. ausreichend, eine Client/Server-Anwendung nach dem Prinzip des entfernten Datenbankzugriffs oder der gespeicherten Prozeduren zu realisieren. man spricht in diesem Fall dann von einer „two tier architecture". Diese Architektur ist nur für Client/Server-Anwendungen mit geringer Reichweite geeignet.

Geht es hingegen darum, eine bestehende Großrechneranwendung in die Client/Server-Welt zu migrieren, so liegt der Startpunkt des Projektes beim Großrechner. Die verteilte oder entfernte Präsentation sind die hier gebräuchlichen Verteilungsformen.

Soll eine Client/Server-Anwendung unternehmensweite Reichweite besitzen, so führt der Weg auf beiden Pfaden zur Client/Server-Architektur nach dem Prinzip der kooperativen Verarbeitung (s. Abb. 2-21).

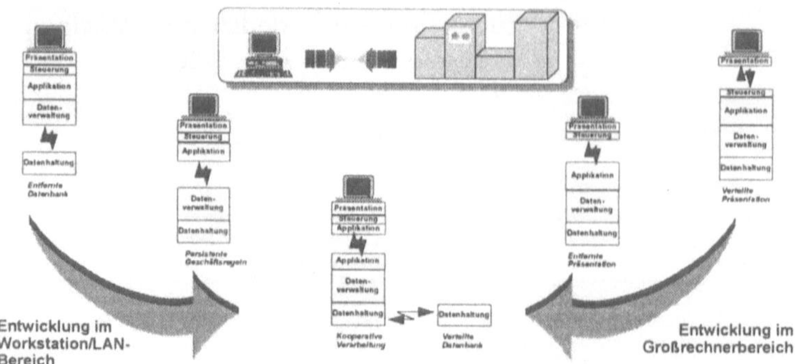

Abb. 2-21: C/S-Entwicklung im Großrechner- und im Workstation-/LAN- operativer Client/Server-Anwendungen erfordert für den Bereich

Die Konstruktion Workstation/LAN-Bereich Zentralisierung von Datenbeständen mit OLTP-Funktionen und für den Großrechnerbereich Dezentralisierung von Präsentation mit Ereignisorientierter Steuerung. Beide Entwicklungslinien führen in einer mehrstufigen C/S-Landschaft zur Lösung Co-operative Processing, die ggf. durch Funktionen einer Distributed Database unterstützt wird.

In diesem Sinne treffen sich Aktivitäten aus Downsizing-Projekten, in denen zentralistische Host-Architekturen durch skalierbare, modulare und verteilte Systeme mit gleicher Leistungsfähigkeit abgelöst werden sollen, mit Vorhaben, die auf der Basis von PC-Netzen operative Systeme („Mission critical systems") realisieren wollen. In beiden Strömungen geht es darum, vernetzte Systeme von PCs und Servern mit einer Funktionalität auszustatten, die in Host-Installationen usus ist: Unterstützung für das „Online Transaction Processing (OLTP)".

Aktualität und Konsistenz erfordern leistungsfähige Server. Graphische Bedienoberflächen und die Integration kostengünstiger Standardsoftware setzen leistungsfähige Workstations voraus. Eine mehrstufige IV-Landschaft mit heterogenen Rechnerwelten entsteht, in der jeder Rechner seinen spezifischen Leistungsmerkmalen entsprechend eingesetzt wird (s. Abb. 2-22).

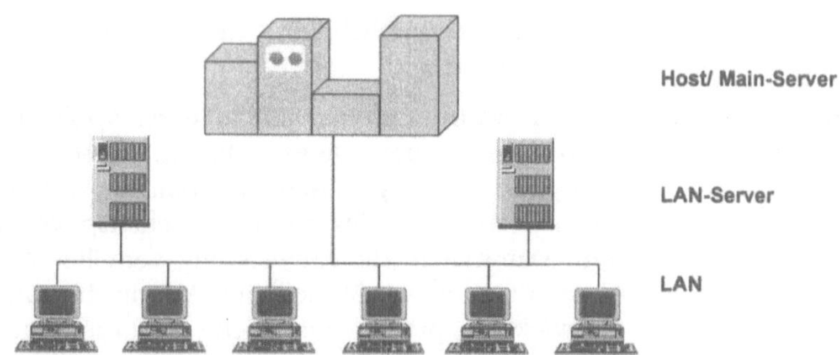

Abb. 2-22: Mehrstufige Client/Server-Landschaft

2.5 Anforderungen an Methodik und Organisation von Client/Server-Projekten

Ableitung mehrfach verwendbarer Services, Verteilung mit dem Ziel optimaler Nutzung der Rechnerplattformen und Standardisierung zur Gewährleistung von Interoperabilität sind komplementäre Ansätze auf dem Weg zur erfolgreichen Realisierung von Client/Server-Anwendungen. Eine Weiterentwicklung der Methodik unterstützt die Identifikation mehrfach verwendbarer Dienste. Mit der Bereitstellung von Werkzeugen werden die technischen Voraussetzungen für die Verteilung der Dienste im Netz geschaffen. Das Zusammenspiel der Dienste wird durch organisatorische Maßnahmen zur Standardisierung der System- und Werkzeuglandschaft gewährleistet.

Methodik

Die Ableitung mehrfach verwendbarer Dienste aus den Geschäftsprozessen des Unternehmens erfolgt in der Analysephase des Client/Server-Projektes. Eine Methodik ist erforderlich, die Geschäftsprozesse analysiert, Dienste ableitet und sie so strukturiert, daß eine verteilbare Systemarchitektur entsteht.

Technik

In der Designphase des Client/Server-Projektes wird ein Verteilungskonzept entwickelt. Die Dienste und die Dienstnutzer werden den zur Verfügung stehenden Rechnern so zugeordnet, daß jede Maschine die für sie optimal geeigneten Verarbeitungen übernimmt.

Organisation

Interoperabilität ist die Voraussetzung für die Verteilung der Dienste und der sie nutzenden „Front Ends". In einem Technologieplanungsprozeß wird die notwendige Client/Server-

Infrastruktur zur Sicherung der Interoperabilität aufgebaut und standardisiert.

Modellierung der Dienste

Die Grundstruktur einer Client/Server-Applikation wird durch die Modellierung der Dienste fixiert. Geschäftsprozesse müssen analysiert und gegebenenfalls optimiert werden. Die geeigneten Dienste zur Unterstützung der Geschäftsprozesse sind zu definieren. Damit stellt die Entwicklung verteilter Anwendungen nach dem Client-Server-Modell im Vergleich zum herkömmlichen Entwicklungsprozeß zusätzliche Anforderungen an die Methodenunterstützung. Die Grundidee der Client-Server-Architektur - Auslagerung von mehrfach benötigten Diensten mit definierter Schnittstelle zwecks Wiederverwendung - verlangt nach methodischer Unterstützung. Ein Dienst ist hierbei häufig eine Zusammenfassung von Daten mit zugehörigen Funktionen. Die klassischen Methoden wie Structured Analysis und Entity Relationship Modellierung betrachten aber Daten und Funktionen weitgehend getrennt voneinander. Eine Zusammenfassung von fachlich verwandten Informationsobjekten und Funktionen bleibt damit dem Zufall oder der Erfahrung des Analytikers überlassen.

Kapselung fachlicher Inhalte

In der Analyse besteht die Hauptaufgabe darin, das zunächst als „Black Box" gesehene System in verteilbare Einheiten zu zerlegen. Dieser Zerlegungsprozeß steht sehr viel stärker als in herkömmlichen Entwicklungsprojekten unter der Anforderung, Elementarbausteine mit maximaler Kapselung fachlicher Inhalte zu erzeugen.

abstrakte Datentypen

Die gegenwärtig in der Praxis überwiegend eingesetzten Methoden betrachten die Datenstruktur unabhängig von der Funktionsstruktur. Damit unterstützt die Methode nicht die Bildung abstrakter Datentypen. Diese Probleme werden sichtbar, wenn es darum geht, existierende, nicht verteilte Anwendungssysteme zu verteilen. Die zu diesem Zweck erstellte CDUR-Matrix (*C*reate, *D*elete, *U*pdate, *R*ead), die Aufschluß über die Verwendung von Informationsobjekten durch Elementarfunktionen gibt, führt häufig zu der Erkenntnis, daß eine Verteilung des existierenden Systems wegen der fehlenden Datenkapselung unmöglich ist. Die Top-Down-Ableitung eines Funktionsbaums führt darüber hinaus nicht zur Bildung wiederverwendbarer Funktionen.

Die gegenwärtigen Methoden der Funktionsmodellierung unterstützen diese Anforderung nur unzureichend. Um den erwarteten Nutzen des Downsizing und der damit verbundenen Client-Server-Architektur zu realisieren, ist eine methodische Unterstützung notwendig, die durch gemeinsame Betrachtung von Daten und Funktionen zur Bildung von abstrakten Datentypen führt. In einem abstrakten Datentyp (s. Abb. 2-23) werden fachlich zusammenhängende Daten und Operationen gekapselt, wobei der Zugriff auf die Datenstruktur nur über definierte Schnittstellenfunktionen möglich ist. Damit entsteht de facto ein „Mini-Server" mit einem eigenen API. Zur Realisierung einer Anwendung nach dem Client-Server-Modell werden die abstrakten Datentypen zu größeren Servern zusammengefaßt oder aber direkt als eigenständige Server implementiert.

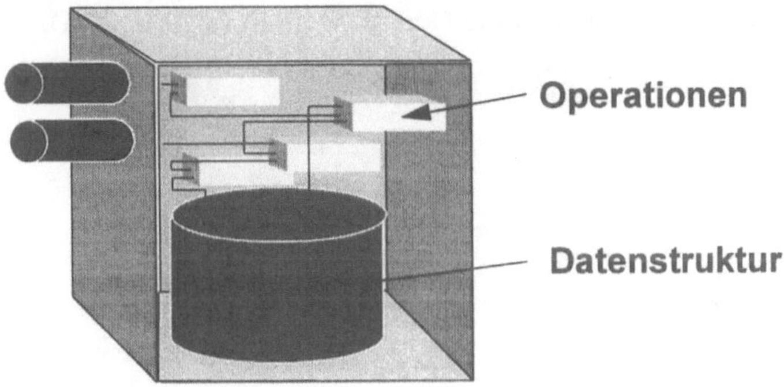

Abb. 2-23: Abstrakter Datentyp

Modularisierung ermöglicht Schichtenbildung

Die Portierung monolithischer Programmsysteme in eine Client/Server-Architektur erfordert die Identifikation von Schichten und die Zuordnung der existierenden Programme zu diesen Schichten. Graphische Oberflächen zeichnen sich durch eine Ereignis-orientierte Steuerung aus. Das Window-System reagiert dabei auf Ereignisse, die vom Benutzer ausgelöst werden (z.B. Klicken mit der Maus auf eine Schaltfläche). Einige Ereignisse können vom Window-System selbst bearbeitet werden (z.B. Veränderung der Größe eines Fensters), andere müssen von der Anwendung übernommen werden. Die Reaktion auf solche anwendungsspezifischen Ereignisse (z.B. Prüfung und Speicherung der eingegebenen Informationen) muß in der Anwendung programmiert werden. Zu diesem Zweck wird in Werkzeugen zur Gestaltung graphischer Oberflächen („GUI-Painter", „User Interface Management Systems (UIMS)") zu den Elementen der graphischen Oberfläche (z.B. „Schaltflächen") jeweils Programmlogik codiert. Diese Programmlogik ist Bestandteil der Anwendung, wird aber in separaten Modulen des GUI-Werkzeugs abgelegt. Damit entsteht eine logische Schicht mit den Aufgaben Steuerung und Präsentation. Im Rahmen der Portierung von Altsysteme in eine Client/Server-Architektur müssen demnach Steuerungs- und Präsentationsfunktionen aus dem Altsystem herausgelöst werden, damit eine modulare, der Ereignis-orientierten Oberfläche angemessene Softwarearchitektur entsteht (s. Abb. 2-24).

In ähnlicher Weise müssen bei Portierungen in eine Client/Server-Umgebung die Funktionen zum Zugriff auf die Datenhaltungssysteme herausgelöst und in separaten Modulen abgebildet werden, um der Heterogenität der Datenbankmanagementsysteme Herr zu werden (s. Abb. 2-24).

Abb. 2-24: Modularisierung ist Voraussetzung für C/S-Systeme (nach *ITR94*)

Die methodische Vorgehensweise zur Erstellung von Client/Server-Applikationen steht damit unter drei wesentlichen Anforderungen:

- Konstruktion modularer, wiederverwendbarer Bausteine und Organisation der Wiederverwendung,

- Orientierung an den Geschäftsprozessen,

- Bewältigung der zusätzlichen Komplexität der Verteilung.

Wiederverwendung

Die Identifikation mehrfach verwendbarer Bausteine ist ein kritischer Erfolgsfaktor für die Realisierung einer Client/Server-Architekur. Die Ableitung wiederverwendbarer Funktionen muß methodisch durch eine Integration von Funktions- und Datenstruktur unterstützt werden. Darüber hinaus ist die Wiederverwendung zu organisieren.

Optimale Unterstützung der Geschäftsprozesse

Die optimale Unterstützung der Geschäftsprozesse durch Client/Server-Anwendungen mit graphischen Oberflächen setzt eine intensive Zusammenarbeit mit den Endbenutzern und ein evolutionäres Prototyping voraus, um die tatsächlichen Anforderungen zu erheben und die Client/Server-Applikation in den zu unterstützenden Geschäftsprozeß einzubetten.

Dokumentation der Topologie

Die Verteilung einer Anwendung bringt eine zusätzliche Komplexität mit sich. Neben Daten und Funktionen muß die Topologie betrachtet werden. Produktionsübergabe, adaptive und korrektive Wartung sind im Client/Server-Umfeld aufwendiger und erfordern eine sehr viel bessere Dokumentation des Systems. Mit Hilfe einer durchgängigen schrittweisen Verfeinerung wird das Modell zur Dokumentation des Systems. Die Topologie ist Bestandteil des Modells.

3 Methodik und Projektorganisation

It is the user who should parametrize procedures, not their creators.

(Epigrams on Programming, A.Perlis)

3.1 Methodische Grundlagen

3.1.1 Methodenelemente

Das Anliegen dieses Buches ist es, Unterstützung bei der Realisierung von Client/Server-Projekten zu geben. Dabei wird ausgegangen von den Zielsetzungen der Client/Server-Strategien, wie sie in den letzten Jahren vom Autor in Projekten und Seminaren beobachtet wurden. Diese Zielsetzungen (z.B. direktere Unterstützung von Geschäftsfunktionen, effiziente Anwendungsentwicklung) bestimmen die Anforderungen an das methodische Vorgehen in Client/Server-Projekten. Demzufolge richtet sich das dargestellte Methoden- und Organisationskonzept an den unternehmerischen Zielsetzungen aus und beschreibt einen Weg, einerseits die DV-technische Komplexität von Client/Server-Applikationen zu beherrschen und andererseits bei der Konstruktion dieser Anwendungssysteme fachliche Zielsetzungen wie die verbesserte Unterstützung von Geschäftsprozessen in den Mittelpunkt zu stellen.

Objektorientierte Methoden

Die methodische Basis für dieses Vorgehen findet sich in objektorientierten Analyse- und Designmethoden einerseits und der Modellierung von Geschäftsprozessen andererseits. Objektorientierte Methoden versprechen Durchgängigkeit im Entwicklungszyklus, Wiederverwendbarkeit von Anwendungsbausteinen und stabile Systemarchitekturen. Gelingt es, diese Versprechungen in die Praxis umzusetzen, so ist damit eine Basis für die Konstruktion von komplexen Anwendungssystemen in Client/Server-Architekturen gegeben.

Modellierung von Geschäftsprozessen

Die Modellierung von Geschäftsprozessen beginnt sich in der Praxis auch bei der Konstruktion von DV-Systemen durchzusetzen. Im Vergleich zu anderen Ansätzen der Funktionsmodellierung wird hier eine stärkere Ausrichtung auf das Geschäft propagiert. Die (Neu-)Gestaltung von Geschäftsprozessen ist vielfach nur möglich mit begleitendem Einsatz unterstützender Technologien (*HAM93*). Damit ergibt sich die Notwendigkeit, die Konstruktion von Anwendungssystemen auf die zu unterstützenden Geschäftsprozesse zu fokussieren (s. Abb. 3-1). Für viele Unternehmen liegt die primäre Zielsetzung der Client/Server-Strategie in der verbesserten Unterstützung wichtiger Geschäftsprozesse. Das Modell der Geschäftsprozesse ist deshalb Grundlage für die Konstruktion der Anwendungssysteme. Dieses Modell kann die Transformation eines realen Geschäftsvorfalls in ein Informationssystem durch Abbildung der Funktionen des Geschäftsvorfalls in DV-Funktionen nur dann wirksam unterstützen, wenn der tatsächliche Ablauf im Mittelpunkt steht und gleichzeitig Optimierungspotentiale analysiert werden.

klassische Analyse-
methoden

Die klassischen Analysemethoden, die zur Gestaltung von Informationssystemen herangezogen werden, fokussieren auf die Ereignisse und Reaktionen, die den Geschäftsvorfall im Kontextdiagramm klammern. Den dazwischen stattfindenden Ablauf brechen sie dann in einem Top-Down-Vorgehen herunter bis auf die Ebene der Elementarfunktionen. Die dabei angewandten Zerlegungsstrategien orientieren sich nicht zwangsläufig an den Geschäftsvorfällen, so daß die entstehenden Abläufe, in Datenflußdiagrammen dokumentiert, nicht unbedingt den Ablauf des Geschäftsprozesses widerspiegeln. Der Sinn der Geschäftsprozeßmodellierung liegt darin, nicht eine der potentiellen sondern die optimale Bearbeitungsvariante darzustellen. Aus dieser optimalen Bearbeitungsvariante des Geschäftsprozesses wird für die informationstechnisch zu unterstützenden Teile direkt das DV-technische Design abgeleitet. Auf diese Weise wird die enge Kopplung zwischen Geschäftsprozeßoptimierung und unterstützender Informationsverarbeitungstechnologie erreicht, die Voraussetzung für den zielgerichteten Einsatz von Investitionen ist.

Zunächst werden die vorhandenen Abläufe als IST-Modell aufgenommen, dann optimiert und in ein SOLL-Modell überführt (s. Abb. 3-1). Ein Geschäftsprozeß ist in diesem Modell charakterisiert als eine Ablaufkette von Funktionen. Die DV-technisch zu unterstützenden Funktionen werden als Teil der Geschäftsprozesse verstanden und müssen im Rahmen der Konstruktion von Client/Server-Anwendungen so auf die zur Verfügung stehenden Rechnersysteme verteilt werden, daß eine ressourcengerechte und kostengünstige Verarbeitung ermöglicht wird.

Ausgehend von dem so erhobenen Geschäftsprozeßmodell wird das Informationssystem konstruiert und die Frage nach der geeigneten Realisierungsform geklärt. In dieser Phase fällt unter Betrachtung der Kosten/Nutzen-Relation die Entscheidung, ob der Geschäftsprozeß besser durch eine zentrale oder eine Client/Server-Anwendung unterstützt wird.

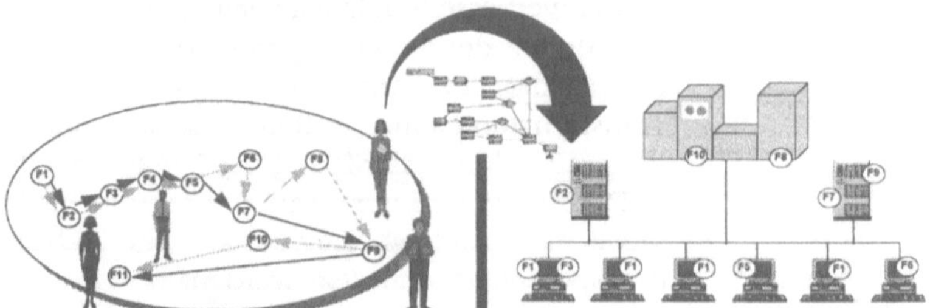

Abb. 3-1: Ableitung des DV-technischen Designs einer Client/Server-Anwendung aus den zu unterstützenden Geschäftsprozessen

Das Methoden- und Organisationskonzept der Anwendungsentwicklung sieht sich der Anforderung nach verbesserter Unterstützung der Geschäftsprozesse bei gleichzeitig komplexer werdenden Zielsystemen gegenübergestellt. Die technische Anwendungsarchitektur hat in diesem Kontext die Aufgabe, die Komplexität heterogener Zielsysteme für die Anwendungsentwicklung mit Hilfe von Schnittstellenstandards zu reduzieren. Diese Architektur soll unter Berücksichtigung der Charakteristika von Client/Server-Architekturen bevölkert werden, die eingangs identifiziert wurden als

- Bildung mehrfach verwendbarer Services,

- ressourcengerechte Verteilung und

- Sicherung der Interoperabilität.

Diese Spezifika müssen durch das Methodenkonzept herausgearbeitet werden. Hierzu ist eine Methodik erforderlich, die

- wiederverwendbare Bausteine für Anwendungssysteme (Services) aus den fachlichen Zusammenhängen der Geschäftsprozesse des Unternehmens ableitet,

- minimale Schnittstellen und Abhängigkeiten zwischen den Bauelementen einer Anwendung schafft (Verteilung) und

- die Konstruktion von Anwendungsprogrammierschnittstellen („Application Programming Interface" (API)) für diese Bausteine unterstützt (Interoperabilität).

Die zu diesem Zweck eingesetzten Methodenelemente sind inspiriert durch objektorientierte Analyse- und Designmethoden sowie Vorgehensweisen zur Modellierung von Geschäftsprozessen. Beide Ansätze sollen im folgenden vorgestellt werden, bevor sie zu einer geschlossenen methodischen Vorgehensweise zur Modellierung und Konstruktion von Client/Server-Applikationen verschmolzen werden. Es wurde ein besonderes Augenmerk auf die evolutionäre Weiterentwicklung bestehenden Methoden-„Know-Hows" gelegt. In vielen Unternehmen, die jetzt mit der Realisierung von Client/Server-Architekturen konfrontiert werden, ist die Einführung strukturierter Methoden noch nicht oder erst vor kurzem abgeschlossen. Die mit einer Client/Server-Architektur verbundene Komplexität soll nicht noch durch eine Revolution der Entwicklungsmethodik erhöht werden. Dennoch sind die bisherigen Standards zur Projektorganisation und zum methodischen Vorgehen für Client/Server-Projekte kritisch zu reflektieren und gegebenenfalls evolutionär weiterzuentwickeln, um den oben genannten Anforderungen gerecht zu werden. Evolutionäre Weiterentwicklung bedeutet zum Beispiel, Objektorientierung unter Nutzung bekannter Methodenelemente aus den strukturierten Methoden einzuführen. Dem mit diesen methodischen Grundlagen vertrauten Leser werden demnach viele Beispiele bekannt sein. Die in der strukturierten Analyse und der Entity-Relationship-Modellierung verwendeten Notationen wurden in das hier vorgestellte Methodenkonzept zur Realisierung von Client/Server-Projekten integriert, in dessen Mittelpunkt die Ausrichtung auf die Geschäftsprozesse und die Konstruktion einer der Client/Server-Architektur entsprechenden Softwarearchitektur stehen.

3.1.2 Nutzung objektorientierter Prinzipien

3.1.2.1 Entwicklung der Objektorientierung

Die Entwicklung der objektorientierten Technologie war zunächst stark durch objektorientierte Programmierumgebungen (Entwicklung von SKETCHPAD am „Massachusetts Institute of Technology" (MIT) in den frühen 60ern, DYNABOOK Ende der 60er, SIMULA67, SMALLTALK 1972, u.a.) geprägt. Lange Zeit gab es keine Konzepte für die frühen Phasen objektorientierter Projekte. Es wuchs lediglich die Erkenntnis, daß Analysemethoden wie zum Beispiel die „Structured Analysis" mit ihrem „Top-Down"-Ansatz zur Zerlegung von Funktionen bis auf die Ebene der Elementarfunktionen nicht als Basis objektorientierter Realisierung geeignet waren (*MEY88*).

Erst Mitte der 80er Jahre begann die Entwicklung von objektorientierten Designmethoden, die primär für Projekte im technischen Bereich konzipiert waren (zum Beispiel „Hierarchical Object Oriented Design (HOOD)" für die europäische Raumfahrtbehörde ESA). Ende der 80er Jahre fand der Übergang in den kommerziellen Bereich und die Entwicklung objektorientierter Analysemethoden (Coad/Yourdon (*COA90*), Shlaer/Mellor (*SHL88*), Wirfs-Brock (*WIR90*)) statt.

abstrakte Datentypen

Objektorientierte Modellierung betrachtet Daten und Funktionen als Einheit und folgt damit dem Konzept des abstrakten Datentyps. In der objektorientierten Analyse werden Funktionen um die Datenstruktur gruppiert. Die Vorgehensweise ist im Gegensatz zu klassischen Methoden eher als „Bottom-up-Ansatz" zu bezeichnen. Durchgängigkeit ohne Methodenbrüche ist eines der wesentlichen Ziele der Objektorientierung.

Die Methodenelemente der objektorientierten Analyse differieren in den Methodendialekten. Wir wollen hier nicht Vor- und Nachteile der verschiedenen objektorientierten Analyse- und Designmethoden erörtern, sondern uns auf eine Darstellung ihrer Ausdrucksmittel im Überblick beschränken, um deren Tauglichkeit für die Client/Server-Anwendungsentwicklung zu beurteilen.

Auch objektorientierte Modelle bestehen aus Sichten (s. Abb. 3-2) auf den Untersuchungsbereich, die sich differenzieren in:

- die Struktursicht,

- die Funktionssicht und

- die Ablaufsicht.

Struktursicht

Die Struktursicht stellt die Objekttypen des Systems, die Struktur ihrer Beziehungen und die innere Struktur in Form von Attributlisten dar. Das Entity-Relationship-Diagramm der klassischen Methoden entspricht dieser Sicht. In der Struktursicht wird die Frage beantwortet, **woraus** das zu erstellende System besteht.

Funktionssicht

Die Funktionssicht richtet den Fokus auf die Operationen der Objekttypen. Es wird damit beschrieben, **was** die Objekttypen funktional leisten. Die klassischen Methoden stellen die Funktionssicht mit Hilfe von Funktionsbäumen dar.

Ablaufsicht

Die Ablaufsicht beschreibt die Verwendung der Objekttypen bei der Bearbeitung der Geschäftsvorfälle. Die Dynamik des Systems wird damit spezifiziert. In den klassischen Methoden wird diese Sicht durch Datenflußdiagramme und seltener durch Kontrollflußdiagramme ausgedrückt. Die Ablaufsicht beantwortet die Frage, **wie** die Leistung des Systems erbracht wird.

Zusammenhang zwischen Objektorientierung und Geschäftsprozeßmodellierung

Die Objektorientierung integriert Funktions- und Struktursicht in Form von Objekttypen. Damit schafft sie stabile DV-technische Bausteine, aus denen Anwendungssysteme konstruiert werden. Die Geschäftsprozeßmodellierung integriert diese Anwendungsbausteine mit der Ablaufsicht, also den Geschäftsprozessen. Damit wird einerseits die Stabilität der Systemarchitektur erreicht, die notwendig ist, um verteilte Client/Server-Anwendungen zu konstruieren. Andererseits werden diese Anwendungen auf die zu unterstützenden Geschäftsprozesse ausgerichtet, indem das Modell der Geschäftsprozesse, die Ablaufsicht, Grundlage der Systementwicklung wird.

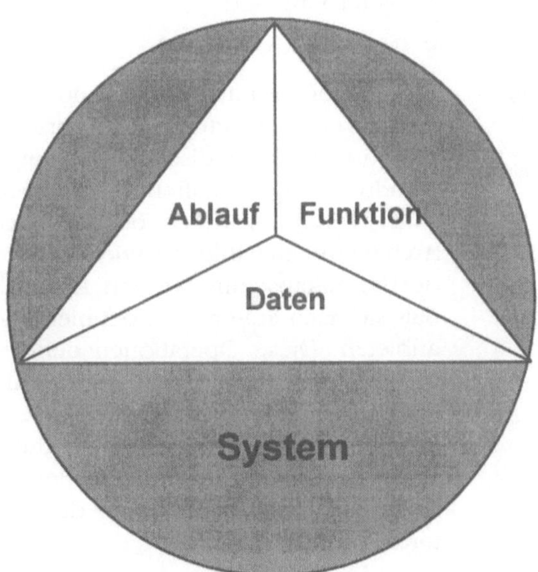

Abb. 3-2: Die Sichten auf das System

Methodenelemente der Objektorientierung

Zur Darstellung Systemsichten gibt es in der Objektorientierung folgende Methodenelemente:

- Objektrelationsdiagramme zur Darstellung der Struktursicht: Darstellung der Objekte, Spezifikation der Datenstruktur, Modellierung der Beziehungen zwischen Objekttypen mit ihrer Kardinalität, Konditionalität und den Vererbungsstrukturen (Super-/Subtypbeziehungen).

- Objektzustandsübergangsdiagramme zur Darstellung der Funktionssicht: Darstellung der möglichen Zustände, Auslöser für Zustandsübergänge und der erforderlichen Operationen zu allen Objekttypen.

- Objektkommunikationsdiagramme zur Darstellung der Ablaufsicht: Darstellung der Kommunikation (Nachrichtenverbindungen, Aufruf von Operationen) zwischen den Objekten, durch die die Leistung des Systems erbracht wird.

Im Kontext der Modellierung und Konstruktion von Client/Server-Applikationen werden drei grundlegende Charakteristika von objektorientierten Methoden aufgegriffen:

- Datenkapselung

- Vererbung und

- Nachrichtenaustausch.

<table>
<tr><td>

Objektorientierung unterstützt die Bildung von Services, Verteilung und Interoperabilität

</td><td>

Diese drei Charakteristika sind für die Realisierung von Client/Server-Architekturen von entscheidender Bedeutung. Vererbung ist ein methodisches Konzept, mit dessen Hilfe wiederverwendbare Eigenschaften identifiziert werden. Demnach unterstützt Vererbung einen der Grundgedanken der Client/Server-Architektur, die Bildung wiederverwendbarer Services. Mit Hilfe der Datenkapselung werden Anwendungsbausteine so gestaltet, daß sie nach außen eine definierte Schnittstelle mit Operationen anbieten. Diese Operationen definieren die Services eines Anwendungsbausteins. Die innere Struktur bleibt dabei verborgen. Mit diesen funktionalen Schnittstellen wird die Voraussetzung für eine Interoperabilität der Anwendungsbausteine geschaffen. Die ressourcengerechte Verteilung der Anwendungsbausteine unterstützt die Objektorientierung durch das Konzept des Nachrichtenaustauschs.

</td></tr>
</table>

3.1.2.2 Datenkapselung

Datenkapselung geht auf das Konzept des abstrakten Datentyps zurück (s. Abb. 3-3), in dem eine Datenstruktur mit den zugehörigen Operationen zusammengefaßt wird. Damit sollen die Eigenschaften einer guten Modularisierung erreicht werden. Dahinter steht der Gedanke, Module mit starker interner Bindung und geringer externer Kopplung zu schaffen (*DEN91*). Beide Eigenschaften entstehen durch Zusammenfassung fachlich verwandter Datenelemente mit den zu ihrer Manipulation gültigen Operationen. Starke interne Bindung ist die Grundlage für das

„Information Hiding", mit dem ein direkter Zugriff auf die Daten unterbunden wird. Außerhalb des abstrakten Datentyps ist nur dessen Verhalten bekannt, nicht aber die Art der Implementierung. Gleiche Anforderungen stellen wir an die Dienste, die in einer Client/Server-Architektur zu definieren sind. Ein abstrakter Datentyp ist demnach die softwaretechnische Repräsentation eines Dienstes, der in einer Client/Server-Architektur den Benutzern oder Anwendungsentwicklern zur Verfügung gestellt wird. Interoperabilität der Dienste wird durch die Spezifikation minimaler Schnittstellen und deren Abbildung in einer technischen Anwendungsarchitektur unterstützt. Die ressourcengerechte Verteilung der Dienste in einer Client/Server-Architektur wird durch Ableitung von abstrakten Datentypen mit geringer externer Kopplung erst ermöglicht.

Abb. 3-3: Datenkapselung

Geschäftsregeln

Die Operationen des abstrakten Datentyps erlauben eine Manipulation der gekapselten Daten ohne Kenntnis über die Form der Realisierung und unter Berücksichtigung der erforderlichen Prüfungen. Geschäftsregeln, die im Rahmen der Datenmodellierung identifiziert werden, sind Bestandteil des abstrakten Datentyps. Damit werden sie genau einmal realisiert und in allen Anwendungssystemen, die den abstrakten Datentyp verwenden, in gleicher Form geprüft. So wird zum Beispiel die einheitliche Berechnung einer Provision in allen Anwendungssystemen durch Kopplung des Berechnungsalgorithmus an die zugehörige Datenstruktur garantiert. Die Geschäftsregel wird nicht mehrfach analysiert, programmiert und gewartet, sondern in Form eines Dienstes einmal realisiert, der sich auf einen abstrakten Datentyp zurückführen läßt.

Das Modul als Baustein einer Client/Server-Anwendung ist damit die Realisierung einer funktionalen oder Datenabstraktion mit einer Schnittstelle in Form von parametrisierten Operationen (s. Abb. 3-4).

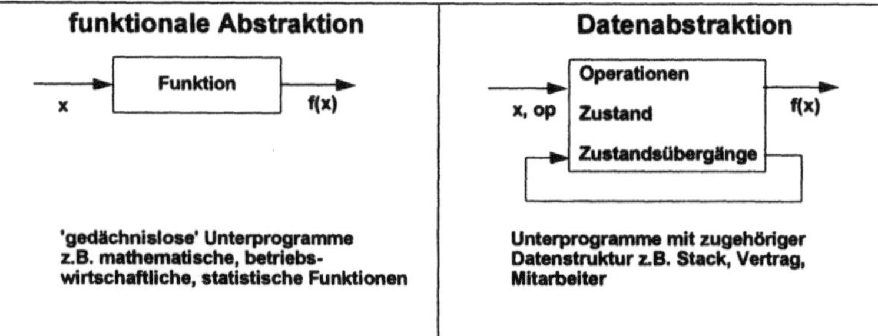

Abb. 3-4: Modul als Datenabstraktion (nach *WEG84*)

Entity-Relationship-Modellierung als Grundlage

Eine objektorientierte Methodik unterstützt dieses Vorhaben bereits in den frühen Projektphasen und führt ohne Methodenbruch zur Spezifikation von Objekten, die alle Eigenschaften der skizzierten abstrakten Datentypen besitzen und Bausteine für Client- und Server-Teil einer Anwendung werden.

3.1.2.3 Vererbung

Vererbung wird in der Objektorientierung genutzt, um mehrfach nutzbare Elemente (Attribute oder Operationen) zu identifizieren und wiederzuverwenden. Bereits in der klassischen Datenmodellierung nach dem Entity-Relationship-Ansatz treten Vererbungsstrukturen in Form von Spezialisierungen oder Generalisierungen auf (s. Abb. 3-5).

Vererbung identifiziert wiederverwendbare Services

Jeder Objekttyp besteht aus Datenstruktur und Operationen, die die Eigenschaften des Objekttyps bestimmen. Diese Eigenschaften können vererbt werden. Damit kann ein Superobjekttyp seine Eigenschaften auf die Subobjekttypen vererben. Vererbungsstrukturen helfen bei der Identifikation wiederverwendbarer Services.

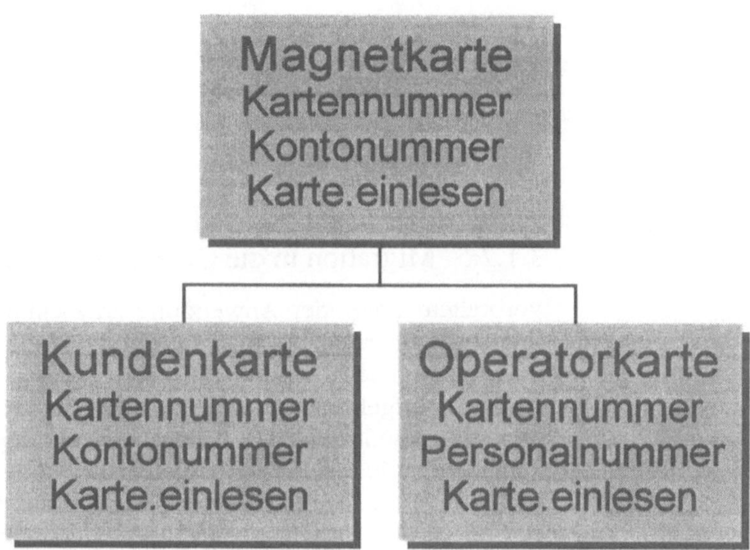

Abb. 3-5: Vererbungsstruktur

3.1.2.4 Nachrichtenaustausch

In objektorientierten Systemen (= Programmierumgebungen) erfolgt das Aktivieren von Operationen durch einen abstrakten Mechanismus des Nachrichtenaustauschs (s. Abb. 3-6). Die Realisierung des Nachrichtenaustauschs kann dabei synchron oder asynchron durch

- Prozeduraufruf,

- Inter Prozeß Kommunikation oder

- Inter Programm Kommunikation

erfolgen. Die Lokation des Partnerobjekts bleibt dabei verborgen. Für die Anwendungsentwicklung wird das Netzwerk, über das die Anwendung verteilt ist, also transparent. Das Anwendungssystem wächst über die Grenzen eines einzelnen Rechners hinaus.

Transparenz

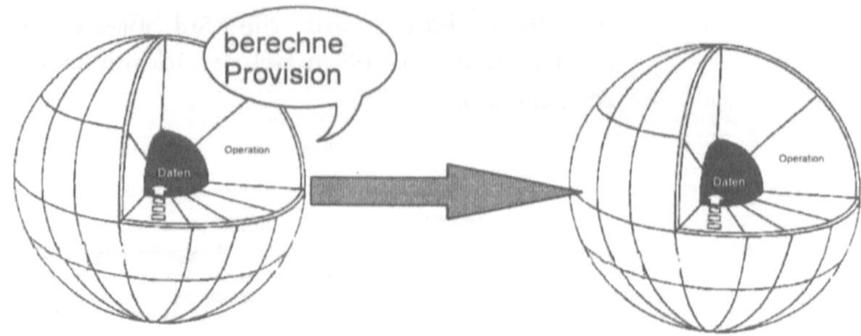

Abb. 3-6: Nachrichtenaustausch

3.1.2.5 Migration in die Objektorientierung

Verbreitete Basis der Anwendungsentwicklung ist zur Zeit die Datenmodellierung nach dem Entity-Relationship-Ansatz. Hier findet sich gleichzeitig die Basis für eine Anpassung des methodischen Vorgehens an die Erfordernisse einer Client/Server-Anwendungsentwicklung. Durch Verwendung der mit dem Datenmodell gefundenen Struktur für die Modellierung der Funktionen wird ein evolutionärer Weg in die Objektorientierung gefunden, der vorhandene methodische Erfahrungen nutzt, den sinnvollen Einsatz vorhandener Werkzeuge unterstützt und die Koexistenz neuer Systeme und Modelle mit dem Portfolio der Altsysteme gestattet. Die Struktur des Datenmodells liefert dabei das Strukturmuster für die Konstruktion des Gesamtsystems. Die Entitätstypen sind die Kristallisationskerne, aus denen abstrakte Datentypen gebildet werden (s. Abb. 3-7).

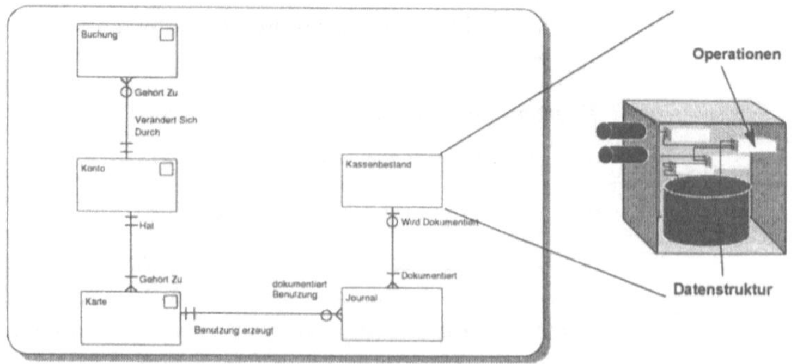

Abb. 3-7: Ableitung abstrakter Datentypen aus dem Datenmodell

Die dargestellte Vorgehensweise nimmt den Grundgedanken der Bündelung von Attributen zu Entitätstypen auf, ergänzt ihn um die Betrachtung der Funktionen und deren Bündelung um die gefundenen Informationsobjekte. Damit wird zunächst eine bewährte Vorgehensweise prolongiert, ohne daß hierzu tiefe Einschnitte in das im Unternehmen vorhandene Methodenkonzept erforderlich wären. Ein erster Schritt der Migration in Richtung auf eine durchgehende objektorientierte Entwicklungsmethodik bei gleichzeitigem Schutz bisheriger Investitionen in die methodische Vorgehensweise ist getan. Damit sind zunächst die Grundanforderungen an eine Methodik zur Erstellung verteilter Anwendungen erfüllt - die Partitionierungsstrategie unterstützt die Bildung abstrakter Datentypen, die als Bausteine verteilter Anwendungen dienen können.

3.1.3 Modellierung von Geschäftsprozessen

3.1.3.1 Geschäftsprozeßmanagement

Wird das Geschäftsprozeßmanagement nicht nur als Mittel der Organisationsmodellierung und -gestaltung sondern auch als Basis der auf die Unternehmensziele ausgerichteten Softwareentwicklung verstanden, so sind Aufgaben der

- Geschäftsprozeßmodellierung,

- Geschäftsprozeßanalyse und

- Geschäftsprozeßunterstützung

zu bewältigen (*GRU94*).

Geschäftsprozeß-
modellierung

Die Geschäftsprozeßmodellierung beschäftigt sich mit der Aufnahme von Geschäftsprozessen in Form von Modellen. Das verfügbare Wissen über einen Geschäftsprozeß wird dokumentiert. Die hierzu notwendigen Diskussionen tragen häufig schon zu einer Konsolidierung der unterschiedlichen Sichten auf den Geschäftsprozeß innerhalb des Unternehmens bei.

Geschäftsprozeß-
analyse

Die Geschäftsprozeßanalyse prüft das Modell auf Konsistenz und liefert Anhaltspunkte für eine Optimierung der Geschäftsprozesse, indem zum Beispiel Durchlaufzeiten, Liegezeiten, Verklemmungen, Kompetenz- oder Aufgabenüberschneidungen betrachtet werden.

Geschäftsprozeß-
unterstützung

Die Geschäftsprozeßunterstützung bietet anschließend die Möglichkeit, analysierte und optimierte Geschäftsprozeßmodelle zur Steuerung realer Prozesse einzusetzen. Zu diesem Zweck werden Werkzeuge aus dem Bereich des „Workflow Managements" eingesetzt, die in der Lage sind, ein Geschäftsprozeßmodell zu verarbeiten.

3.1.3.2 Geschäftsvorfälle und Geschäftsprozesse

Ein Geschäftsvorfall ist ein Vorgang im Rahmen der Tätigkeit eines Unternehmens. Der Geschäftsvorfall definiert eine Ablaufkette von Funktionen, die als Bestandteil von Informationsystemen automatisiert oder ablauforganisatorisch geregelt sind. Ein Ereignis stößt einen Geschäftsvorfall an. Der Anstoß durch das Ereignis kann bezogen auf das Unternehmen von außen, von innen oder aus einem Informationssystem heraus erfolgen (s. Abb. 3-8). Beispiele hierfür sind Ereignisse, die durch externe Partner verursacht werden („Kunde teilt Adressänderung mit"), Ereignisse, die in der Ablauforganisation des Unternehmens entstehen („Vertriebsabteilung schickt Auftragsformular an Aufragsabwicklung") oder Ereignisse, die in der Programmlogik eines Informationssystems definiert sind („Zeitpunkt für Mahnungserstellung erreicht").

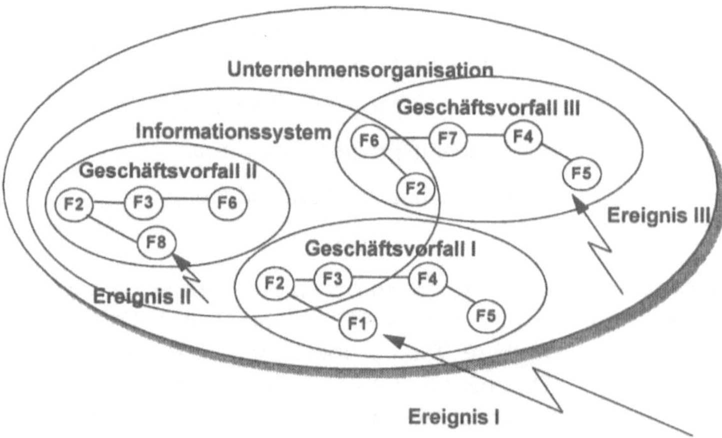

Abb. 3-8: Geschäftsvorfälle

Ein Geschäftsvorfall erzeugt eine oder mehrere Reaktionen, die gegebenenfalls selbst als auslösende Ereignisse anderer Geschäftsvorfälle dienen oder Voraussetzung für das Entstehen weiterer Ereignisse sind, die wiederum Geschäftsvorfälle anstoßen. Eine solche Kette von Geschäftsvorfällen wird in einem Geschäftsprozeß zusammengefaßt (s. Abb. 3-9), der in der Regel abteilungsübergreifend abläuft. Ein Geschäftsprozeß eröffnet den Blick auf die Gesamtunternehmung.

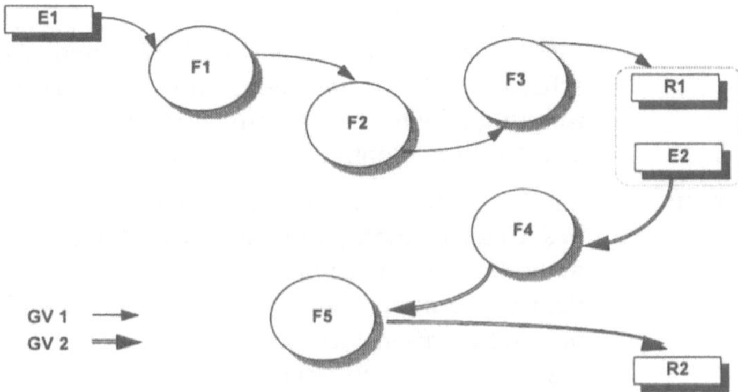

Abb. 3-9: Geschäftsprozeß als Kette von Geschäftsvorfällen

In Geschäftsvorfällen treten häufig gleichartige Abläufe und Informationsflüsse auf. In diesem Fall werden die Teile von Geschäftsvorfällen, in denen gleiche Funktionen verwendet werden, zu Abläufen zusammengefaßt (s. Abb. 3-10).

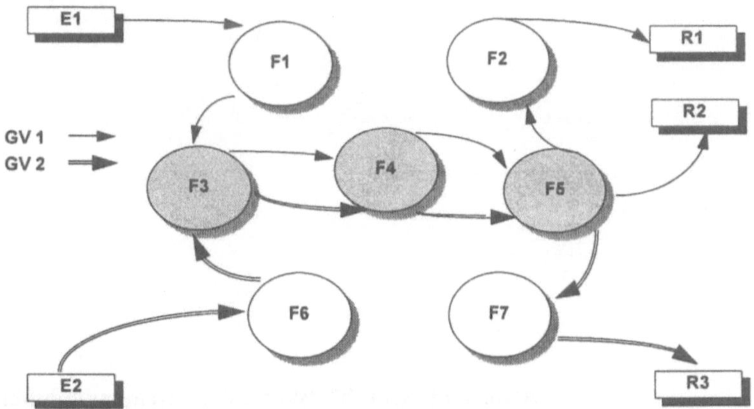

Abb. 3-10: Mehrfach verwendeter Ablauf

Aus den bisherigen Ausführungen ergeben sich folgende Definitionen für die im folgenden verwendete Terminologie der Geschäftsvorfallmodellierung:

Funktion	Einer Funktion obliegt die Bearbeitung einer Teilaufgabe des Unternehmens, die automatisiert oder ablauforganisatorisch geregelt ist. Wenn die Funktion als Bestandteil von Informationssystemen realisiert ist, entspricht sie der Operation eines Geschäftsobjekttyps.
Ablauf	Ein Ablauf ist eine Kette von Funktionen, die in mehreren Geschäftsvorfällen in gleicher Form verwendet wird. Sowohl Steuerungslogik wie auch Informationsfluß sind bei der mehrfachen Verwendung identisch.
Geschäftsvorfall	Ein Geschäftsvorfall ist ein Vorgang im Rahmen der Tätigkeit eines Unternehmens, der eine Ablaufkette von Funktionen definiert. Der Geschäftsvorfall wird durch das Eintreffen einer Nachricht von außen, von innen oder durch Zeitbedingungen aus einem Informationssystem heraus angestoßen. Der Geschäftsvorfall erzeugt keine, eine oder mehrere Reaktionen.
Geschäftsprozeß	Ein Geschäftsprozeß ist eine Kette von Geschäftsvorfällen, bei der die von einem Geschäftsvorfall erzeugte Reaktion Voraussetzung für das Eintreten des Ereignisses ist, das den Folgegeschäftsvorfall auslöst (s. Abb. 3-11: Geschäftsvorfall „Antrag annehmen" und Abb. 3-12: Geschäftsvorfall „Vertragsentwurf bearbeiten").

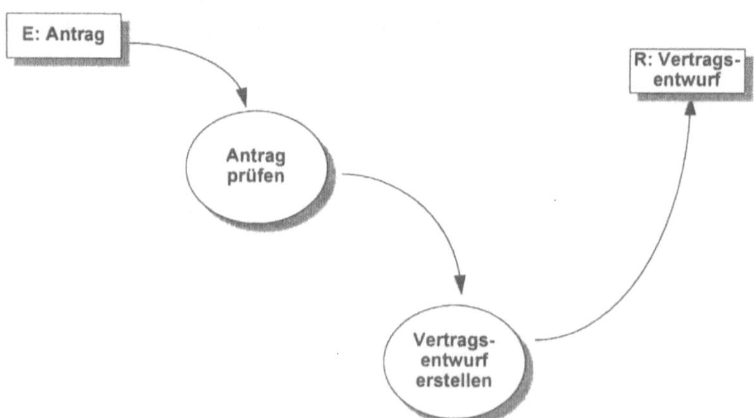

Abb. 3-11: Geschäftsvorfall „Antrag annehmen"

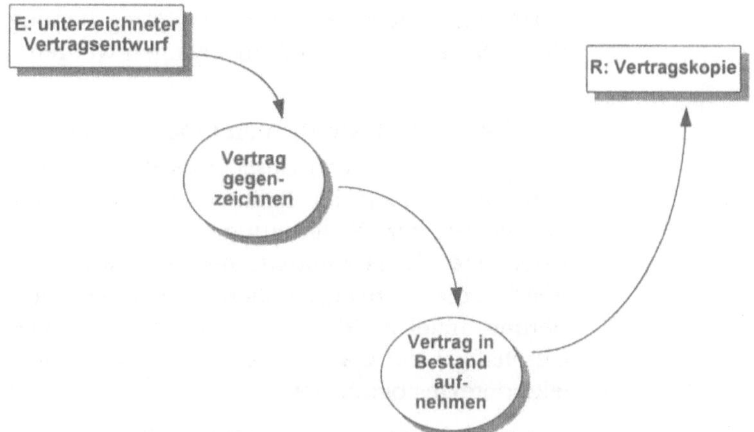

Abb. 3-12: Geschäftsvorfall „Vertragsentwurf bearbeiten"

3.1.3.3 Dokumentation von Geschäftsvorfällen

Um einen Geschäftsvorfall zu beschreiben, sind unter anderem folgende Informationen erforderlich:

- auslösendes Ereignis,

- mögliche Reaktionen,

- erforderliche Funktionen,

- Häufigkeit

- organisatorische Verantwortung für diese Funktionen,

- Realisierung der Funktionen (Ablauforganisation, eigenentwickelte Software, Standardsoftware),

- Datenfluß (Attribute) zwischen den Funktionen und verwendete Medien,

- Kontrollfluß (Bedingungen für die Auswahl von Wegen durch das Netz der Funktionen),

- verwendete Datenstruktur (Geschäftsobjekttypen),

- Startbedingung,

- Endebedingung,

- Qualitätssicherung.

Auf weitergehende Attribute eines Geschäftsprozesses (zum Beispiel „Wertschöpfung", „Meßgröße" und „Meßverfahren"), die vorrangig im Rahmen der Optimierung benötigt werden, soll an dieser Stelle nicht weiter eingegangen werden.

3.1.3.4 Identifikation von Operationen

Die Modellierung von Geschäftsvorfällen dient der Identifikation von Operationen im Rahmen einer objektorientierten Vorgehensweise zur Realisierung von Client/Server-Applikationen. Über eine objektorientierte Modellierung der Geschäftsvorfälle werden die zu realisierenden Operationen ermittelt. Als Strukturierungsmittel für die identifizierten Funktionen dient dabei ein Geschäftsobjektmodell, das die zentralen Objekttypen des Projektkontextes beinhaltet.

Die im Rahmen der Geschäftsvorfallmodellierung identifizierten Funktionen werden als Operationen den Geschäftsobjekttypen zugeordnet. Die Benennung der Funktionen orientiert sich im Rahmen der Modellierung von Geschäftsprozessen am Katalog der Geschäftsobjekttypen. Jede Funktion eines Geschäftsprozesses wird in einer Matrixdarstellung als Operation eines Geschäftsobjekttyps identifiziert (s. Abb. 3-13). In den Spalten dieser Matrix findet sich die Ablaufsicht auf das System wieder, während die Zeilen die Funktionssicht in Form von Operationen und die Struktursicht in Form von Geschäftsobjekttypen wiedergeben.

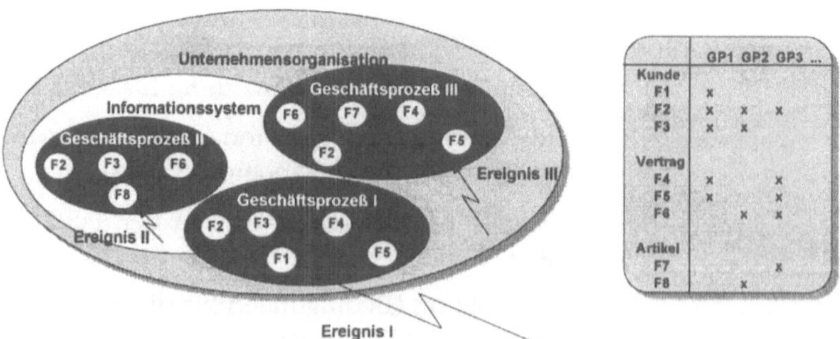

Abb. 3-13 : Modellierung von Geschäftsprozessen

Die Objektorientierung integriert Funktionen und Daten. Damit werden stabile DV-technische Bausteine zum Aufbau von Client/Server-Applikationen geschaffen. Die Geschäftsprozeßmodellierung integriert die DV-technischen Bausteine mit den Geschäftsprozessen. Diese Integration wird zum Beispiel in der dargestellten Matrix deutlich, die beide Sichten auf das Anwendungsportfolio zusammenfaßt. Eine direkte Ableitung der Anwendungslogik und -struktur aus dem Soll-Modell der Geschäftsprozesse ist die Basis für eine wirksame Geschäftsprozeßunterstützung mit Client/Server-Anwendungen (s. Abb. 3-14).

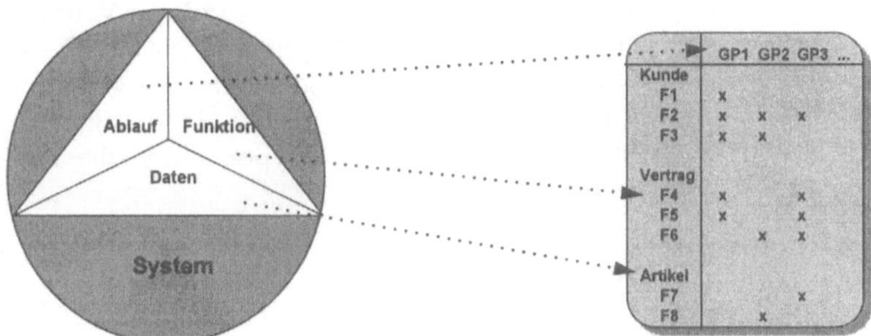

Abb. 3-14: Integration von Geschäftsprozessen und unterstützender Technologie

3.1.3.5 Abbildung in gängigen CASE-Tools

Die gegenwärtig verfügbaren CASE-Werkzeuge bieten mehrheitlich noch keine Möglichkeit zur expliziten Modellierung von Geschäftsprozessen (Stand: November 1994). Allerdings ist ein Trend zur Bereitstellung entsprechender Diagrammmtypen erkennbar. Unter Nutzung der verfügbaren Diagrammtypen ergeben sich folgende Möglichkeiten zur Dokumentation dieser Attribute von Geschäftsvorfällen. Geschäftsvorfälle werden als Datenflußdiagramme (DFD) mit Ereignissen, Reaktionen, Funktionen und Datenflüssen dokumentiert (s. Abb. 3-15).

Abb. 3-15: Darstellung des Geschäftsvorfalls „Buchung" (einer Reise) im Datenflußdiagramm

Die organisatorische Verantwortung und die Form der Realisierung kann zum Beispiel bei der Beschreibung der Funktion im „Data Dictionary" dokumentiert werden. Die Ablauflogik wird in Form eines Pseudocodes (s. Abb. 3-16) oder eines Kontrollflußdiagramms beziehungsweise Ablaufplans dargestellt. Die Verwendung der Datenstruktur wird durch objektorientierte Benennung der Funktionen (z.B. Vertrag_anlegen, Bestellung_stornieren) dokumentiert. Zusätzlich bieten einige CASE-Werkzeuge die Möglichkeit, sogenannte CDUR-Matrizen („**C**reate", „**D**elete", „**U**pdate", „**R**ead") darzustellen, in denen die Verwendung der Entitätstypen durch die Funktionen dokumentiert wird.

```
E: Bestellung
Kunde.suchen;
if  (Prüfung not OK)
      Kunde.ändern;
Vertrag.anlegen;
Reise.anlegen
while not EOF
      {
      Teilnehmer.anlegen;
      while not EOF
            {
            Leistung.suchen;
            Bestellung.anlegen;
                  Veranstalter.suchen;
                  R: Bestellung
            }
      }
R: Vertrag
```

Abb. 3-16: Ablauflogik des Geschäftsvorfalls „Buchung" im Pseudocode

Die Gesamtdokumentation im CASE-Werkzeug wird in der folgenden Abbildung verdeutlicht (s. Abb. 3-17). In der Datenflußdiagrammhierarchie wird in der ersten Ebene das Kontextdiagramm dargestellt. In der zweiten Ebene werden sogenannte Ereignisfunktionen, bekannt aus der essentiellen Systemanalyse (*MCM84*), angelegt, die jeweils einen Geschäftsvorfall repräsentieren. Die Beschreibung der Ablauflogik eines Geschäftsvorfalls erfolgt in graphischer Form (z.B. Ablaufdiagramm) und Kopplung der Graphik mit dem Datenflußdiagramm des Geschäftsvorfalls (mittels Assoziationsmöglichkeiten des CASE-Tools oder durch Namenskonvention). Alternativ kann die Ablauflogik wie bereits gezeigt als Pseudocode dokumentiert werden (s. Abb. 3-16). Diese Form der Dokumentation ist allerdings erfahrungsgemäß für eine Qualitätssicherung durch die Fachabteilungen weniger gut geeignet. Die Verfeinerung der Beschreibung der Ablauflogik erfolgt in den Funktionsspezifikationen. Die Funktionen in den Datenflußdiagrammen werden den Objekttypen über Namenskonventionen zugeordnet. Jede Funktion erhält als Präfix den Namen des Objekttypen, dessen Operation sie ist.

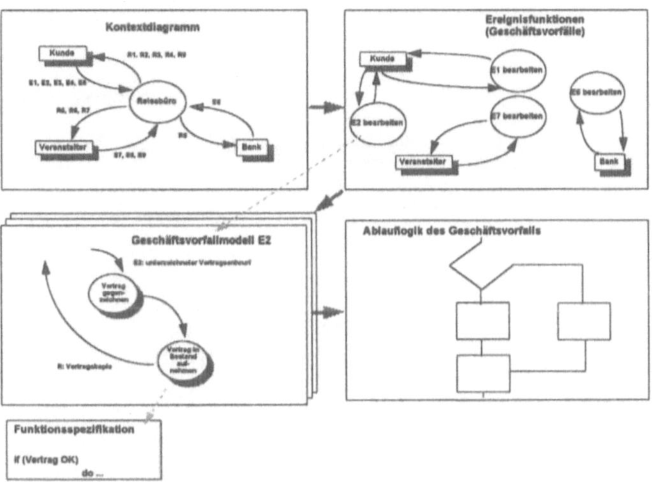

Abb. 3-17: Dokumentation von Geschäftsvorfällen im CASE-Tool

3.2 Das methodische Vorgehen im Überblick

Das Top-Prozeßmodell der Vorgehensweise zur Erstellung von (Client/Server-) Applikationen besteht aus den Phasen strategische Planung, Projektplanung, Analyse, Design, Realisierung, Implementierung und Wartung (s. Abb. 3-18).

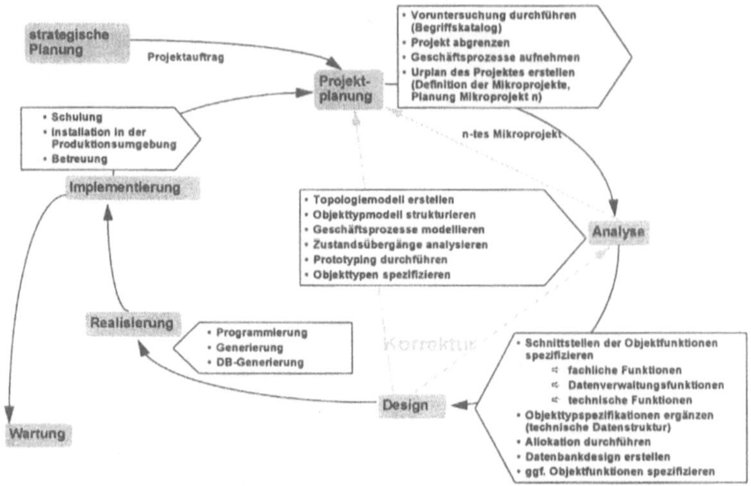

Abb. 3-18: Vorgehensweise für C/S-Projekte

<u>Projektplanung</u>

Das Ergebnis der strategischen Planung sind Projektaufträge, in denen unter anderem die Projektziele, der zu unterstützende Geschäftsbereich und der Auftraggeber spezifiziert sind. Die Projektplanung hat nun die Aufgabe, die Anforderungen der Auftraggeber und späteren Nutzer mit Hilfe eines Geschäftsmodells aufzunehmen und die zu erwartenden Kosten und Projektlaufzeiten auf Basis der Voruntersuchung zu spezifizieren.

Geschäftsmodell

Das Geschäftsmodell beschreibt die externen Partner des zu realisierenden Systems, seine Systemgrenzen, die zentralen Geschäftsobjekttypen und die abzubildenden Geschäftsvorfälle. Die Geschäftsvorfälle werden in Form von Geschäftsvorfallskizzen mit den auslösenden Ereignissen und den resultierenden Reaktionen aufgenommen. Weitere Attribute eines Geschäftsvorfalls, die zur Prozeßoptimierung erforderlich sind, werden nach Bedarf ergänzt. Zu diesen Attributen zählen zum Beispiel die Priorität des Geschäftsvorfalls, aktuelle und geplante Durchlaufzeiten, Kosten, beteiligte und verantwortliche Rollen.

Projekturplanung	In der Projekturplanung wird das Gesamtprojekt gegebenenfalls in Mikroprojekte aufgeteilt (*GIL88*), um die Komplexität von Großprojekten zu reduzieren und beherrschbare Projektportionen zu erhalten. Mikroprojekte produzieren Teilergebnisse des Gesamtprojekts, die an den Geschäftsprozessen ausgerichtet werden, um bereits einsetzbare Ergebnisse zu erhalten.
<u>Analysephase</u>	In der Analysephase wird das Geschäftsmodell in den Bereichen strukturiert, die für das betreffende Mikroprojekt Relevanz besitzen. Aus dem Geschäftsmodell werden Objekttypmodell und Geschäftsvorfallmodell abgeleitet.
Objekttypmodell	Das Objekttypmodell dokumentiert im Objektrelationsdiagramm die Struktur und die Beziehungen der Geschäftsobjekte. Aus den Geschäftsobjekten werden in diesem Arbeitsschritt durch weitere Verfeinerung und Normalisierung des Modells Objekttypen. Darüber hinaus werden für solche Objekttypen, die für das Unternehmen von zentraler Bedeutung sind, also in vielen Anwendungssystemen verwendet werden, Objektzustandsübergangsdiagramme erstellt. Mit Hilfe dieser Diagramme werden Operationen identifiziert, die Projekt-übergreifend benötigt werden.
Geschäftsvorfall-modell	Das Geschäftsvorfallmodell entsteht durch Verfeinerung der Geschäftsvorfallskizzen aus dem Geschäftsmodell der Planungsphase. In Form von Datenflußdiagrammen und Kontrollflußdiagrammen werden für jeden Geschäftsvorfall die Interaktion zwischen den Operationen der Objekttypen und damit der Ablauf des Geschäftsvorfalls dokumentiert. Alternativ werden Kontrollfluß und Datenfluß in einem Objektkommunikationsdiagramm zusammengefaßt dargestellt, sofern ein CASE-Werkzeug vorhanden ist, das eine solche Notation unterstützt.
Prototyping	Bei der Verfeinerung der Geschäftsvorfallskizzen spielt das Prototyping der Benutzeroberfläche eine große Rolle, aus dem das Layout der graphischen Oberfläche, Ergänzungen der Datenstruktur und der Operationen resultieren.
Objekttyp-spezifikationen	Die Ergebnisse aus der Entwicklung des Objekttyp- und des Geschäftsvorfallmodells werden in den Objekttypspezifikationen festgehalten, die für jeden Objekttyp eine Definition der Attribute und der Operationen enthalten.
Topologiemodell	Den Abschluß der Analysephase bildet die Erstellung des Topologiemodells, in dem die im Geschäftsmodell der Planungsphase ermittelten Ereignisse und Reaktionen, die die Geschäftsvorfälle klammern, den Lokationen (Organisationseinheiten) des Projektkontextes zugeordnet werden.

Designphase

Die Designphase beinhaltet die Erstellung des Ablaufmodells, die Verfeinerung der Objekttypspezifikationen, die Allokation und das Datenbankdesign.

Ablaufmodell

Das Ablaufmodell wird auf der Basis des Geschäftsvorfallmodells aus der Analysephase erstellt. Die im Geschäftsvorfallmodell dargestellten Abläufe werden um technische Operationen, Steuerungs- und Servicefunktionen ergänzt. Damit werden die in der technischen Anwendungsarchitektur beschriebenen Steuerungs- und Serviceschichten des Anwendungssystems spezifiziert. Auf die Implementierung des Design in der technischen Anwendungsarchitektur wird im folgenden Kapitel eingegangen.

Objekttyp-spezifikation

Die technischen Operationen und Attribute werden in die Objekttypspezifikation aufgenommen. Service- und Steuerungsfunktionen werden den entsprechenden Objekttypen in der Steuerungs- und Serviceschicht zugeordnet. Bei diesen Objekttypen handelt es sich häufig um funktionale Abstraktionen und nicht um abstrakte Datentypen (s. Abb. 3-4: Modul als Datenabstraktion (nach *WEG84*)).

Allokationsmodell

Das Allokationsmodell entsteht durch Analyse der Schnittstellen zwischen den Objekttypen und Bewertung der Allokationsrestriktionen. In der Systemarchitektur wird die Zuordnung der Objekttypen zu den Verarbeitungsknoten oder Rechnerklassen dokumentiert.

physisches Datenbankdesign

Nach Abschluß der Allokation kann das physische Datenbankdesign für die in der Client/Server-Anwendung eingesetzten Datenhaltungssysteme durchgeführt werden.

3.3 Fallbeispiel

Anhand eines kleinen und vereinfachten Fallbeispiels einer Client/Server-Anwendung soll im folgenden die methodische Vorgehensweise verdeutlicht werden.

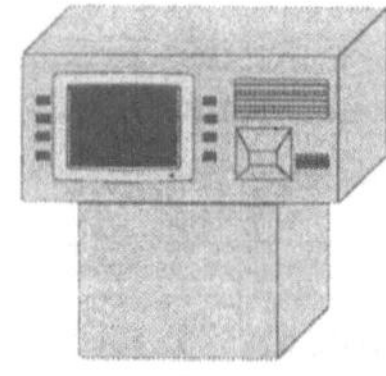

Geldausgabeautomat

<u>Ausgangssituation:</u>

Eine Bank plant die Einrichtung eines neuen Geldautomatennetzes. Die vorhandene Mainframe-Installation ist aus Sicherheitsgründen für Buchungen und Autorisierungen zu nutzen. Die bereits installierten Filialnetze (Ethernet-LAN, File-Server-Systeme, Anbindung an den Mainframe über 9.600 bps Leitungen) , die zur Zeit mittels Terminalemulation die Sachbearbeitung in den

Filialen und wenige PC-Standardanwendungen unterstützen, sind einzubinden (s. Abb. 3-19).

Die einzusetzenden Geldausgabeautomaten (GAA) verwenden das Basisbetriebssystem MS-DOS und können mittels eines Netzwerkadapters in das vorhandene Filialnetz eingebunden werden. Spezialfunktionen auf dem Geldautomaten gestatten die Steuerung der installierten Hardware:

ID-Kartengerät:	Einlesen von Magnetkarten und Verschlüsseln der Informationen
Geldausgabeeinheit:	Ausgabe des gewünschten Betrags (Vereinzelung)
Operator-Panel:	Bedienung des Automaten zum Einlegen von Geld und Druckerpapier
Kundenbedienfeld:	Graphikbildschirm, PIN-Pad, Funktionstasten
Journaldrucker:	Protokollierung aller Vorgänge (Journal)
Belegdrucker:	Erstellung der Belege für Kunden
Festplatte:	Laden von lokal installierten Programmen und Daten
Diskette:	Installation/Wartung

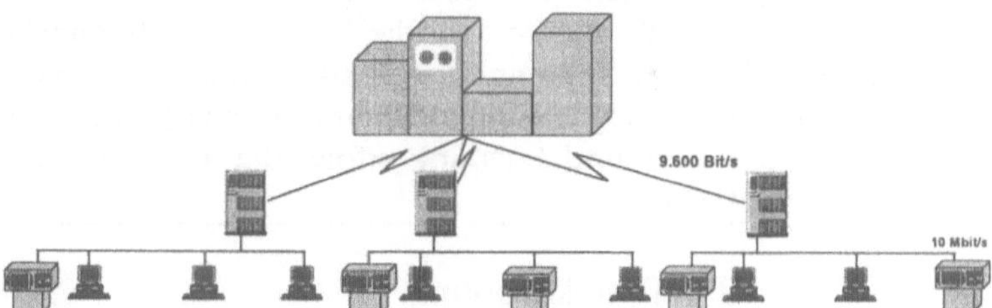

Abb. 3-19: Fallbeispiel Geldausgabeautomat

In einer ersten Ausbaustufe sollen die Funktionen Kontostandsabfrage und Geldauszahlung realisiert werden. Zu einem späteren Zeitpunkt ist die Einführung weiterer Funktionen (z.B. Überweisung, Dauerauftrag, Beratung) geplant.

Für beide Funktionen identifiziert sich der Kunde zunächst mit seiner Kundenkarte, der EC-Karte oder der EC-Karte einer fremden Bank. Eine ungültige Karte (anderer Kartentyp) wird abgewiesen und wieder ausgegeben. Eine gesperrte Karte wird einbehalten, ein Eintrag in das elektronische Journal (Protokoll) erfolgt und ein entsprechender Journalbeleg wird auf die interne Journalrolle des Geldautomaten gedruckt.

Anschließend erhält der Kunde die Aufforderung, sich mit seiner PIN zu identifizieren. Nach einer Fehleingabe gibt es maximal zwei Korrekturversuche. Nach dreimaliger fehlerhafter Eingabe der PIN wird die Karte eingezogen, der Vorgang wird im Journal protokolliert und ein Journalbeleg wird gedruckt.

Nach erfolgreicher Prüfung der PIN erhält der Kunde die Möglichkeit, die Funktion Geldauszahlung oder Kontostandsinformation zu wählen.

Wählt der Kunde die Funktion „Kontostandsabfrage" und handelt es sich um die EC-Karte einer fremden Bank, so wird die Funktion abgewiesen. Nur für Kunden der eigenen Bank ist die Kontostandsabfrage möglich.

Nach Anwahl der Kontostandsinformation wird den Kunden der eigenen Bank der aktuelle Kontostand präsentiert, der ausgedruckt werden kann. Anschließend hat der Kunde die Möglichkeit, den Vorgang zu beenden und seine Karte zurückzuerhalten oder in die Funktion „Geldausgabe" zu wechseln.

In der Funktion „Geldausgabe" spezifiziert der Kunde zunächst den gewünschten Betrag. Sollte der gewünschte Betrag nicht auszahlbar sein (z.B. wegen fehlender DM 50,-- Noten), wird dem Kunden erneut die Betragsauswahl angeboten. Nach erfolgreicher Prüfung des Betrags hinsichtlich vorhandener Stückelungsmöglichkeiten, Eintrag in das Journal, Druck des Journalbelegs und Buchung erfolgt die Ausgabe von Karte, Beleg und Geld.

3.4 Projektplanung

3.4.1 Geschäftsmodell

3.4.1.1 Glossar der Geschäftsobjekte

Nach Abschluß der Projektfindung besteht die Aufgabe zunächst darin, den Leistungsumfang des Projektes abzugrenzen, Mikroprojekte zu definieren und den Projekturplan zu erstellen. Zur Abgrenzung des Leistungsumfangs des Projekts ist es erforderlich, ein Modell zu erstellen, das auf hohem Abstraktionsniveau bei einheitlicher Verfeinerungstiefe den Gesamtumfang des Projektes beschreibt. Hierzu werden in einem ersten Schritt

„Markierungspunkte" für die Modellierung vorgegeben, indem anhand einer Analyse des Problembereichs zentrale Begriffe identifiziert und definiert werden.

Voruntersuchung

In einer Voruntersuchung werden mittels Interviews, Dokumentenanalyse (Arbeitsplatzbeschreibungen, Formulare, Arbeitsanweisungen, etc.) Analyse vorhandener DV-Systeme oder/und Analyse eingesetzter Standardsoftware die Geschäftsobjekttypen des Projektkontextes identifiziert. Es handelt sich hier um die wichtigsten Begriffe im fachlichen Kontext des Projektes. Diese Begriffe haben bei der Bearbeitung der Geschäftsvorfälle eine zentrale Bedeutung. Sie kennzeichnen die Objekttypen, die zur Bearbeitung von Geschäftsvorfällen benötigt werden.

Begriffskatalog

Diese Geschäftsobjekttypen werden in Form eines Begriffskatalogs gesammelt, der in enger Abstimmung mit der Fachseite durch Beseitigung von Homonymen und Synonymen konsolidiert wird. Der aus der Voruntersuchung resultierende Begriffskatalog ist das strukturbildende Element für die anschließende Grobmodellierung der Geschäftsprozesse.

Glossar

Bei großen Projekten mit mehreren beteiligten Fachabteilungen hat sich die Erweiterung des Begriffskatalogs zu einem Glossar bewährt, um im Rahmen der durchzuführenden Workshops und Abstimmungsgespräche über eindeutige Definitionen der verwendeten Geschäftsobjekte zu verfügen. Das Glossar unserer Geldautomatenanwendung enthält folgende Geschäftsobjekte (s. Abb. 3-20):

Karte:	Eine Magnetstreifenkarte mit definiertem Spuraufbau, mit der sich Kunden und Operator identifizieren. Karten, die von Kunden verwendet werden, sind in eigene Kundenkarten, eigene EC-Karten und EC-Karten fremder Banken zu differenzieren.
Konto:	Das Girokonto eines Kunden für täglich mögliche Einzahlungen, Überweisungen und Abhebungen, das seinen Geschäftsverkehr mit der Bank erkennen läßt.
Buchung:	Eintragung von Einzahlungen, Überweisungen oder Abhebungen in das Konto.
Kassenbestand:	Der aktuelle Bargeldbestand im Geldausgabeautomaten gegliedert nach Notenarten.
Journaleintrag:	Chronologische Dokumentation aller relevanten Ereignisse und Reaktionen (Abfragen, Auszahlungen oder Operatoreingriffe).

Abb. 3-20: Glossar der Geschäftsobjekttypen der Geldautomaten-anwendung

Das Glossar der Geschäftsobjekttypen sollte im Unternehmen zentral, zum Beispiel durch eine Organisationseinheit „Objektmanagement", gepflegt werden, so daß im Laufe der Zeit ein Verzeichnis der Geschäftsobjekte entsteht, aus dem sich neue

Projekte bedienen können. Die Aktivitäten der Voruntersuchung können auf dieser Basis vereinfacht und die Ergebnisse weiter standardisiert werden.

3.4.1.2 Kontextdiagramm

Das Kontextdiagramm hat·sich zur Dokumentation der Anforderungen an das zu erstellende System bewährt, da es die Kommunikation mit Fachabteilungen unterstützt und die entstehenden Ereignis- und Reaktionslisten sich im weiteren Verlauf der Modellierung zur Qualitätssicherung des Modells eignen (s. Abb. 3-21).

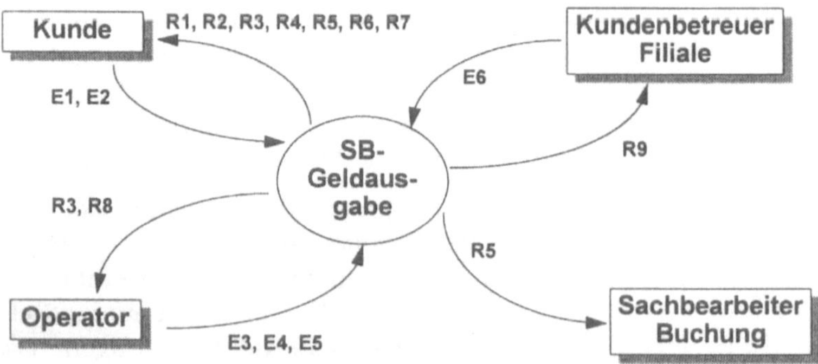

Abb. 3-21: Kontextdiagramm

Die im Kontextdiagramm dokumentierten Ereignisse und Reaktionen klammern die vom System zu bearbeitenden Geschäftsvorfälle (s. Abb. 3-22).

Ereignisse		Reaktionen	
E1	SB-Kontostandsabfrage	R1	Kontostandsanzeige
E2	SB-Geldauszahlung	R2	Kontostandsbeleg
E3	Kartenentnahme d. Operator	R3	Karte
E4	Auffüllen der Kasse	R4	Meldung: Fremdkunde
E5	Auffüllen Belegformulare	R5	Meldung: Karte eingezogen
E6	Statusabfrage GAA	R6	Geld
		R7	Auszahlungsbeleg
		R8	Journalbelege
		R9	Statusmeldung
E1:	R1, R2, R3, R4, R5		
E2:	R3, R5, R6, R7		
E3:	R3		
E4:	R3		
E5:	R3, R8		
E6:	R9		

Abb. 3-22: Ereignis- und Reaktionsliste

3.4.1.3 Spezifikation der externen Partner

Die Spezifikation der externen Partner verfolgt das Ziel, alle Objekttypen, die außerhalb des Projektkontextes liegen, mit denen das System aber kommuniziert, aufzunehmen und ihre Bedeutung für das System zu klären. Externe Partner können Personen, Systeme oder Organisationen sein.

Aus der strukturierten Analyse ist der „externe Partner" unter dem Begriff „Terminator" bekannt (*YOU89*). In der objektorientierten Analyse werden zum Beispiel „Actors" modelliert (*JAC92*), die gleichfalls die Aufgabe haben, alle externen Objekte zu repräsentieren, die mit dem zu entwickelnden System kommunizieren. In unserem Fallbeispiel finden wir folgende externe Partner (s. Abb. 3-23):

Kunde:	Kunde der eigenen Bank mit einer Kunden- oder EC-Karte. Kunde einer fremden Bank mit einer EC-Karte.
Operator:	Mitarbeiter der Filiale, der nach einer entsprechenden Bedienerschulung den Geldausgabeautomaten (GAA) vor Ort betreut. Die Identifikation erfolgt durch eine spezielle Operatorkarte mit PIN. Dem Operator steht zur Bedienung des GAA das Operatorpanel an der Rückseite des Automaten mit einer Windows-Oberfläche zur Verfügung.
Sachbearbeiter Buchung:	Ein Mitarbeiter der Bank, der in der zentralen Buchungsabteilung für die Ausgabe und weitere Administration von Karten zuständig ist.
Kundenbetreuer Filiale:	Ein Mitarbeiter der Bank, der in der Filiale Aufgaben der Kundenbetreuung wahrnimmt und in diesem Kontext von seinem Arbeitsplatz aus den Status des GAA überprüfen kann. Operator und Kundenbetreuer können verschiedene Rollen derselben Person sein.

Abb. 3-23: Spezifikation der externen Partner

3.4.1.4 Geschäftsvorfallskizzen

In einem Workshop mit der Fachabteilung werden die Geschäftsvorfälle des Projektkontextes modelliert. Das durch einen externen Partner oder eine Zeitbedingung ausgelöste Ereignis, das auch in der strukturierten Analyse im Kontextdiagramm modelliert wird, löst einen Geschäftsvorfall aus, der Reaktionen erzeugen kann.

Ablauflogik der Geschäftsprozesse

Das Grobmodell der Geschäftsvorfälle besteht jedoch nicht nur aus dem Kontextdiagramm und den Ereignis- und Reaktionslisten, sondern der Ablauf jedes Geschäftsvorfalls wird festgehalten. In der Erhebungsphase wird von der Fachseite in der Regel ohnehin der Ablauf dargestellt, der dann auch dokumentiert werden sollte, um diese Information für die weitere Analyse nutzen zu können. Durch Reduktion des Modells auf die Attribute des Kontextdiagramms (Externe Partner, Ereignisse und Reaktionen) geht die Sicht auf die Dynamik der Geschäftsvorfälle im Modell verloren und gleichzeitig werden damit Chancen zur Identifikation von Optimierungspotentialen vergeben.

Bereits das Grobmodell der Geschäftsvorfälle sollte sich an einer Struktur orientieren, um Konsolidierung und weitere Verfeinerung zu erleichtern. Der in der Voruntersuchung ermittelte Begriffskatalog (Geschäftsobjekttypen) liefert die erforderliche Struktur, indem bei der Modellierung eines Geschäftsvorfalls die im Begriffskatalog enthaltenen Geschäftsobjekttypen verwendet werden.

Geschäftsvorfall-
skizzen

Die Geschäftsvorfälle werden zunächst gemeinsam mit der Fachseite in Form von Skizzen festgehalten (s. Abb. 3-24). Dabei ist es wichtig, die in den Geschäftsvorfällen verwendeten Funktionen dem Glossar der Geschäftsobjekte folgend zu benennen. So wird frühzeitig eine Navigation durch die bereits vorhandenen Anwendungsbausteine möglich, um das Wiederverwendungspotential voll auszuschöpfen. Es ist evident, daß die Effizienz der Anwendungsentwicklung um so positiver beeinflußt wird, je früher im Projektablauf eine Wiederverwendung stattfindet.

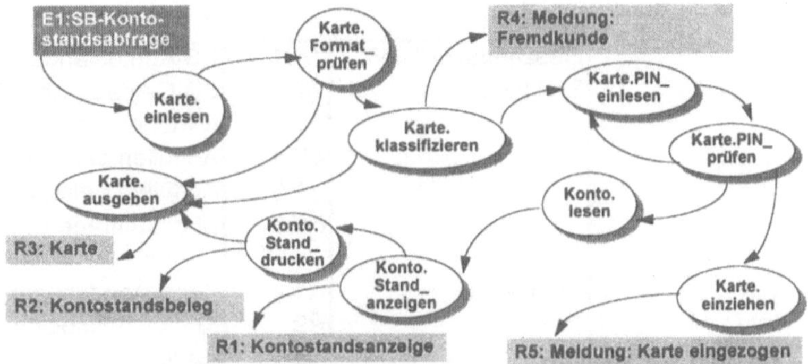

Abb. 3-24: Geschäftsvorfallskizze der „Kontostandsabfrage"

Darüber hinaus wird durch die Orientierung am Glossar der Geschäftsobjekte dafür gesorgt, daß ein einheitlicher Abstraktionsgrad gewahrt bleibt.

Fokus auf den fachli-
chen Ablauf

Die Geschäftsvorfallskizze fokussiert auf den fachlichen Ablauf. Technische Erfordernisse werden in diesem Kontext nicht betrachtet. Funktionen zur Anzeige, Speicherung oder Druckausgabe werden ebenso wenig modelliert wie Objekttypen zur Realsierung eines Vorgangsgedächtnisses oder einer Wiedervorlage. Die Geschäftsvorfallskizze verfolgt allein das Ziel, das in den Fachabteilungen verfügbare Wissen über die Geschäftsvorfälle modellhaft zu beschreiben, um eine Basis für Konsolidierung und Optimierung der Geschäftsprozesse sowie die darauf ausgerichtete Anwendungsentwicklung zu gewinnen. Die fachliche Sicht steht damit im Mittelpunkt.

3.4.2 Projekturplan

Die in den Geschäftsvorfallskizzen gesammelten Informationen über das zu realisierende Projekt werden in einem Planungsraster zusammengetragen, das sich an den zu unterstützenden Geschäftsprozessen orientiert (s. Tab. 3-1). In der daraus abgeleiteten Planungsmatrix werden Objekttypen, zugehörige Operationen und ihre Verwendung in Geschäftsvorfällen dokumentiert (s. Tab. 3-2). Damit bietet sich für Folgeprojekte die Möglichkeit, bei der Dokumentation neuer Geschäftsprozesse in dieser Matrix bereits vorhandene Funktionen zu nutzen. Zwei Sichten auf das Anwendungssystem werden in dieser Matrix zusammengefaßt.

Geschäftsvorfälle/	1/E1	SB-Kontostandsabfrage
Ereignisse	2/E2	SB-Geldauszahlung
	3/E3	Kartenentnahme durch Operator
	4/E4	Auffüllen der Kasse
	5/E5	Auffüllen Belegformulare
	6/E6	Statusabfrage GAA
Reaktionen	R1	Kontostandsanzeige
	R2	Kontostandsbeleg
	R3	Karte
	R4	Meldung: Fremdkunde
	R5	Meldung:Karte eingezogen
	R6	Geld
	R7	Auszahlungsbeleg
	R8	Journalbeleg
	R9	Statusmeldung

Tab. 3-1: Geschäftsvorfälle der Geldautomatenanwendung

Geschäftsvorfall	1	2	3	4	5	6
Priorität (== Nutzen)	5	10	8	10	8	1
Reaktionen	R1 R2 R3 R4 R5	R3 R5 R6 R7 R8	R8	R8	R8	R9
Objekttyp Operation						
Karte						
einlesen	1	1	1	1	1	
Format_prüfen	1	1	1	1	1	
klassifizieren	1	1	1	1	1	
PIN_Einlesen	1	1	1	1	1	
PIN-prüfen	1	1	1	1	1	
ausgeben	1	1	1	1	1	
Konto						
lesen	1	1				
buchen		1				
Journal						
anlegen		1	1	1	1	
sichern					1	
löschen					1	
Kassenbestand						
suchen		1		1		1
ändern		1		1		
anlegen				1		
Komplexität des Geschäfts- vorfalls	4	6	4	6	4	2
Erfahrungswert Aufwand (PT)	60	80	60	80	60	30
Nutzen/Aufwand	0,08	0,13	0,13	0,13	0,13	0,03

Tab. 3-2:Funktionale Projektplanung

Sicht auf die Softwarearchitektur

Zunächst öffnet sich in der Horizontalen die Sicht auf die Softwarearchitektur, in der die Bausteine der Anwendungen in Form von Objekttypen dargestellt sind, die wiederum Zusammenfassungen von Datenbanktabellen und Programmen sind. Hier finden sich auch Verweise auf zugehörige Spezifikationen, Quelldateien, Datenbankdefinitionen und Verantwortlichkeiten. Eine solche funktionale Planung neben der klassischen Planung von Aktivitäten, Aufwänden, Terminen, etc. ist Voraussetzung für die Organisation der verteilten Anwendungsentwicklung. Nicht das Produkt, also die Client/Server-Applikation, sondern auch der Prozeß ist häufig verteilt. Anwendungsentwickler arbeiten auf Arbeitsplatzrechnern. Ablage der Projektergebnisse, Freigabe, Integrationstest, Wartung und Versionsverwaltung müssen in dieser verteilten Anwendungsentwicklungsumgebung organisiert werden. Dabei wird das Projektmanagement vor Aufgaben gestellt, die in der vorhandenen Entwicklungsumgebung auf dem Großrechner häufig bereits standardisiert gelöst sind. Die funktionale Projektplanung strukturiert die Projektarbeit zu einem sehr frühen Zeitpunkt und unterstützt damit das Projektmanagement.

Sicht der Geschäftsvorfälle

In der Vertikalen ergibt sich die Sicht der Geschäftsvorfälle, in der die Bearbeitung eines Geschäftsvorfalls durch verkettete Operationen der Objekttypen dokumentiert ist. Diese Sicht wird optional ergänzt um spezifische Informationen zum Geschäftsprozeß, wie z.B. Priorität, Durchlaufzeit (Bearbeitungs-, Liege und Transportzeiten), Komplexität, Nutzen und Aufwand, die im Rahmen der Analyse und Optimierung von Geschäftsprozessen erforderlich sind.

Aufwandschätzung

Die Aufwandschätzung für das Client/Server-Projekt wird durch eine Analyse der Komplexität der zu unterstützenden Geschäftsprozesse unterstützt. Eine Erfahrungskurve entsteht, indem Kennzahlen für die Komplexität abgeleitet und in Beziehung zu Erfahrungswerten für den Realisierungsaufwand gesetzt werden. Verläßliche Aufwandschätzungen auf der Basis einer solchen Erfahrungskurve setzen die Nachkalkulation von circa 20 Projekten in einer Anwendungsentwicklung voraus.

In Ermangelung validierter Verfahren zur Analyse der Komplexität von Geschäftsprozessen wurden bisher Verfahren aus dem Bereich der Aufwandschätzung herangezogen. Ein einfaches und relativ wenig aufwendiges Verfahren ist Bestimmung der „zyklomatischen Komplexität" nach McCabe (MCC76), die üblicherweise zur Bestimmung der Komplexität der Ablauflogik innerhalb von Modulen herangezogen wird.

Die McCabe-Metrik errechnet die Komplexität *K* eines Ablaufs *i* aus der Anzahl von Knoten *n*, der Anzahl von Kanten *e* und einem Faktor *p*, der für einfache, nicht geschachtelte Abläufe mit 1 vorbelegt wird (zur Vertiefung wird auf *BOE81, DMA82, DUM92* verwiesen). Die Berechnungsformel lautet:

$$K_i = e_i - n_i + 2p_i$$

Für den Geschäftsvorfall „Kontostandsabfrage" ergibt sich e = 12 und n = 10 (s. Abb. 3-25).

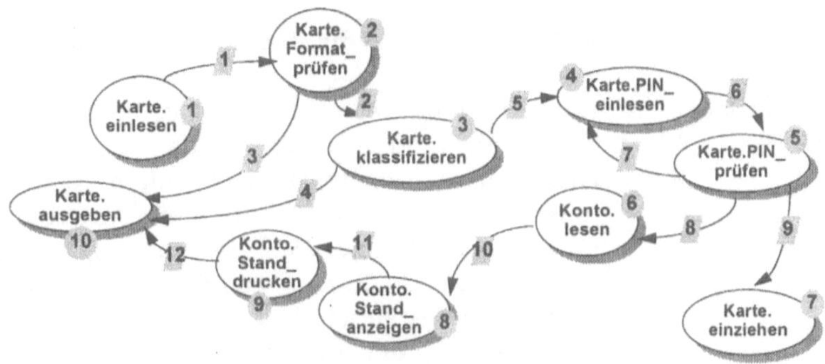

Abb. 3-25: Komplexität von Geschäftsvorfällen

Der Faktor p wird für einen nicht geschachtelten Ablauf mit 1 vorbelegt. Es ergibt sich demnach eine Komplexitätskennziffer von

$$12 - 10 + 2 = 4$$

die in die Nachkalkulation und den Aufbau einer Erfahrungskurve einfließt (s. Abb. 3-26). Für jede Aufwandschätzung gilt, daß ihre Verläßlichkeit abhängig ist vom Aufwand zur Erstellung der Schätzung. Darüber hinaus werden Schätzungen um so genauer, je später im Projektverlauf sie erstellt werden. Die hier vorgestellte Schätzung auf der Basis einer Komplexitätsanalyse der abzubildenden Geschäftsprozesse findet im Anschluß an die Planungsphase des Client/Server-Projektes und damit sehr früh im Projektlebenszyklus statt. Sie wird in späteren Phasen durch revolvierende Schätzungen ergänzt und präzisiert werden.

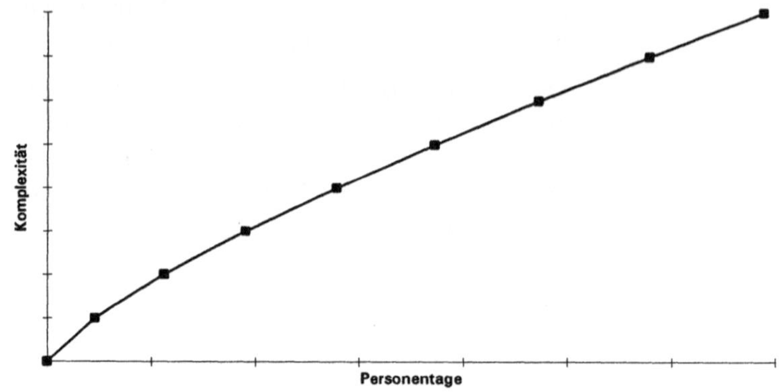

Abb. 3-26: Beispiel für eine Erfahrungskurve

Portionierung des
Projektes

Die Ermittlung der Komplexitätskennziffer ist somit Basis einer frühen Aufwandschätzung auf der Basis von Erfahrungswerten. Nicht nur die Projektplanung sondern auch eine mögliche Portionierung des Projektes wird damit unterstützt. Die Priorität des Geschäftsvorfalls aus Sicht des Auftraggebers und der zu erwartende Aufwand für die Realisierung einer DV-technischen Unterstützung des Geschäftsvorfalls ergeben einen Kosten/Nutzen - Koeffizienten, der die Portionierungsentscheidung unterstützt. Zunächst werden die Objekttypen und Operationen realisiert, die zur Unterstützung der Geschäftsvorfälle mit dem günstigsten Kosten/Nutzen-Koeffizienten erforderlich sind. Damit entsteht eine Portionierung, die sich nicht an Funktionen oder Entitätstypen sondern an den Geschäftsvorfällen orientiert und damit die Optimierung der wichtigsten Geschäftsvorfälle priorisiert.

3.5 Analyse

3.5.1 Objekttypmodell

3.5.1.1 Geschäftsobjektmodell strukturieren

3.5.1.1.1 Überblick

Die in Form eines Begriffskatalogs bzw. Glossars definierten Geschäftsobjekttypen werden in ein Objekttypmodell überführt. Dieses Objekttypmodell ist eine Strukturierung der Begriffswelt, die für das Projekt unter Berücksichtigung des Sprachgebrauchs im Gesamtunternehmen bestimmend ist. Die Geschäftsobjekttypen wurden in der Planungsphase identifiziert. Eine nähere Untersuchung ihrer Struktur und ihrer Beziehungen muß nun folgen. Das Geschäftsmodell betrachtet die Objekttypen auf einer abstrakten Ebene. Diese Ebene muß weiter verfeinert werden, um Anwendungssysteme realisieren zu können. Geschäftsobjekttypen werden dabei häufig in mehrere Objekttypen aufgelöst (s. Abb. 3-27). Die Geschäftsvorfallskizzen werden zu einem Geschäftsvorfallmodell verfeinert. Die abstrakte Ebene der Geschäftsobjekttypen und Geschäftsvorfallskizzen eignet sich in den frühen Projektphasen zur Aufnahme der Anforderungen in der Diskussion mit Auftraggebern, Experten und späteren Benutzern. Darüber hinaus sind auf dieser Ebene frühzeitig Wiederverwendungspotentiale identifizierbar.

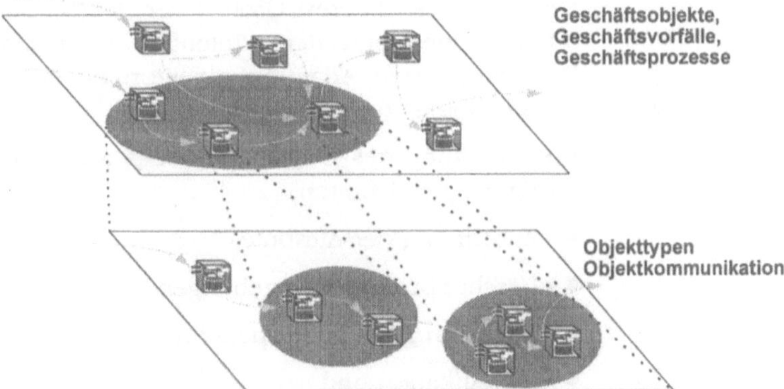

Abb. 3-27: Verfeinerung der Geschäftsobjekttypen zu Objekttypen

Es wurde bereits mehrfach darauf hingewiesen, daß mit dem hier vorgestellten Methodenkonzept an existierende und in der Praxis eingesetzte Methoden angeknüpft werden soll, um die Migration in die Anwendungsentwicklung für Client/Server-Architekturen zu erleichtern. Die fachliche Begriffswelt wird in der Praxis mit Hilfe der Entity-Relationship-Modellierung (*CHE77*) strukturiert und in Datenstrukturen transformiert. Objektorientierte Methoden setzen auf den Konzepten der Entity-Relationship-Modellierung auf, um die Objekttypen in der realen Welt zu identifizieren, zu präzisieren und zu strukturieren. Ein Objekttyp im hier diskutierten Sinne besitzt einen größeren fachlichen Abdeckungsgrad als ein Entitätstyp im voll normalisierten Entity-Relationship-Modell.

Die Geschäftsobjekte werden unter Einsatz der aus der Entity-Relationship-Modellierung bekannten Methodenelemente strukturiert. Darüber hinaus werden ergänzende Elemente aus objektorientierten Methoden verwendet, um mittels der resultierenden Klassenhierarchien Wiederverwendungspotentiale frühzeitig aufzudecken.

Die im folgenden dargestellten Aktivitäten zur Strukturierung des Geschäftsobjektmodells orientieren sich einerseits an der Entity-Relationship-Modellierung, da dieses Methodenkonzept in der Mehrzahl der Unternehmen eingeführt ist, und andererseits an gängigen objektorientierten Analysemethoden wie zum Beispiel „Object-Oriented Analysis" (COA90), „Object Behavior Analysis" (RUB92) und „Object-Oriented Systems Analysis" (SHL88). Die Terminologie wurde auf die Vorschläge der „Object Analysis and Design Special Interest Group" der „Object Management Group" (OMG) abgestimmt, deren Intention es ist, ein Rahmenwerk zur Beurteilung und Adaption objektorientierter Analyse- und Designmethoden zu liefern (*HUT94*).

Die Ableitung des Objekttypmodells aus den Geschäftsobjekten erfolgt in den Schritten:

- Zuordnung der Attribute,

- Beschreibung der Beziehungen,

- Zuordnung der Basisoperationen,

- Klassifikation und

- Aggregation.

Da diese Aktivitäten aus der Entity-Relationship-Modellierung hinlänglich bekannt sind und darüber hinaus eine Vielzahl von Publikationen zu den detaillierten Vorgehensweisen der objektorientierten Analyse existieren, soll im folgenden nur ein kurzer Überblick über die Strukturierung des Geschäftsobjektmodells gegeben werden.

3.5.1.1.2 Zuordnung der Attribute

Die aus der Projektplanung resultierenden Geschäftsvorfallskizzen werden zunächst weiter verfeinert, indem den dargestellten Abläufen die notwendigen Datenelemente zugeordnet werden. Es wird demnach die Frage gestellt, welche Datenelemente erforderlich sind, um einen Geschäftsvorfall abzuwickeln. Für jede der im Rahmen des Geschäftsvorfalls verwendeten Operationen wird also geklärt, welche Parameter sie benötigt. Die Datenelemente werden zunächst in den Geschäftsvorfallskizzen ergänzt (s. Abb. 3-28).

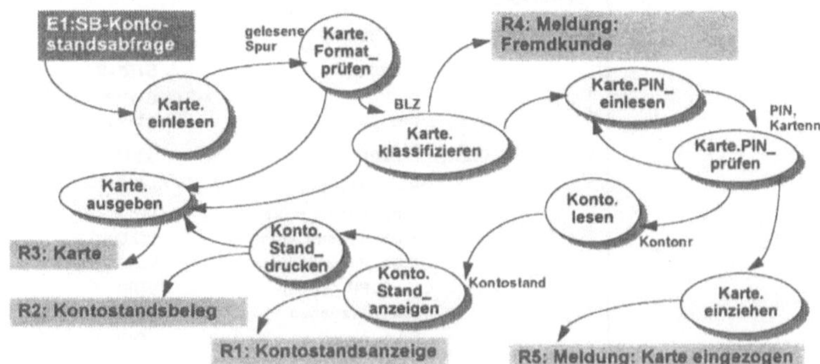

Abb. 3-28 : Ergänzung der Geschäftsvorfallskizze um benötigte Datenelemente

Nachdem die in einer Geschäftsvorfallskizze vorhandenen Operationen um notwendige Datenelemente ergänzt wurden, können Spezifikationen der Geschäftsobjekte in einem ersten Entwurf angelegt werden. Grundlage für die Spezifikation der Attribute in unserem kleinen Beispiel sind einfache Typdefinitionen (s. Abb. 3-29), die von der „Object Management Group" unter dem Begriff der „non-object types" zusammengefaßt werden.

Typ	**Dimension**	**Bedeutung**
INT	4 Byte	Ganze Zahl
STR*n	n Byte	Zeichenkette Länge n
CHAR	1 Byte	Zeichen
DATUM	8 Byte	Datum
FLOAT	4 Byte	Gleitkommazahl
DOUBLE	8 Byte	Gleitkommazahl
BOOLEAN	1 Byte	Boolscher Wert

Abb. 3-29:Typdefinitionen

Die Spezifikationen der Geschäftsobjekte beinhalten zunächst die Operationen und Attribute aus den Geschäftsvorfallskizzen (s. Abb. 3-30).

<table>
<tr><td><u>Objekttyp:</u></td><td colspan="2">Karte</td></tr>
<tr><td><u>Objektart:</u></td><td colspan="2">Geschäftsobjekttyp</td></tr>
<tr><td><u>Superobj.:</u></td><td></td><td></td></tr>
<tr><td><u>Attribute:</u></td><td><u>Name</u></td><td><u>Typ</u></td></tr>
<tr><td></td><td>Kartennr</td><td>STR*20</td></tr>
<tr><td></td><td>BLZ</td><td>STR*20</td></tr>
<tr><td></td><td>PIN</td><td>STR*4</td></tr>
<tr><td><u>Operationen:</u></td><td><u>Name</u></td><td><u>Typ</u></td></tr>
<tr><td></td><td>Karte.einlesen</td><td>VOID</td></tr>
<tr><td></td><td>Karte.format_prüfen</td><td>VOID</td></tr>
<tr><td></td><td>Karte.klassifizieren</td><td>VOID</td></tr>
<tr><td></td><td>Karte.PIN_einlesen</td><td>VOID</td></tr>
<tr><td></td><td>Karte.PIN_Prüfen</td><td>VOID</td></tr>
<tr><td></td><td>Karte.ausgeben</td><td>VOID</td></tr>
<tr><td></td><td>Karte.einziehen</td><td>VOID</td></tr>
</table>

Abb. 3-30: Spezifikation eines Geschäftsobjekttyps

3.5.1.1.3 Beschreibung der Beziehungen

Bereits im Rahmen der Erstellung der Geschäftsvorfallskizzen wurde implizit davon ausgegangen, daß die Geschäftsobjekttypen interagieren und sich gegenseitig Services anbieten. Aus diesem „Dienstleistungsverhältnis" zwischen den Objekttypen ergeben sich in der objektorientierten Analyse Anhaltspunkte für die Beziehungen zwischen den Objekttypen.

Über Beziehungen wird spezifiziert, in welcher Form Objekttypen miteinander in Verbindung stehen (*BAR92*). Aus dem Glossar der Geschäftsobjekte, das mit Zuordnung der Attribute und Spezifikation der Geschäftsobjekttypen verfeinert wurde, wird ein erster Entwurf des Objekttypmodells. In dem folgenden Beispiel ist dieser Schritt für die Geldautomatenanwendung in einer Entity-Relationship-Notation dargestellt (s. Abb. 3-31).

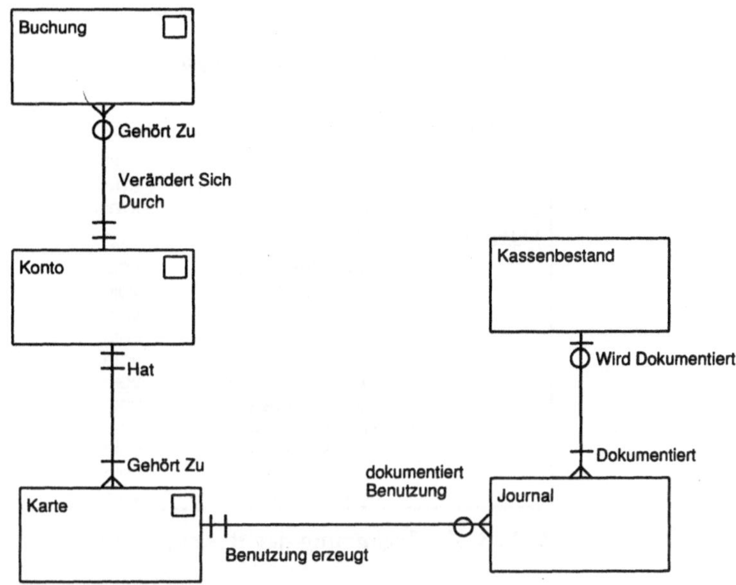

Abb. 3-31: Ergänzung der Beziehungen

3.5.1.1.4 Zuordnung der Basisoperationen

Die bislang nur Datenstruktur enthaltenden Objekttypen werden um die zugehörigen Basisoperationen erweitert. Die Operationen eines Objekttyps ergeben sich zunächst aus den Basisfunktionen zum Anlegen, Lesen/Suchen, Ändern und Löschen von Instanzen des Objekttyps (s. Abb. 3-32). Darüber hinaus sind Operationen zur direkten Manipulation einzelner Attribute (z.B. „Familienstand des Kunden ändern") notwendig. Schließlich ergeben sich bezogen auf die Attribute des Objekttypen weitere Operationen in Form von Prüffunktionen. Die auf dem beschriebenen Weg für jeden Objekttyp abgeleitete Spezifikation mit Attributen und Basisoperationen wird in der Analyse der Geschäftsprozesse weiter verfeinert, in der weitere Objektfunktionen identifiziert und den Objekttypen zugeordnet werden.

Objekttyp: Karte
Objektart: Geschäftsobjekttyp
Superobj.: -
Attribute: **Name**   **Typ**

Name	Typ
Kartennr	STR*20
BLZ	STR*20
PIN	STR*4

Operationen: **Name**   **Typ**

Name	Typ
Karte.anlegen	VOID
Karte.lesen	VOID
karte. löschen	VOID
karte.ändern	VOID
Karte.einlesen	VOID
Karte.format_prüfen	VOID
Karte.klassifizieren	VOID
Karte.PIN_einlesen	VOID
Karte.PIN_Prüfen	VOID
Karte.ausgeben	VOID
Karte.einziehen	VOID

Abb. 3-32: Ergänzung der Basisoperationen

3.5.1.1.5 Klassifikation

Das Ziel der Klassifikation ist es, Gemeinsamkeiten verschiedener Objekttypen zu identifizieren und diese gemeinsamen Attribute oder Operationen in einem Superobjekttyp abzubilden. Damit teilen die Subobjekttypen die Definition der gemeinsamen Attribute und Operationen. Eine mehrfache Realisierung wird frühzeitig verhindert. Der Superobjekttyp kann als Abstraktion (auch häufig „Generalisierung" genannt) aus ursprünglich vorhandenen Subobjekttypen entstehen. Genauso können Subobjekttypen als Spezialisierung eines Superobjekttypen abgeleitet werden.

Der Objekttyp „Konto" in unserem Geldautomatenbeispiel steht stellvertretend für ein Girokonto. Im Gesamtkontext des Bankgeschäfts werden weitere Typen von Konten geführt, so daß in einem anderen Anwendungssystem zum Beispiel aus den Objekttypen „Sparkonto" und „Girokonto" die Abstraktion „Konto" gebildet wird (s. Abb. 3-33).

Bildung von Abstraktionen

Die Bildung von Abstraktionen ist hilfreich, um neue Geschäftsobjekttypen für die Verwendung in anderen Projekten zu identifizieren.

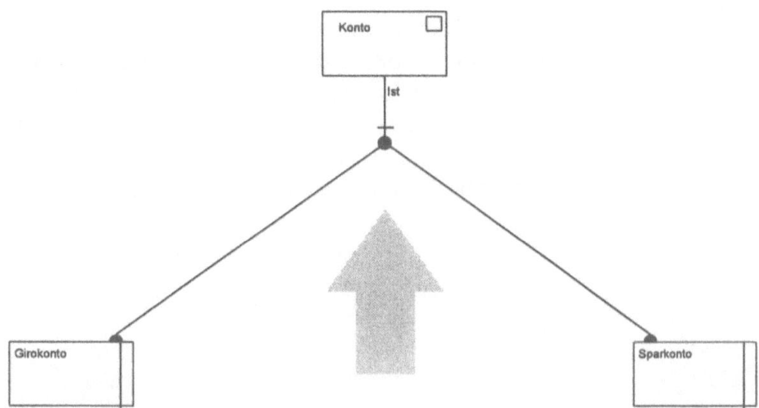

Abb. 3-33: Abstraktion

Bildung von Spezia-
lisierungen

Die Verfeinerung von Geschäftsobjekttypen mit Hilfe der Spezialisierung führt zu Objekttypen, die innerhalb des Projektes realisiert werden. Spezialisierungen ergeben sich dort, wo verschiedene Ausprägungen eines Objekttyps existieren, die in Teilbereichen unterschiedliche Operationen oder Attribute besitzen, in anderen Teilbereichen aber identisch sind. Die Vorgehensweise bei der Spezialisierung ist die umgekehrte der Abstraktion.

In der Geldautomatenanwendung findet sich eine Spezialisierung zum Beispiel bei der Verfeinerung des Objekttyps „Karte" zu den Objekttypen „Kundenkarte" und „Operatorkarte" (s. Abb. 3-34). Beide Objekttypen haben Gemeinsamkeiten (zum Beispiel die Operationen „Karte.einlesen", „Karte.ausgeben") aber auch Besonderheiten (zum Beispiel die Attribute „Kontonummer" und „Bankleitzahl" nur bei der Kundenkarte).

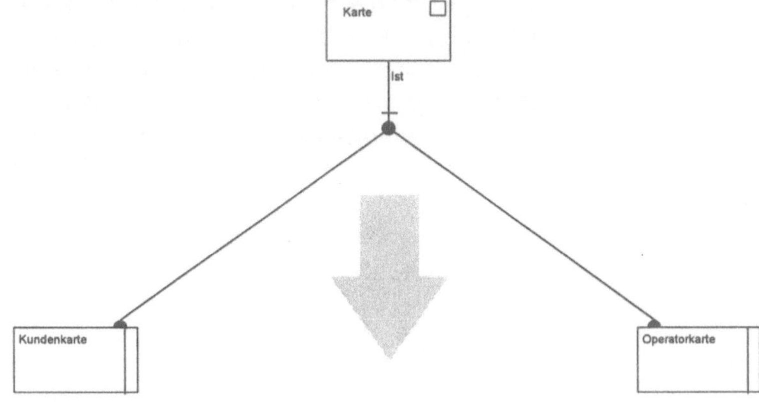

Abb. 3-34: Spezialisierung

Durch Klassifikation entsteht eine Vererbungsstruktur, die zum Beispiel in der Notation von Coad/Yourdon (*COA90*) explizit dargestellt wird (s. Abb. 3-35). Ein Kassenumsatz ist eine Auszahlung oder eine Geldversorgung. Beide haben gemeinsame Attribute (zum Beispiel „Notenart" und „Anzahl"), aber auch unterschiedliche (zum Beispiel „Buchungsnummer der Auszahlung").

Abb. 3-35: Notation der Klassifikation

3.5.1.1.6 Aggregation

Objekttypen, die vielschichtige Aufgaben im Rahmen der Bearbeitung der Geschäftsvorfälle wahrnehmen, beinhalten häufig ein Konglomerat verschiedenster Operationen und entsprechender Attribute. Durch Faktorisierung werden diese Operationen in spezielle Subtypen ausgelagert.

Im Geldautomatenbeispiel gibt es den Objekttyp „ID-Kartengerät", der für die Steuerung des Kartenlesers und des zugehörigen Geräts zur Verschlüsselung der gelesenen Daten im Geldautomaten zuständig ist. Der Objekttyp „ID-Kartengerät" kann damit als Aggregation der Objekttypen „Kartenleser" und „Verschlüsselungsmodul" verstanden werden (s. Abb. 3-36).

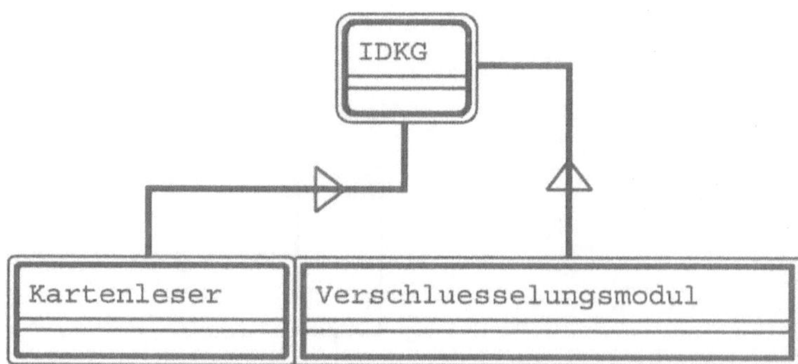

Abb. 3-36: Aggregation

3.5.1.1.7 Erstellung des Objekttypmodells

In der Struktur der Objekttypen spiegelt sich die statische Dimension des Objekttypmodells wider. Das Strukturmodell liefert die Struktursicht auf das System und ist Grundlage für die weitere Analyse, in der die Funktionssicht durch Spezifikation der Objektdynamik für alle Objekttypen aufgebaut wird und die Ablaufsicht mit Hilfe der Modellierung von Geschäftsvorfällen entsteht. Das Strukturmodell der Objekttypen unseres Beispiels wird in der Notation eines Entity-Relationship-Diagramms dargestellt, die von gängigen CASE-Werkzeugen unterstützt wird (s. Abb. 3-37).

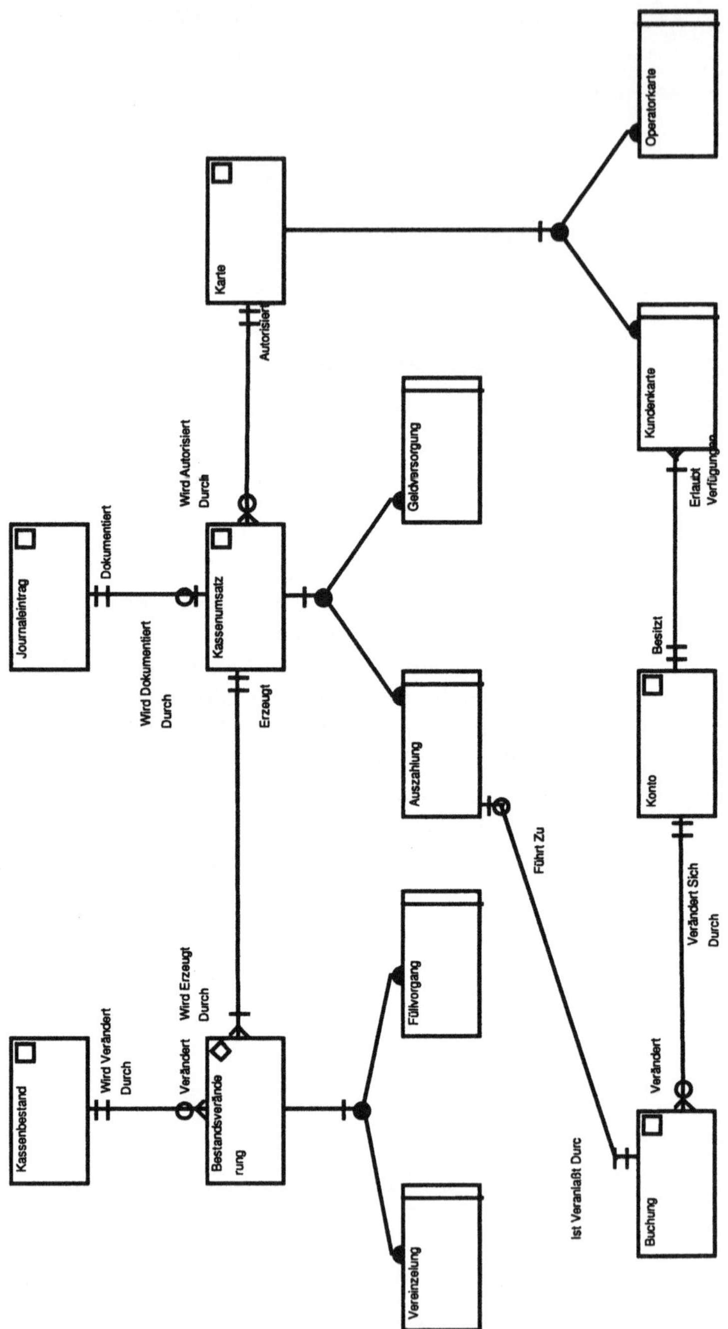

Abb. 3-37: Strukturmodell der Objekttypen

3.5.1.2 Objektdynamik spezifizieren

Aus den Geschäftsvorfallskizzen der Planungsphase sind bereits Operationen der Objekttypen hervorgegangen. Darüber hinaus wurden jedem Objekttyp Basisoperationen zugewiesen. Objektzustandsübergangsdiagramme erlauben nun die weitere Verfeinerung der Operationen jedes Objekttyps. Die zulässigen Operationen werden spezifiziert. Eine Operation führt zur Zustandsveränderung des Objektes. Jedes Objektzustandsübergangsdiagramm richtet den Fokus auf einen Objekttyp und beschreibt dessen mögliche Zustände. Die Zustandsübergänge werden durch Operationen ausgelöst, die dem Objekttyp zugeordnet werden (s. Abb. 3-38). Damit ergänzt die Analyse der Zustandsübergänge die bereits durch Zuordnung der Basisoperationen aufgebaute Funktionssicht

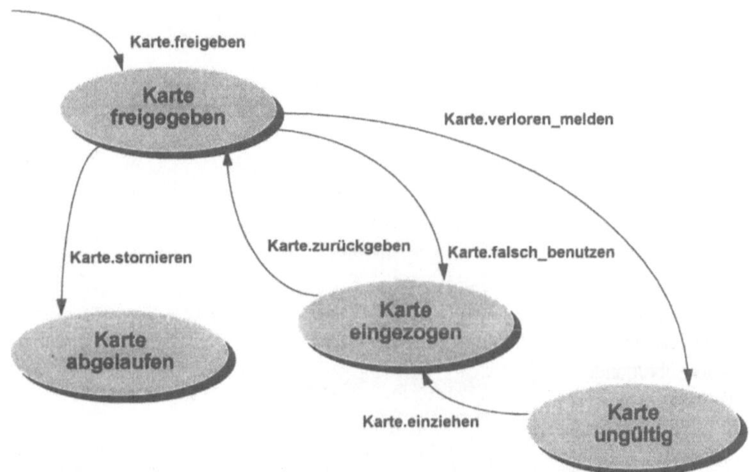

Abb. 3-38 : Objektzustandsübergangsdiagramm „Karte"

Die Erstellung von Objektzustandsübergangsdiagrammen ist für Objekttypen empfehlenswert, die von zentraler Bedeutung für das Unternehmen sind, denn mit ihrer Hilfe können auch solche Operationen identifiziert werden, die innerhalb des aktuellen Projekts nicht relevant sind, aber von anderen Projekten durchaus benötigt werden. Aus der Modellierung der Geschäftsvorfälle resultieren alle Operationen, die für das aktuelle Projekt benötigt werden. Weitere Operationen der verwendeten Objekttypen können durch Objektzustandsübergangsdiagramme identifiziert werden (s. Tab. 3-3). Die Funktionen „Karte.freigeben", „Karte.stornieren" und „Karte.zurückgeben" sind im Kontext der Geldautomatenanwendung nicht aufgetreten, da dort nur die Geschäftsvorfälle modelliert wurden, die im Selbstbedienungsbereich der Bank stattfinden. Weitere Operationen, die in der Kundenbetreuung der Filiale benötigt werden, um die Geldautomaten zu betreiben, werden durch Objektzustandsübergangsdiagramme oder durch Erweiterung des Projektkontextes und Modellierung aller Geschäftsvorfälle identifiziert.

Geschäftsvorfall	1	2	3	4	5	6
Priorität	5	10	8	10	8	1
Reaktionen	R1 R2 R3 R4 R5	R3 R5 R6 R7 R8	R8	R8	R8	R9
Objekttyp Operation						
Karte						
einlesen	1	1	1	1	1	
Format_prüfen	1	1	1	1	1	
klassifizieren	1	1	1	1	1	
PIN_Einlesen	1	1	1	1	1	
PIN-prüfen	1	1	1	1	1	
ausgeben	1	1	1	1	1	
freigeben						
verloren_melden						
stornieren						
zurückgeben						
Konto						
lesen	1	1				
buchen		1				

Operationen aus dem Objektzustandsübergangsdiagramm

Tab. 3-3 : Identifikation zusätzlicher Operationen durch ein Objektzustandsübergangsdiagramm

Die Erweiterung des Projektkontextes ist häufig nicht möglich, weil damit zum Beispiel auch weitere Benutzergruppen involviert werden. In diesem Fall kann mit Hilfe eines Objektzustandsübergangsdiagramms abgesichert werden, daß auch solche Operationen dokumentiert sind, die erst in späteren Projekten benötigt und realisiert werden. Die Ableitung und Dokumentation dieser Operationen ist hilfreich bei der Verallgemeinerung von Operationen mit dem Ziel einer projektübergreifenden Wiederverwendung.

3.5.2 Geschäftsvorfallmodell

3.5.2.1 Objekt-orientierte Modellierung von Geschäftsvorfällen

In diesem Analyseschritt wird für jeden Geschäftsvorfall die Frage beantwortet, welche Objekttypen und welche ihrer Operationen zur Bearbeitung des Vorfalls benötigt werden (s. Abb. 3-39). Grundlage sind die Geschäftsvorfallskizzen, die in diesem Analyseschritt weiter verfeinert werden.

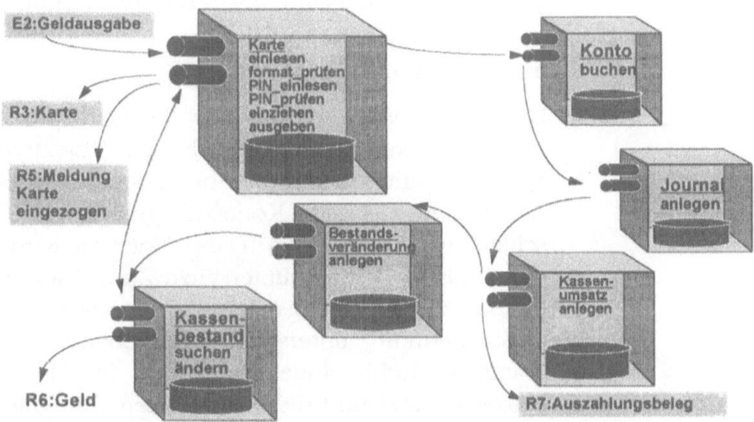

Abb. 3-39: Objektorientierte Modellierung des Geschäftsvorfalls „Geldausgabe"

Entscheidend ist bei diesem Vorgehen die ständige Aktualisierung der Spezifikationen der Objekttypen, um bei der Analyse weiterer Geschäftsprozesse auf bereits spezifizierte Objektfunktionen zurückgreifen zu können. Die mehrfache Verwendung der Objektfunktionen in Geschäftsprozessen wird in diesem iterativen Analysevorgehen durch eine sukzessive Optimierung der Spezifikation einzelner Funktionen begünstigt. So ergeben sich z.B. im Laufe der Analyse mehrere Operationen eines Objekttyps „Kunde", die ein Anschreiben des Kunden erforderlich machen (z.B. „Angebot unterbreiten", „Rechnung schreiben",

„Bestätigung senden") und damit auf eine gemeinsame und mehrfach verwendbare Operation „Kunde.anschreiben" zurückgeführt werden können. Die Identifikation von mehrfach verwendbaren funktionalen Zusammenhängen wird durch eindeutige Zuordnung jeder Operation zu einem Objekttyp ermöglicht.

3.5.2.2 Anpassung der Geschäftsvorfallskizzen

Voraussetzung für die objektorientierte Modellierung der Geschäftsvorfälle ist die Anpassung der Geschäftsvorfallskizzen auf das Objekttypmodell. Die Geschäftsvorfallskizzen wurden auf der Basis des Glossars der Geschäftsobjekte erstellt. Dieses Glossar wurde in der Strukturierung des Geschäftsobjektmodells in das Objekttypmodell verfeinert. Demnach müssen die Geschäftsvorfallskizzen an das Objekttypmodell angepaßt werden. Neue Objekttypen, die zum Beispiel durch Klassifikation oder Aggregation entstanden sind, müssen berücksichtigt werden.

3.5.2.3 Datenflüsse aufnehmen

Die bei dieser Analyse der Geschäftsprozesse entstehenden Nachrichtenverbindungen zwischen Objekttypen werden in einem Datenflußdiagramm dokumentiert, wobei Ereignisse und Reaktionen aus dem Kontextdiagramm als Klammer eines Geschäftsprozesses dienen. Diese Notation wird von der Mehrzahl der CASE-Werkzeuge unterstützt. Zunächst muß bei Verwendung eines CASE-Werkzeugs, das die klassische Notation der Datenflußdiagramme unterstützt, die Ebene 1 der Datenflußdiagrammhierarchie angelegt werden (s. Abb. 3-40), in der der Projektkontext und die sogenannten „Ereignisfunktionen" dargestellt werden.

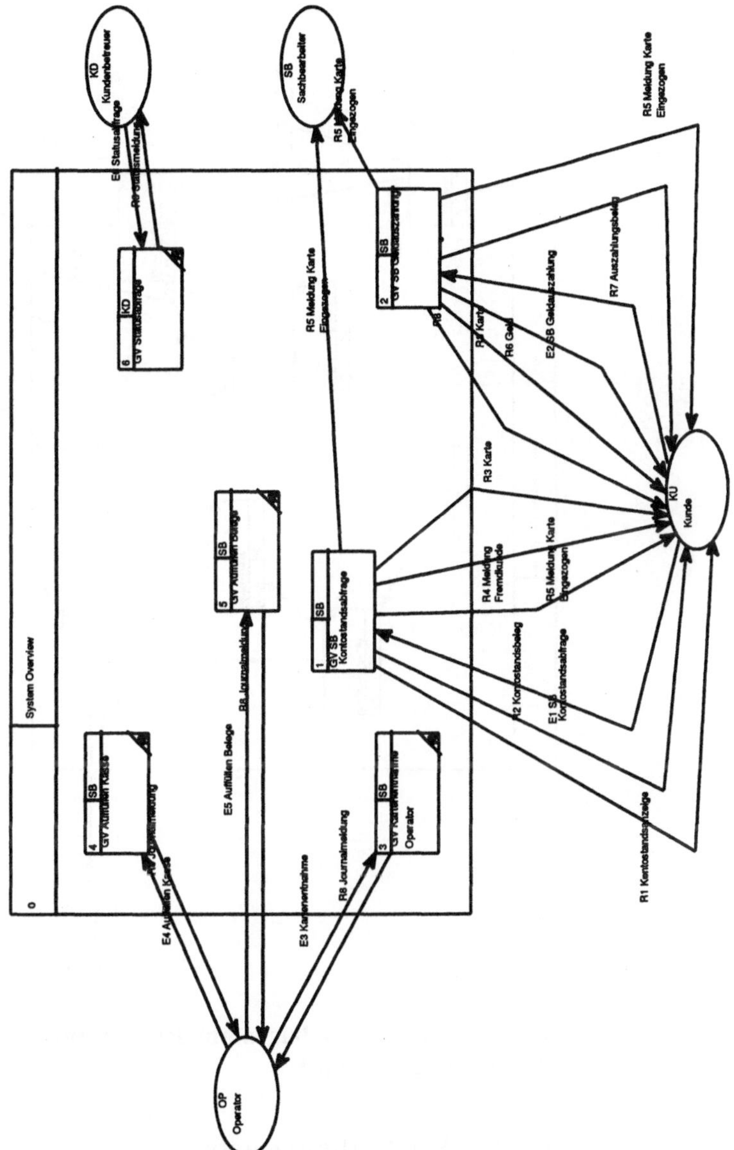

Abb. 3-40: Ebene 1 der DFD-Hierarchie

Anschließend wird jede der Ereignisfunktionen, die stellvertretend für Geschäftsvorfälle stehen, weiter in einem Datenflußdiagramm verfeinert (s. Abb. 3-41).

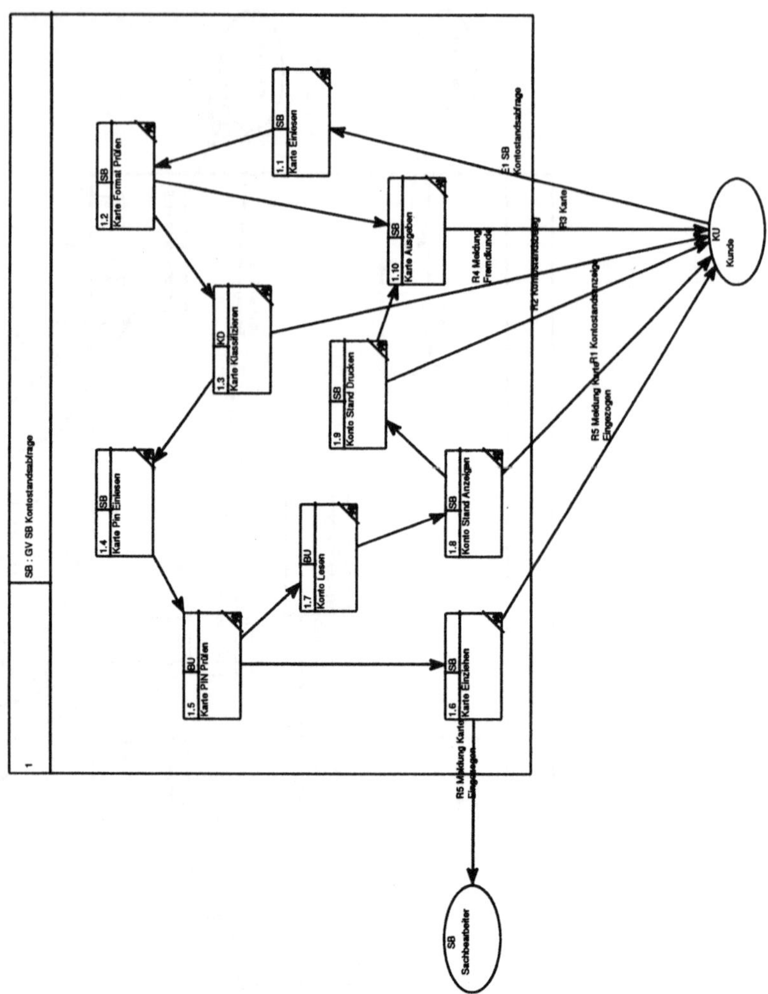

Abb. 3-41: Datenflußdiagramm des Geschäftsvorfalls „Kontostandsabfrage"

3.5.2.4 Kontrollflüsse aufnehmen

In einem Kontrollflußdiagramm wird die Ablauflogik eines Geschäftsvorfalls festgehalten, um ihn zum Beispiel zur Gestaltung der Dialogabläufe innerhalb der graphischen Benutzeroberfläche nutzen zu können. Einige CASE-Werkzeuge bieten inzwischen Möglichkeiten zur Dokumentation von Abläufen (s. Abb. 3-42).

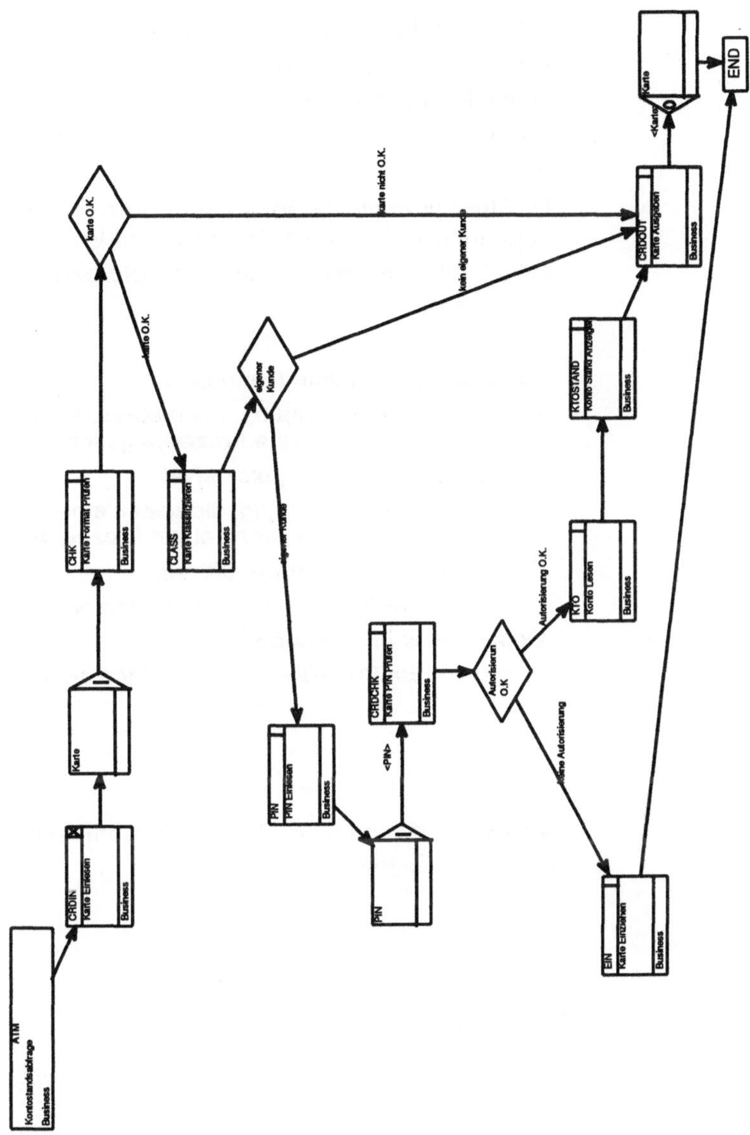

Abb. 3-42: Kontrollflußdiagramm des Geschäftsvorfalls „Kontostandsabfrage"

Darüber hinaus liefert das Kontrollflußdiagramm die Steuerungslogik bei der Verwendung eines Workflow-Management-Systems zur Realisierung der Steuerungsschicht der technischen Anwendungsarchitektur. Das Kontrollflußdiagramm kann zum Beispiel auch in Form von Programmablaufplänen dokumentiert werden.

3.5.2.5 Objektkommunikationsdiagramme erstellen

Eine Alternative für die Darstellung von Geschäftsvorfällen sind Objektkommunikationsdiagramme in Form von Funktionsnetzen, die den Vorteil besitzen, sowohl Kontroll- wie auch Datenflüsse kombiniert darzustellen (s. Abb. 3-44).

Das hier gezeigte Beispiel wurde in der Notation eines „process dependency diagrams" des CASE-Werkzeugs „Systems Engineer" aufgebaut. Die verwendeten Symbole bedeuten im einzelnen (s. Abb. 3-43):

Dependency Junction (inclusive):

● **Eine Bedingung, die mehrere Prozesse auslöst oder durch mehrere Prozesse geschaffen wird.**

Dependency Junction (exclusive):

○ **Eine Bedingung, die genau einen Prozeß auslöst oder durch genau einen Prozeß geschaffen wird.**

Dependency Link (Pre-Condition):

———⟩— **Ein Prozeß ist abhängig von einem anderen.**

Dependency Link (Trigger):

———⟫— **Ein Prozeß wird durch einen anderen gestartet.**

Abb. 3-43: Notation des Objektkommunikationsdiagramms („Systems Engineer")

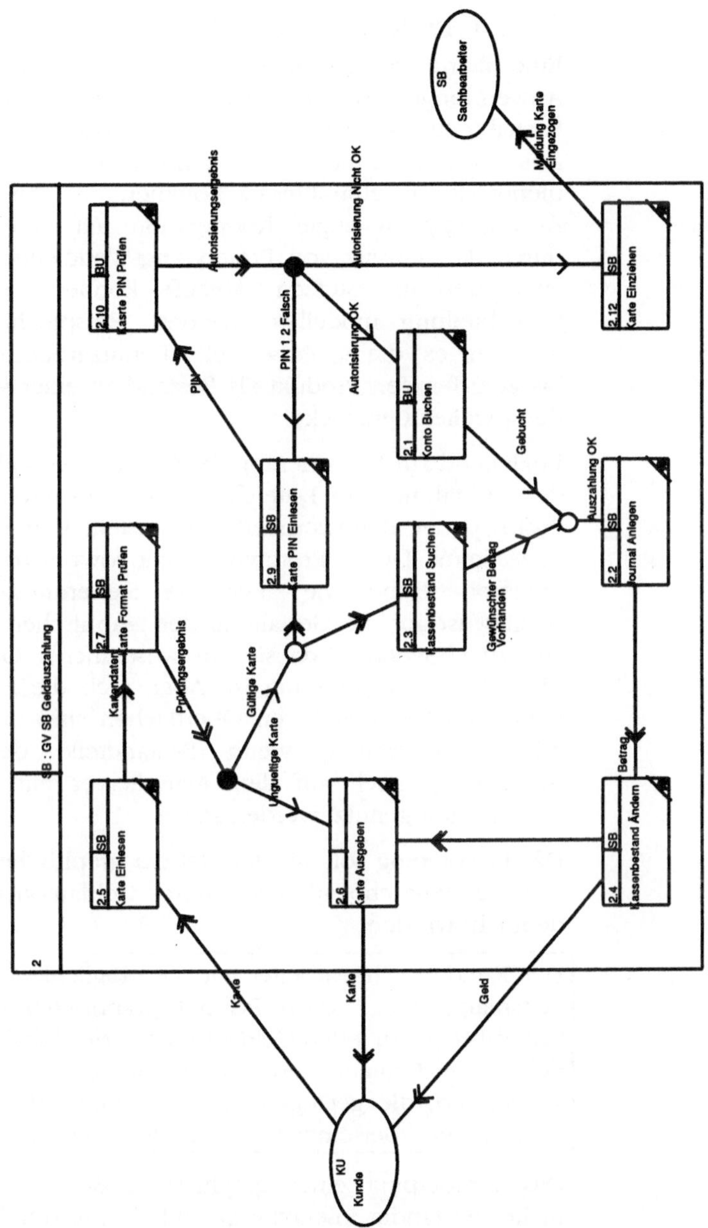

Abb. 3-44: Objektkommunikationsdiagramm des Geschäftsvorfalls „Geldauszahlung"

3.5.2.6 Prototyping durchführen

Eine häufig anzutreffende Motivation für die Erstellung verteilter Anwendungen ist der Wunsch nach besserer Unterstützung der Fachabteilungsarbeit mit Hilfe graphischer Benutzeroberflächen. Aus diesem Grund sollten partizipative Konzepte der Systementwicklung zum Einsatz kommen, die die Gestaltung einer Anwendung in enger Kooperation mit den Fachabteilungen durch den Einsatz von Prototyping-Werkzeugen in frühen Projektphasen unterstützen. Abläufe können so direkt mit der Fachabteilung modelliert werden. Entsprechende Werkzeuge gestatten es, die so entwickelte Benutzeroberfläche evolutionär bis zum fertigen Produkt als Bestandteil einer verteilten Anwendung weiterzuentwickeln.

Begleitend zur Verfeinerung der Geschäftsvorfallskizzen mit Hilfe der Aufnahme von Datenflüssen und Kontrollflüssen wird ein Prototyp der Benutzeroberfläche erstellt und mit der Fachseite abgestimmt. Dieser Prototyp enthält sowohl das Layout der Benutzeroberfläche wie auch die Steuerungslogik. Besondere Sorgfalt ist auf die Gestaltung der graphischen Benutzeroberfläche zu verwenden, da sie ein wesentlicher Qualitätsfaktor der Client/Server-Anwendung ist. Aber auch die zusätzlich vorhandenen zeichenorientierten Oberflächen sind in das Prototyping mit einzubeziehen, wenn Bestandteile der Client/Server-Anwendung auch auf dem Main-Server mit Hilfe klassischer Oberflächen genutzt werden sollen.

Das Prototyping soll am Beispiel der graphischen Oberfläche für den Kundensachbearbeiter unseres Geldautomatenbeispiels verdeutlicht werden:

> Der Kundensachbearbeiter hat die Möglichkeit, von seinem Arbeitsplatzsystem, einem PC mit graphischer Oberfläche, eine Statusabfrage an jeden Geldautomaten des lokalen Filialnetzes zu richten. Im Rahmen der Statusabfrage können der aktuelle Kassenbestand, die getätigten Kassenumsätze, das Journal und Informationen über eingezogene Karten abgefragt werden.

Das Prototyping einer graphischen Benutzeroberfläche sollte nicht vollständig interaktiv am Bildschirm durchgeführt sondern vorbereitet werden. Die benötigten Windows ergeben sich aus den Objekttypen, die benutzt werden, um die gewünschten Geschäftsvorfälle abzudecken. In unserem Beispiel handelt es sich um die Objekttypen

- Kassenbestand,

- Kassenumsatz,

- Journal und

- Karte.

Diese Objekttypen sind bei Beginn des Prototypings bereits partiell spezifiziert. Aus der Aufnahme der Geschäftsvorfallskizzen und der Strukturierung des Geschäftsobjektmodells ergeben sich Operationen, Beziehungen und Attribute. Diese Informationen werden zur Grundlage des Window-Layouts. Aus Attributen werden zum Beispiel „Static Text Fields" oder „Group Boxes" in der Terminologie von Microsoft Windows. Aus Beziehungen werden „List Boxes" oder „Combo Boxes". Operationen finden ihre Entsprechung in „Drop-Down-", „Pop-up-" und „Cascading Menus" oder in „Command Buttons" (*MIP92*)

In einem sogenannten „Style Guide" werden der Grundaufbau von Fenstern, die verwendbaren „Window Controls" und prinzipielle Steuerungsabläufe fixiert, um damit eine Grundlage für die unternehmensweit einheitliche Gestaltung der graphischen Oberflächen zu gewinnen. Ausgangspunkt für den Aufbau eines „Style Guide" sind die dem Präsentationsstandard entsprechenden Designrichtlinien der jeweiligen Hersteller. Darüber hinaus werden im „Style Guide" unternehmensspezifische Vereinbarungen getroffen, in denen zum Beispiel die Verwendung von Logos, die Bedeutung von Funktionstasten und „Command Buttons", die Hilfefunktion oder die Prinzipien des Programmablaufs geregelt sind.

Demnach finden sich in der Hauptgruppe des Kundensachbearbeiterarbeitsplatzes unseres Geldautomatenbeispiels die Symbole der zur Verfügung stehenden Anwendungen. Eine der Anwendungen dient der Statusabfrage der Geldautomaten (s. Abb. 3-45).

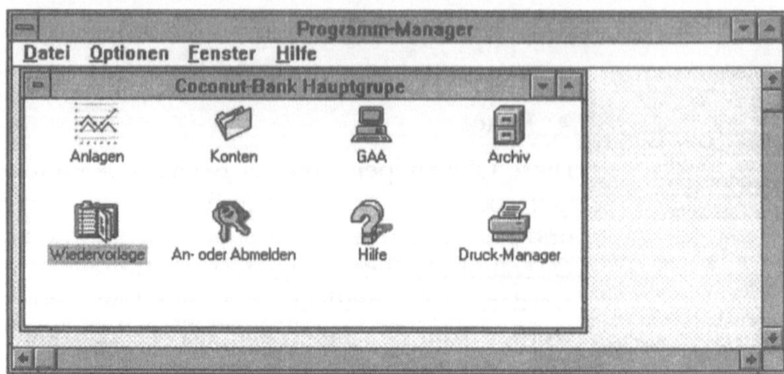

Abb. 3-45: Hauptgruppe „Kundensachbearbeitung"

Die Hauptgruppe wurde in diesem Fall unter Verwendung eines „Style Guides" gestaltet, in dem eine weitgehende Annäherung an das Layout von Microsoft Windows festgeschrieben ist. Eine Oberfläche unter dem „Presentation Manager" von IBM-OS/2 lehnt sich demnach an die Richtlinien des „Common User Access" (*CUA91*) an.

Nach Anwahl des Symbols „GAA" befindet sich der Sachbearbeiter in der Geldautomatenanwendung, in der er Statusabfragen für die Automaten des lokalen Filialnetzes formulieren kann.

Die Grundlage für die Erstellung der Prototypen für das Window-Layout sind die Spezifikationen der Objekttypen. Für jeden Objekttyp wird ein Window zur Präsentation der Inhalte benötigt. Aus den Attributen des Objekttyps werden die erforderlichen Felder abgeleitet. Der Objekttyp „Kassenumsatz" beispielsweise besitzt die Attribute „Datum", „Typ", „Kartennummer" und „Betrag", die in dem zugehörigen Window in Form von Feldern repräsentiert werden (s. Abb. 3-46).

Abb. 3-46: Window-Layout „Kassenumsatz"

Die Operationen eines Objekttyps erscheinen in den Menus, wobei die Form der verwendeten Menus einerseits vom Standard der Präsentationsoberfläche abhängig ist. Andererseits muß die Form der Menus gemeinsam mit den späteren Benutzern festgelegt werden. Im Rahmen des Prototypings wird demnach gemeinsam mit der Fachseite definiert, ob zum Beispiel Gebrauch von kontextsensitiven Menus gemacht wird, die durch die rechte Maustaste ausgelöst werden.

Das Objekttypmodell mit den Spezifikationen der Objekttypen liefert weitere Hinweise zur Gestaltung der graphischen Oberfläche. Die Verwendung von Auswahllisten ergibt sich zum Beispiel aus den Beziehungen des Objekttypmodells. So drückt sich beispielsweise die Beziehung zwischen Kassenumsatz und Bestandsveränderung (1:n) in einer „Combo-Box" aus, die für jeden Kassenumsatz die zugehörigen Bestandsveränderungen beinhaltet (s. Abb. 3-46).

Zusammenfassend ergeben sich folgende Informationsquellen für die Gestaltung eines Window-Layouts (s. Abb. 3-47) :

- Objekttypspezifikationen: Aus der Definition von Attributen ergeben sich Felder. Aus den Operationen werden Menus.

- Objekttypmodell: Beziehungen spiegeln sich in „Combo-Boxes" oder „List-Boxes".

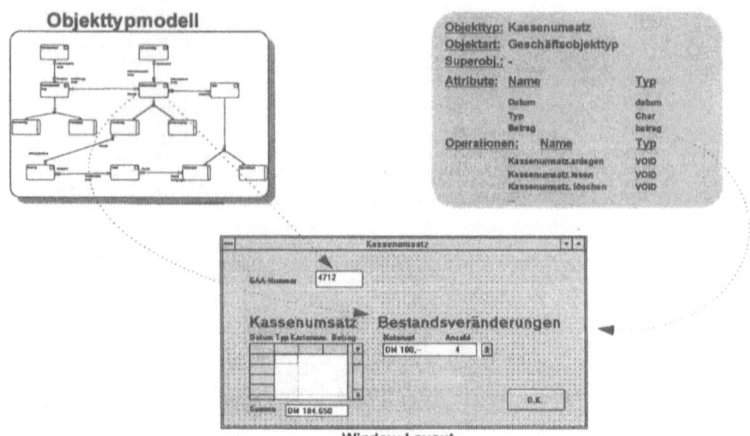

**Abb. 3-47: Ableitung des Window-Layouts aus dem Objekttyp-
modell und den Objekttypspezifikationen**

Das Geschäftsvorfallmodell liefert die Basis für die Spezifikation
der Dialogsteuerungslogik im Rahmen des Prototypings. Die
Aufeinanderfolge der Operationen und die zugehörigen Bedingungen sind im Geschäftsvorfallmodell dokumentiert. Daraus
ergibt sich direkt die Dialogsteuerungslogik (s. Abb. 3-48).

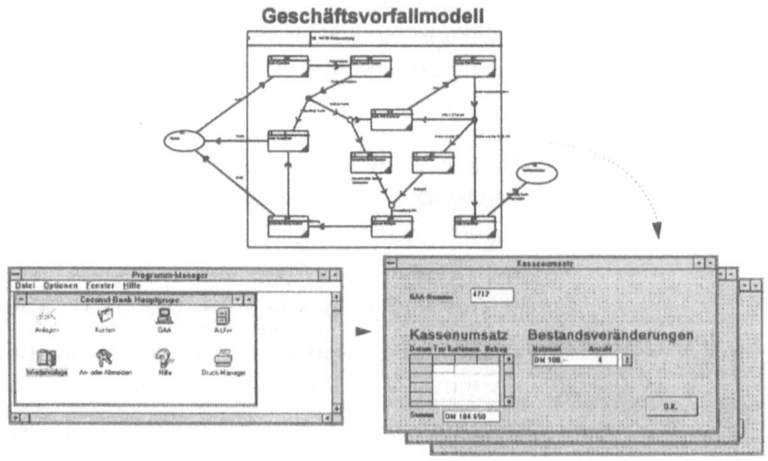

Abb. 3-48: Ableitung der Dialogsteuerungslogik

3.5.3 Verfeinerung der Projektplanung

Auf der Basis des Geschäftsvorfallmodells wird die Projektplanung des aktuellen Mikroprojektes aktualisiert. Neu gefundene Operationen werden ergänzt und die resultierenden Aufwände werden in eine erneute Kosten/Nutzen-Betrachtung einbezogen, die Grundlage für die Auswahl der relevanten Geschäftsvorfälle für die anschließende Designphase ist. Die verfeinerte Projektplanung des Geldautomatenbeispiels ist nachfolgend dargestellt (s. Tab. 3-4).

Die weitere Verfeinerung des Modells gestattet es, die Komplexität der zu realisierenden Client/Server-Anwendung exakter zu bestimmen, als es noch nach Abschluß der Planungsphase möglich war. Damit kann die Aufwandschätzung für die anschließende Design-/Realisierungsphase auf eine fundiertere Basis gestellt werden. Neben der Komplexität der Abläufe, die bereits im Anschluß an die Planungsphase ermittelt wurde, können Komplexitätskennzahlen für Objekttypen abgeleitet werden, die sich aus Beziehungen, Attributen und Operationen ableiten lassen. Die Komplexität der Datenstruktur ergibt sich aus Attributen und Beziehungen. Sie spiegelt die Datensicht auf das Gesamtsystem wieder. Die Komplexität einer Operation ist ein Teil der Funktionssicht auf das System und ergibt sich aus der Struktur der Parameterschnittstelle. Die Komplexität eines Geschäftsvorfalls ergibt sich aus seiner Ablauflogik (zum Beispiel nach dem gezeigten Verfahren von McCabe) und ist Bestandteil der Ablaufsicht. Verfahren zur Bestimmung solcher Komplexitätskennzahlen sind bekannt und in der Literatur ausführlich beschrieben, so daß hier auf eine detaillierte Darstellung verzichtet werden kann (zur Vertiefung seien *DMA82, DUM92, GRA92* und *LOR94* empfohlen).

Geschäftsvorfall	1	2	3	4	5	6			
Priorität	5	10	8	10	8	1			
Reaktionen	R1 R2 R3 R4 R5	R3 R5 R6 R7 R8	R8	R8	R8	R9			
Objekttyp Operation							Komplexität Datenstruktur	Komplexität Operationen	Komplexität Objekttyp
Karte							8		
einlesen	1	1	1	1	1			2	
Format_prüfen	1	1	1	1	1			4	
klassifizieren	1	1	1	1	1			6	
PIN_Einlesen	1	1	1	1	1			10	
PIN-prüfen	1	1	1	1	1			10	
aktualisieren		1						10	
ausgeben	1	1	1	1	1			2	52
Konto							10		
lesen	1							4	
drucken	1							8	22
Buchung							4		
anlegen		1						8	12
Bestandsveränderung							4		
anlegen		1		1				10	
löschen				1				10	24
Kassenumsatz							4		
anlegen		1		1				6	
löschen				1				6	
lesen					1			4	20
Journal							4		
anlegen		1	1	1	1			6	
lesen			1	1	1	1		4	
sichern				1				6	
löschen				1				2	22
Kassenbestand							5		
suchen		1		1		1		4	
abschließen				1				10	
ändern		1		1				7	
anlegen				1				7	33
Komplexität Geschäftsvorfälle	4	6	4	6	4	2	26		185
				Summe				211	
				Erfahrungswert Aufwand (PT)				388	

Tab. 3-4 : Verfeinerte Projektplanung

Die Kennziffer für die Komplexität der aktuellen Projektstufe (hier: 211), die in der Erfahrungskurve in Relation zum Aufwand gesetzt wird (hier: 388 Personentage), ergibt sich aus Summe der Komplexitäten aller zu realisierenden Geschäftsvorfälle und Objekttypen.

3.5.4 Objekttypspezifikationen

Die Ergebnisse aus der Erstellung des Objekttypmodells und des Geschäftsvorfallmodells werden in Objekttypspezifikationen zusammengefaßt. Die fachliche Datenstruktur wird im Objekttypformular spezifiziert. Die Abbildung zeigt das Objekttypformular für den Objekttyp „Karte" aus unserem Geldautomatenbeispiel (s. Abb. 3-49).

<table>
<tr><td><u>**Objekttyp:**</u></td><td>**Karte**</td><td></td></tr>
<tr><td><u>**Objektart:**</u></td><td>**Geschäftsobjekttyp**</td><td></td></tr>
<tr><td><u>**Superobj.:**</u></td><td>**-**</td><td></td></tr>
<tr><td><u>**Attribute:**</u></td><td><u>**Name**</u></td><td><u>**Typ**</u></td></tr>
<tr><td></td><td>Kartennr</td><td>STR*20</td></tr>
<tr><td></td><td>BLZ</td><td>STR*20</td></tr>
<tr><td></td><td>PIN</td><td>STR*4</td></tr>
<tr><td><u>**Operationen:**</u></td><td><u>**Name**</u></td><td><u>**Typ**</u></td></tr>
<tr><td></td><td>Karte.anlegen</td><td>VOID</td></tr>
<tr><td></td><td>Karte.lesen</td><td>VOID</td></tr>
<tr><td></td><td>karte. löschen</td><td>VOID</td></tr>
<tr><td></td><td>karte.ändern</td><td>VOID</td></tr>
<tr><td></td><td>Karte.einlesen</td><td>VOID</td></tr>
<tr><td></td><td>Karte.format_prüfen</td><td>VOID</td></tr>
<tr><td></td><td>Karte.klassifizieren</td><td>VOID</td></tr>
<tr><td></td><td>Karte.PIN_einlesen</td><td>VOID</td></tr>
<tr><td></td><td>Karte.PIN_Prüfen</td><td>VOID</td></tr>
<tr><td></td><td>Karte.ausgeben</td><td>VOID</td></tr>
<tr><td></td><td>Karte.einziehen</td><td>VOID</td></tr>
</table>

Abb. 3-49 : Objekttypformular

Zur Spezifikation der fachlichen Operationen dient das Operationsspezifikationsformular, für das hier der Rahmen angegeben ist (s. Abb. 3-50).

<table>
<tr><td><u>**Operation:**</u></td><td><u>**Typ (1)**</u></td><td><u>**Name (2)**</u></td><td></td></tr>
<tr><td></td><td>. . .</td><td>. . .</td><td></td></tr>
<tr><td><u>**Parameter:**</u></td><td><u>**Name (3)**</u></td><td><u>**Typ (4)**</u></td><td><u>**Modus (5)**</u></td></tr>
<tr><td></td><td>. . .</td><td>. . .</td><td>. . .</td></tr>
<tr><td><u>**Vorbedingung:**</u></td><td>. . .</td><td></td><td></td></tr>
<tr><td><u>**Nachbedingung:**</u></td><td>. . .</td><td></td><td></td></tr>
<tr><td><u>**ruft Operationen:**</u></td><td>. . .</td><td></td><td></td></tr>
<tr><td><u>**Beschreibung:**</u></td><td>. . .</td><td></td><td></td></tr>
</table>

(1)	Typ der Operation, s. Typdefinitionen
(2)	Name der Operation
(3)	Name des Parameters
(4)	Typ des Parameters, s. Typdefinitionen
(5)	Modus der Parameterverwendung (E = Eingabe, A = Ausgabe, T = Transit)

Abb. 3-50: Operationsspezifikationsformular

3.5.5 Topologiemodell erstellen

Im Rahmen der Entwicklung verteilter Client/Server-Anwendungen wird im Vergleich zum herkömmlichen Entwicklungsprozeß eine zusätzliche Dimension betrachtet. Neben Funktionen, Daten und Abläufen ist die räumliche Anordnung oder Topologie von Interesse. Es entstehen Ergebnistypen zur Dokumentation von Funktionen, Daten, Abläufen und Lokationen (s. Tab. 3-5).

Dimensionen	Phasen		
	Analyse	Design	Realisierung
Daten	Objekttypmodell	Datenbankdesign	Datenbank-generierung
Funktionen	Spezifikation der fachlichen und Datenver-waltungs-operationen	Spezifikation der technischen Operationen	Programm
Abläufe	Geschäftsvorfall-modell	Ablaufmodell	Steuerungs-logik
Topologie	Topologiemodell	Allokations-modell	Service-bausteine, Kommunika-tionsmodule

Tab. 3-5: Ergebnistypen des Software-Entwicklungsprozesses

Topologiemodell

In Kooperation mit Fachabteilungen werden in der Analysephase das Objekttypmodell und das Geschäftsvorfallmodell abgeleitet. In dieser Phase ist demnach auch die Frage nach den für die Bearbeitung der Geschäftsvorfälle verantwortlichen Organisationseinheiten und deren räumlicher Anordnung richtig plaziert. Ein Geschäftsvorfall ist nicht nur durch die zu seiner Bearbeitung benötigten Daten und Funktionen charakterisiert, sondern auch durch die Lokationen, an denen er entsteht und bearbeitet wird. Verteilung ist auch betrieblich bedingt und muß demnach nicht nur in der Design- und Implementierungsphase thematisiert werden, sondern auch in den frühen Projektphasen.

Zur Erhebung der Topologie wird das Kontextdiagramm ergänzt. Das Verhalten des Systems wird definiert über die Ereignisse, die es bearbeiten, und die Reaktionen, die es erzeugen soll. Anhand des Kontextdiagramms wird festgehalten, an welchen Orten bzw. Organisationseinheiten Ereignisse entstehen, und wo Reaktionen erzeugt werden müssen. Das so entstehende Topologiemodell dokumentiert die Lokationen, über die eine existierende Ablauforganisation verteilt ist. Diese Informationen sind Grundlage für die spätere Zuordnung von Bausteinen einer Anwendung zu Verarbeitungsknoten.

Zunächst werden die räumlich verteilten Organisationseinheiten des Projektkontextes identifiziert. Für die Geldautomatenanwendung finden sich zum Beispiel folgende Organisationseinheiten beziehungsweise Lokationen (s. Tab. 3-6):

Lokationen:	
Selbstbedienungszone	SB
Kundenbetreuung Filiale	KD
Kontoführung Zentrale	BU

Tab. 3-6: Organisationseinheiten und Lokationen

Anschließend werden die Ereignisse und Reaktionen, die im Kontextdiagramm die Geschäftsvorfälle klammern, den Organisationseinheiten zugeordnet (s. Tab. 3-7).

			Lokationen		
			SB	KD	BU
Geschäftsvorfälle/	1/E1	SB-Kontostandsabfrage	x		
Ereignisse	2/E2	SB-Geldauszahlung	x		
	3/E3	Kartenentnahme durch Operator	x		
	4/E4	Auffüllen der Kasse	x		
	5/E5	Auffüllen Belegformulare	x		
	6/E6	Statusabfrage GAA		x	
Reaktionen	R1	Kontostandsanzeige	x		
	R2	Kontostandsbeleg	x		
	R3	Karte	x		
	R4	Meldung: Fremdkunde	x		
	R5	Meldung:Karte eingezogen	x		x
	R6	Geld	x		
	R7	Auszahlungsbeleg	x		
	R8	Journalbeleg	x		
	R9	Statusmeldung		x	

Tab. 3-7: Topologiemodell

Mit diesem Topologiemodell wird eine Grundlage für die Allokation von Daten- und Operationen geschaffen. Um den Organisationseinheiten und damit den Endbenutzern vor Ort die Services zur Verfügung stellen zu können, die sie zur Bearbeitung der Geschäftsvorfälle benötigen, muß die Allokation von den Geschäftsprozessen ausgehen. Mit Hilfe des Topologiemodells wird die Allokation für die zu unterstützenden Geschäftsprozesse optimiert.

3.6 Design

3.6.1 Aufgaben des Designs

Die Vorgehensweise zur Entwicklung von Client/Server-Applikationen ist mit ihren Methodenelementen aus der Objektorientierung und Geschäftsprozeßmodellierung durch geringe Phasenabgrenzung und evolutionäres Vorgehen gekennzeichnet. Eine strikte zeitliche Trennung der Aktivitäten von Analyse- und Designphase existiert nicht. Zum Beispiel ergeben sich aus dem frühzeitig in der Analysephase durchgeführten Prototyping bereits Operationen und Datenstrukturen, die durch direkt anschließende Designaktivitäten beschrieben werden. Demzufolge ergibt sich im Projektverlauf ein stetiges Hin und Her zwischen den Aktivitäten der Phasen Analyse und Design. Selbst Realisierungsaktivitäten werden im Rahmen eines evolutionären Prototypings bereits parallel zur Analysephase durchgeführt.

Die Aktivitäten des Designs verfolgen das Ziel, Ablauf-, Struktur-Funktions- und Topologiesicht des Systems so weiter zu verfeinern, daß eine Abbildung auf die Zielumgebung in der Realisierungsphase möglich wird. Das Design beschreibt die Bausteine, aus denen das Client/Server-Anwendungssystem montiert wird. Das Geschäftsvorfallmodell wird zu diesem Zweck in Steuerungsbausteine überführt. Das Objekttypmodell wird um technische Operationen und die zugehörigen Datenstrukturen ergänzt, so daß aus Objekttypen Anwendungsbausteine werden. Die technischen Operationen benutzen Datenbankmanagementsysteme, Transaktionsmonitore, Betriebssystemfunktionen und weitere Dienste, die in Servicebausteinen realisiert werden.

- Ablaufmodell
- Spezifikation der Bausteine
- Systemarchitektur
- Allokation

Die Verfeinerung des Geschäftsvorfallmodells wird in der Designphase im Ablaufmodell dokumentiert. Aus dem Ablaufmodell ergeben sich die Spezifikationen der Anwendungs-, Steuerungs- und Servicebausteine. Das Zusammenspiel der Bausteine wird in der Systemarchitektur spezifiziert, die Grundlage für eine anschließende Allokation der Bausteine ist. Die Topologiesicht des Systems wird mit der Allokation der Bausteine auf den zur Verfügung stehenden Rechnerklassen komplettiert.

3.6.2 Ablaufmodell

3.6.2.1 Steuerungsfunktionen

Das Ablaufmodell ergibt sich durch weitere Verfeinerung des Geschäftsvorfallmodells. Objektkommunikationsdiagramme werden um Funktionen zur Präsentation, Steuerung von Geräten, persistenten Speicherung, Zugriffskontrolle u.ä. ergänzt. Darüber hinaus wird die im Objektkommunikationsdiagramm dokumentierte Ablauflogik in Form von Steuerungsbausteinen spezifiziert (s. Abb. 3-51).

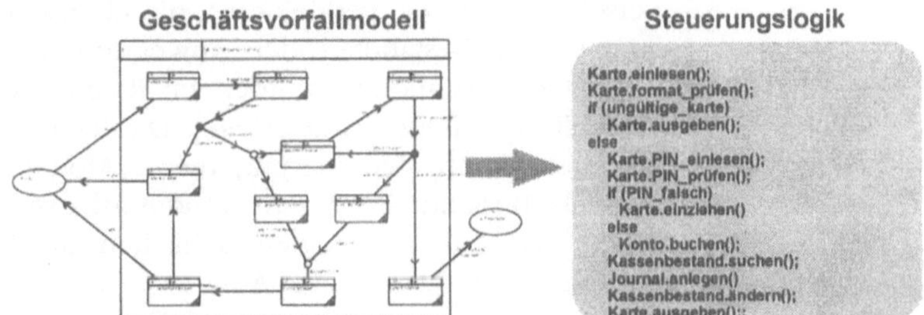

Abb. 3-51: Spezifikation der Steuerungslogik

In den Steuerungsbausteinen spiegelt sich die Ablaufsicht auf das System wider. Sie entsprechen damit den Spalten der Planungsmatrix und drücken deren Inhalt in einer DV-technischen Form aus (hier in Form eines Pseudocodes verdeutlicht). Die Steuerungsbausteine können in der Realisierungsphase in Form von Steuerungsmodulen oder mit Hilfe eines „Workflow Management Systems" zur Prozeßunterstützung in der Zielumgebung abgebildet werden.

3.6.2.2 Technische Operationen

Die Steuerungslogik wird im nächsten Schritt durch Funktionen ergänzt, die zur Anzeige, zum Ausdruck oder generell zur Realisierung der Benutzerschnittstelle benötigt werden (s. Abb. 3-52).

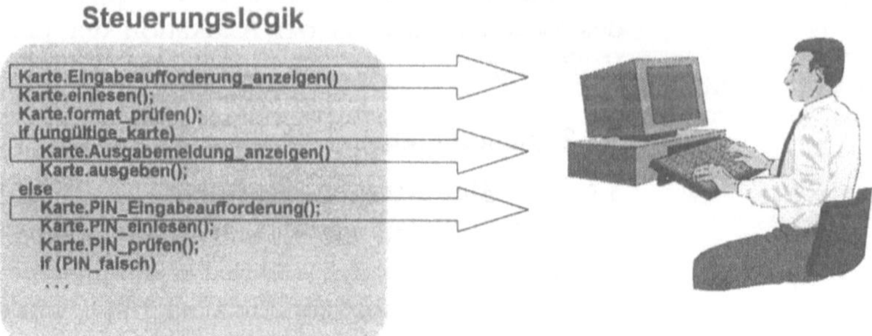

Abb. 3-52: Ergänzung der technischen Operationen

Bei den technischen Operationen handelt es sich also um Funktionen wie zum Beispiel „anzeigen", „drucken", „einlesen", „verschieben" oder „verkleinern", die ebenso wie die fachlichen Operationen Bestandteil der Anwendungsbausteine sind. Die fachlichen Operationen wurden im Rahmen der Erstellung des Geschäftsvorfallmodells abgeleitet. Die technischen Operationen entstehen durch Verfeinerung dieses Modells und sind damit ebenfalls Bestandteile der Anwendungsbausteine, denn sie beziehen sich immer auf einen fachlichen Objekttyp und realisieren dessen Schnittstelle zur „Außenwelt".

3.6.2.3 Servicefunktionen

Die technischen Operationen finden sich in der Steuerungslogik dort, wo Systemdienste aufgerufen werden. Sie nutzen die Services der Systemdienste, um Schnittstellen zum Benutzer oder anderen Systemen aufzubauen. Demnach wird die Grundlage für die Realisierung der technischen Operationen durch Servicefunktionen bereitgestellt, die persistente Datenspeicherung, Transaktionssicherung, Präsentationsfunktionen, Gerätesteuerung, Zugriffssicherung u.ä. unterstützen (s. Abb. 3-53).

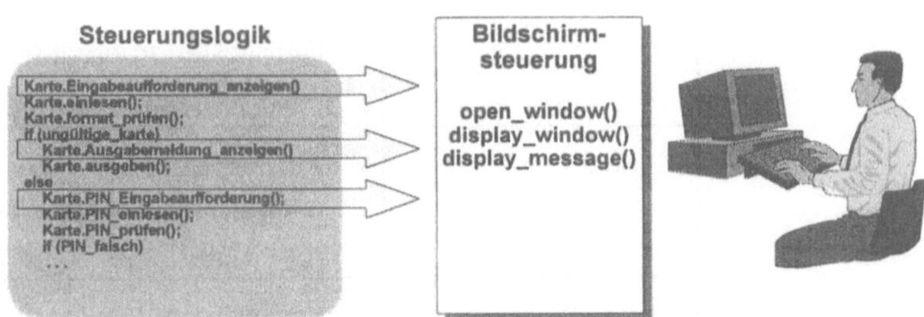

Abb. 3-53: Servicefunktionen

3.6.3 Spezifikation der Anwendungsbausteine

Die Anwendungsbausteine werden durch schrittweise Verfeinerung der Objekttypspezifikationen definiert. Zunächst werden die durch Analyse der Geschäftsvorfälle und Analyse von Zustandsübergängen gefundenen Operationen klassifiziert, um damit den Übergang in die Realisierung vorzubereiten.

Fachliche Operationen

Fachliche Operationen finden sich in den Objektkommunikationsdiagrammen und den Objektzustandsübergangsdiagrammen. Es handelt sich hierbei um Operationen, die fachliche Abläufe beschreiben, wie z.B. „Kreditlinie berechnen", „Antrag prüfen", „über Antrag entscheiden".

Technische Operationen

Technische Operationen werden im Rahmen der Überführung des Geschäftsvorfallmodells in das Ablaufmodell identifiziert und den Anwendungsbausteinen zugeordnet. Die fachlichen Operationen und Attribute werden dem Benutzer des Systems durch technische Operationen präsentiert. Es handelt sich demnach um Funktionen wie zum Beispiel „Vertrag anzeigen", „Kontostand drucken" oder „Bestellung erfassen".

Datenverwaltungsoperationen

Fachliche Operationen steuern häufig die Operationen der Datenverwaltung, in denen die eigentlichen Algorithmen der Geschäftsregeln abgebildet sind. Geschäftsregeln sind eng an die Datenstruktur angelehnt und werden in der Datenverwaltungsschicht realisiert. Es wird unterschieden zwischen Limits, Ableitungs-, Identitäts-, Integritäts- und Vollständigkeitsregeln (s. Tab. 3-8).

Geschäftsregeltyp	Beispiel
Ableitung	• Algorithmus für die Berechnung ausstehender Zahlungen

	• Umsatzsteuerberechnung • Provisionsberechnung
Identität	• Auftragsnummer wird mit jedem neuen Auftrag um 1 inkrementiert • Personalnummer muß eindeutig sein
Integrität	• Kaskadierendes Löschen aller in einer Bestellung enthaltenen Artikel • Jeder Kunde benötigt ein Konto • Niemals Kunden mit ausstehenden Zahlungen löschen
Vollständigkeit	• Anrede gehört zu jeder Kundenadresse • Bezeichnung muß für jeden Artikel angegeben werden
Limit	• Einhaltung der Kreditlinie • Rechtzeitige Nachbestellung • Reservierung verfügbarer Sitzplätze

Tab. 3-8: Typen von Geschäftsregeln

Neben den fachlichen Attributen, die im Rahmen der Erstellung des Objekttypmodells bereits spezifiziert wurden, entstehen technische Attribute, die für die Datenverwaltungsoperationen und die technischen Operationen von Bedeutung sind. Diese Attribute werden ebenfalls Bestandteil der Anwendungsbausteine. Das Objektspezifikationsformular wird zur Spezifikation der Anwendungsbausteine weiter verfeinert und beinhaltet dann neben den fachlichen Operationen und Attributen zusätzlich technische Operationen, Datenverwaltungsoperationen und technische Attribute (s. Abb. 3-54).

Anwendungsbaustein:	Karte	
Fachliche Attribute	Name	Typ
	Kartennr	STR*20
	BLZ	STR*20
	PIN	STR*4
Technische Attribute	Eingabeaufforderung_Form	STR*20
	Ausgabemeldung_Form	STR*20
	PIN_Eingabeaufforderung_Form	STR*20
Fachliche Operationen:	Name	Typ
	Karte.format_prüfen	VOID
	Karte.PIN_Prüfen	VOID
	Karte.klassifizieren	VOID
Datenverwaltungsoperationen:		
	Karte.anlegen	VOID
	karte. löschen	VOID
	Karte.lesen	VOID
	karte.ändern	VOID
technische Operationen:		
	Karte. Eingabeaufforderung_anzeigen	VOID
	Karte.einlesen	BOOLEAN
	Karte.einziehen	VOID
	Karte.ausgeben	VOID
	Karte.Ausgabemeldung_anzeigen	VOID
	Karte.PIN_Eingabeaufforderung	VOID
	Karte.PIN_einlesen	VOID

Abb. 3-54: Spezifikation des Anwendungsbausteins „Karte"

Die technischen und Datenverwaltungsoperationen werden ebenso wie die fachlichen Operationen unter Verwendung des Operationsspezifikationsformulars definiert (s. Abb. 3-55).

Operation:	Typ	Name	
	VOID	Karte.Eingabeaufforderung_anzeigen()	
Parameter:	Name	Typ	Modus
	Eingabeaufforderung_Form	STR*20	E
Vorbedingung:	Ordnungsgemäße Initialisierung des GAA		
Nachbedingung:	GAA wartet auf Karte		
ruft Operationen:			
Beschreibung:	Die Operation aktiviert den Windowmanager mit dem Window "Eingabeaufforderung_Form". Das Window wird angezeigt.		

Abb. 3-55: Spezifikation der technischen und Datenverwaltungsoperationen

3.6.4 Spezifikation der Steuerungsbausteine

Die Steuerungsbausteine, in denen die Ablauflogik hinterlegt wird, können mit Hilfe modifizierter Objekttypformulare spezifiziert werden. Informationen zum Wiederanlauf von Geschäftsvorfällen, deren Bearbeitung unterbrochen wurde, und Steuerungsinformationen (das „Vorgangsgedächtnis") werden als Attribute eines Steuerungsbausteins dokumentiert. Optional besitzt der Steuerungsbaustein Operationen, die stellvertretend für Abläufe innerhalb des vom Steuerungsbaustein abgebildeten Geschäftsvorfalls stehen. Diese Operationen werden wieder mit Hilfe von Operationsspezifikationsformularen definiert. Auf diese Weise wird die Steuerungslogik zu mehrfach verwendeten Abläufen abgebildet. Die Steuerungslogik selbst wird zum Beispiel in Form eines Pseudocodes dokumentiert (s. Abb. 3-56).

```
Steuerungsbaustein:     Geldauszahlung
Attribute               Name                    Typ
                        Kartennr                STR*20
                        PIN                     STR*4
                        Betrag                  BETRAG


Operationen:            Name                    Typ
                        Benutzer_autorisieren()  VOID


Ablauflogik:

                        Karte.Eingabeaufforderung_anzeigen()
                        Karte.einlesen();
                        Karte.format_prüfen();
                        if (ungültige_karte)
                                Karte.Ausgabemeldung_anzeigen()
                                Karte.ausgeben();
                        else
                                Benutzer_autoriseren ()
                                ...
```

Abb. 3-56:Spezifikation eines Steuerungsbausteins

3.6.5 Spezifikation der Servicebausteine

Servicebausteine werden analog zu Anwendungsbausteinen dokumentiert, wenn sie Bestandteil der Anwendungsentwicklung sind und nicht durch Standardsoftware realisiert werden. Lediglich die Differenzierung der Operationen kann hier entfallen. In unserem Geldautomatenbeispiel gibt es den Servicebaustein „IDKartengerät", der für den Anwendungsbaustein „Karte" die notwendigen Funktionen zur Steuerung des Gerätes zum Einlesen und Aktualisieren von Magnetstreifenkarten anbietet (s. Abb. 3-57).

Servicebaustein:	ID-Kartengerät (IDKG)	
Operationen:	**Name**	**Typ**
	IDKG.init()	VOID
	IDKG.check()	BOOLEAN
	IDKG.read()	VOID
	IDKG. write()	VOID
	IDKG.call_in()	VOID
	IDKG.eject()	VOID
	...	

Abb. 3-57: Spezifikation der Servicefunktionen

Viele Servicebausteine werden allerdings durch Standardsysteme repräsentiert, wie zum Beispiel ein „User Interface Management System (UIMS)". Die Realisierung und Standardisierung der Servicebausteine wird im Kapitel zur Technik der Client/Server-Architektur näher erläutert.

3.6.6 Definition der Systemarchitektur

Die Systemarchitektur fügt Anwendungsbausteine mit fachlichen, technischen und Datenverwaltungsoperationen, Steuerungsbausteine und Servicebausteine zu einem Anwendungssystem zusammen. Die Datenstrukturen werden den Bausteinen zugeordnet. Die Systemarchitektur eines Client/Server-Anwendungssystems ist Grundlage für den Allokationsprozeß. Sie wird mit Hilfe der im anschließenden Kapitel dargestellten technischen Anwendungsarchitektur auf die Zielumgebung abgebildet. Die technische Anwendungsarchitektur unterstützt die Implementierung der Systemarchitektur besonders in heterogenen Zielumgebungen.

Die Systemarchitektur ist kein eigenständiger Ergebnistyp, sondern setzt sich aus den Spezifikationen der Steuerungs-, Anwendungs- und Servicebausteine zusammen. Die in den Steuerungsbausteinen hinterlegte Ablauflogik beschreibt, wie die Operationen der Anwendungsbausteine und die Servicefunktionen verwendet werden, um Geschäftsvorfälle abzubilden (s. Abb. 3-58). Die ressourcengerechte Verteilung der Bausteine mit dem Ziel optimaler Geschäftsprozeßunterstützung ist Aufgabe der anschließenden Allokation.

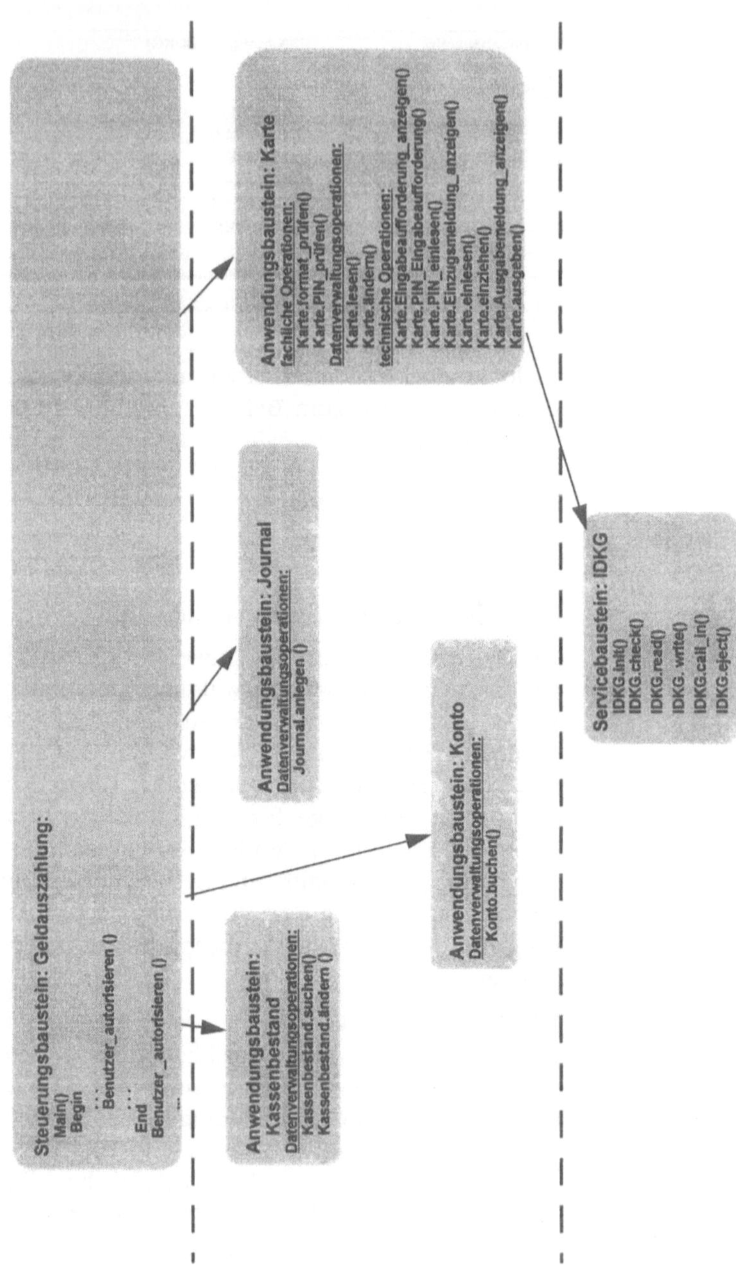

Abb. 3-58: Systemarchitektur

3.6.7 Allokation

3.6.7.1 Varianten der Allokation

Für die Verteilung der Steuerungs-, Service- und Anwendungsbausteine auf die zur Verfügung stehenden Rechnersysteme gibt es drei grundlegende Varianten:

- unikate Allokation,

- replikate Allokation und

- partitionierte Allokation.

Diese Varianten werden in der Regel miteinander kombiniert, um die optimale Allokationsvariante einer Client/Server-Anwendung zu erhalten.

Unikate Allokation

Wenn für einen Baustein der Client/Server-Anwendung die unikate Allokationsvariante gewählt wird, dann ist dieser Baustein nur einmal im Netz installiert (s. Abb. 3-59).

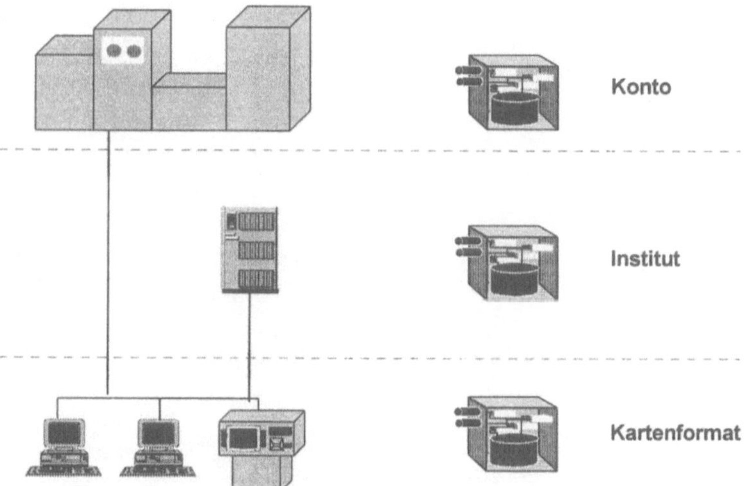

Abb. 3-59: Unikate Allokation

Ein Beispiel für diese Variante ist ein Servicebaustein, der die Dienste eines optischen Archivs netzweit zur Verfügung stellt. Betrachten wir eine vereinfachte Version unseres Geldautomatenbeispiels, in der in einer Testkonfiguration zunächst nur ein Geldautomat mit Filialserver und Mainserver verbunden ist, so ist in diesem Fall eine unikate Allokation der Anwendungsbausteine „Konto", „Institut" und „Kartenformat" möglich. Die Prüfung des Kartenformats erfolgt demnach lokal auf dem Geldautomaten, die Klassifikation der Karte auf dem Filialserver und die Buchung einer Geldauszahlung auf dem Mainserver.

Replikate Allokation

Mit der Überführung aus der Testkonfiguration in eine Produktionsumgebung werden die Anwendungsbausteine „Institut" und „Kartenformat" replikat installiert (s. Abb. 3-60). Jeder Filialserver benötigt den Baustein „Institut", damit die Klassifikation von Karten in der Filiale erfolgen kann. Auf jedem Geldautomaten müssen Kartenformate geprüft werden können. In dieser Konfiguration können die zu den Anwendungsbausteinen "Institut" und „Kartenformat" gehörenden Daten nur gelesen werden. Eine Änderung ist weder auf dem Geldautomaten noch auf dem Filialserver zulässig. Die Daten werden an zentraler Stelle, zum Beispiel auf dem Mainserver oder einem speziellen Filialserver, geändert und als Replikate verteilt. Damit wird festgelegt, welcher der replikaten Anwendungsbausteine „Eigentümer" der Daten ist und sie damit auch ändern darf. Alle Kopien werden lediglich gelesen, um Inkonsistenzen zu vermeiden.

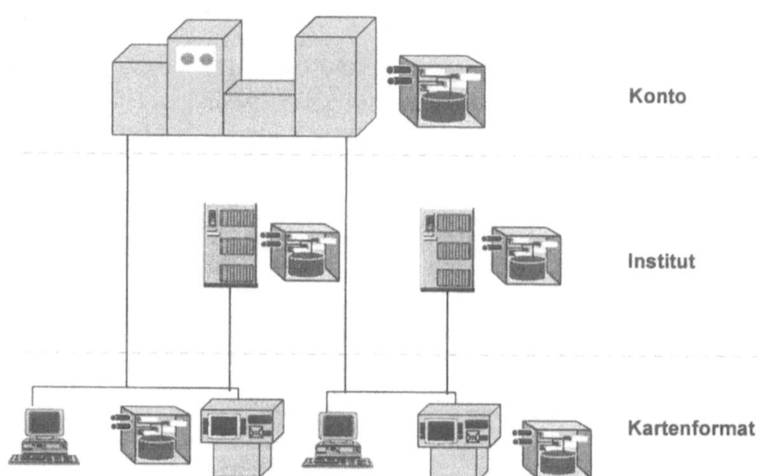

Abb. 3-60: Replikate Allokation

Partitionierte Allokation

Soll diese Produktionskonfiguration zum Beispiel unter der Zielsetzung hoher Verfügbarkeit der dezentralen Filialsysteme optimiert werden, so ist das Ergebnis eine partitionierte Allokation (s. Abb. 3-61). Eine Partitionierung der zentralen Datenbestände „Konto" bei gleichzeitig replikater Ablage der Anwendungsbausteine „Konto" auf allen Filialservern gestattet es beispielsweise, die Kontostandsabfrage auch dann durchzuführen, wenn Filialserver und Mainserver temporär nicht in Verbindung stehen. Eine mangelnde Aktualität der Kontodaten muß hierbei allerdings toleriert werden. Die Partitionen werden in diesem Fall als replikate Kopien abgelegt, die nur gelesen, nicht geändert werden können.

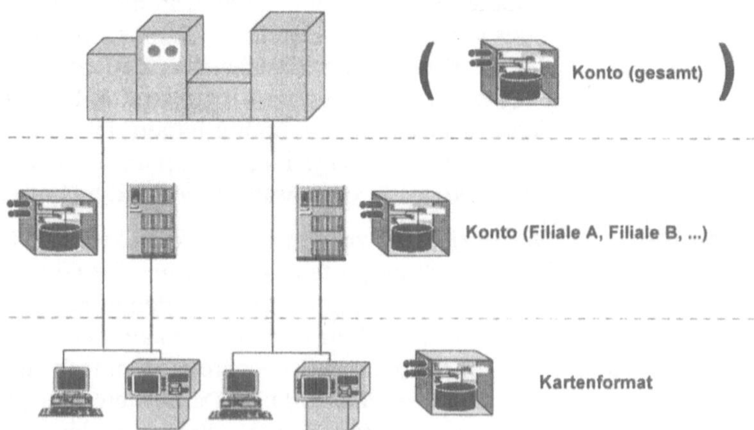

Abb. 3-61: Partitionierte Allokation

Eine Partitionierung kann auch ohne Replikation erfolgen. Dann ist auf keinem Rechner ein Gesamtdatenbestand verfügbar. Die Partitionen können am Installationsort auch geändert werden.

Eine weitere Variante ist die Partitionierung mit vollem Veränderungsrecht an den Daten bei gleichzeitiger Bildung eines zentralen Gesamtdatenbestands, der dann nur gelesen werden darf. Für alle Varianten gilt, daß das „Eigentum" an den Daten definiert werden muß. Damit wird festgelegt, an welcher Lokation die Daten geändert werden dürfen und wo sie lediglich lesbar sind.

Bei der Partitionierung von Anwendungsbausteinen muß darüber hinaus die Frage beantwortet werden, an welchen Lokationen die zugehörigen fachlichen, technischen und Datenverwaltungsoperationen benötigt werden. In unserem Beispiel werden auf den Filialservern nur die Datenverwaltungsoperationen des Anwendungsbausteins „Konto" benötigt, die ein Lesen der Kontodaten erlauben, nicht aber die Operationen zum Ändern, Löschen oder Anlegen.

Entfernte Datenbank Ein Sonderfall der Partitionierung ist die Trennung der Operationen von den Daten durch den Zugriff auf eine entfernte Datenbank. In allen anderen Fällen wird am Speicherungsort der Daten zumindest eine Untermenge der Operationen benötigt.

3.6.7.2 Zielsetzung der Allokation

Verteilte Client/Server- Anwendungen verfolgen das Ziel, den Organisationseinheiten eines Unternehmens die Daten und Services vor Ort bereitzustellen, die eine optimale Unterstützung bei der Bearbeitung der Geschäftsvorfälle gewährleisten. Die Verteilung der Anwendungsbausteine auf die Rechner des Netzes muß dieser Zielsetzung Rechnung tragen. Die Allokation erfolgt demnach unter Berücksichtigung optimaler Unterstützung der Geschäftsprozesse, organisatorischer und technischer Restriktionen.

Topologiemodell

Die Beziehung zu den Geschäftsprozessen wird über das Topologiemodell hergestellt, in dem für alle Geschäftsvorfälle die Lokationen dokumentiert sind, an denen der Geschäftsvorfall ausgelöst wird, und an denen er Reaktionen erzeugt (s. Abb. 3-62). Das Topologiemodell beschreibt demnach die räumliche Verteilung der Geschäftsvorfälle. Damit liefert es gleichzeitig die Orientierungspunkte für die Allokation der Steuerungs-, Serviceund Anwendungsbausteine, mit denen die Geschäftsvorfälle unterstützt werden.

Ereignisse/ Reaktionen	Organisationseinheiten/Lokationen		
	Selbstbedienungszone	Kundenbetreuung Filiale	Kontoführung Zentrale
SB-Kontostandsabfrage	✓		
SB-Geldauszahlung	✓		
Kartenentnahme durch Operator	✓		
Auffüllen der Kasse	✓		
Auffüllen Belegformulare	✓		
Statusabfrage GAA		✓	
Kontostandsanzeige	✓		
Kontostandsbeleg	✓		
Karte	✓		
Meldung Fremdkunde	✓		
Meldung Karte eingezogen	✓		✓
Geld	✓		
Auszahlungsbeleg	✓		
Journalbeleg	✓		
Statusmeldung		✓	

Abb. 3-62: Topologiemodell als Grundlage der Allokation

Organisatorische und technische Restriktionen der Allokation

Darüber hinaus sind organisatorische und technische Restriktionen der Allokation zu beachten. Die spezifischen Zielsetzungen einer Client/Server-Anwendung spielen hierbei eine große Rolle. Wurde mit dem Client/Server-Projekt zum Beispiel das Ziel hoher dezentraler Verfügbarkeit verknüpft, so muß die Allokation diesem Anspruch durch geeignete Zuordnung der benötigten Bausteine Rechnung tragen. Organisatorische und technische Restriktionen, deren Gewicht sich aus den Zielsetzungen des Projektes ableitet, sind zum Beispiel

- hohe Aktualität der zur Unterstützung von Geschäftsvorfällen benutzten Daten und Services,

- Konsistenz der Daten und Services,

- hohe Verfügbarkeit des Systems,

- gute Performance,

- gute Ressourcennutzung und

- hohe Sicherheit.

3.6.7.3 Vorgehensweise der Allokation

In kommerziellen Anwendungsentwicklungsprojekten sind aufgrund der heterogenen Zielsystemstruktur feste Allokationen in der Regel notwendig. Die Bausteine der Client/Server-Anwendung werden den Verarbeitungsknoten fest zugeordnet und verändern ihre Lokation zur Laufzeit nicht. Wenn auf den Zielsystemen mit verschiedenen Programmiersprachen gearbeitet wird (z.B. COBOL auf dem Main-Server, C auf der Workstation), dann ist die in der Designphase vorgenommene Allokation nur mit dem hohem Aufwand einer erneuten Realisierung änderbar. Deshalb muß die Allokationsentscheidung methodisch fundiert getroffen werden. Die bekannten Allokationsverfahren erwarten Informationen über das zu verteilende Anwendungssystem, die erst nach der Realisierung mit genügender Genauigkeit erhoben werden können (z.B. Zugriffshäufigkeiten, Schnittstellengrößen, notwendige Prozessorleistung). In der Praxis hat sich deshalb ein näherungsweises Verfahren bewährt, das die Allokationsentscheidung anhand von Abschätzungen und Ergebnissen der Designphase herbeiführt.

Minimierung des Nachrichtenvolumens

Mit der Allokation wird die Zuordnung der Anwendungs-, Steuerungs- und Servicebausteine zu den zur Verfügung stehenden Verarbeitungsknoten definiert, wobei das Ziel verfolgt wird, diejenigen Verbindungen zwischen Bausteinen aus dem Ablaufmodell durch eine Rechner-Rechner-Kommunikation zu realisieren, die das geringste Nachrichtenvolumen aufweisen. Damit wird die in einem Ablaufdiagramm dargestellte Bearbeitung eines Geschäftsprozesses über mehrere Rechner verteilt.

Jeder Baustein muß mindestens einem der Verarbeitungsknoten zugeordnet werden, die in der Erhebung der Topologie ermittelt wurden. Ausgangspunkt für die Allokation ist das Topologiemodell (s. Abb. 3-62), in dem dokumentiert ist, an welchen Orten die Verantwortung für die initiale Bearbeitung von Geschäftsprozessen liegt und wo die zugehörigen Reaktionen erzeugt werden.

Sollbruchstellen

Das Topologiemodell lehnt sich an die aus dem Kontextdiagramm abgeleiteten Ereignis- und Reaktionslisten an. Auf diesem Weg werden die „Ösen" gefunden, an denen eine zu verteilende Anwendung „befestigt" werden muß, um sie anschießend an den in einer Schnittstellenanalyse gefundenen „Sollbruchstellen" aufzutrennen. Aus der Gesamtheit aller Ablaufdiagramme wird ein Netz von Bausteinen gebildet, dessen Endpunkte die im Topologiemodell dokumentierten Organisationseinheiten sind (beispielhaft für den Geschäftsvorfall „Geldauszahlung" in Abb. 3-63).

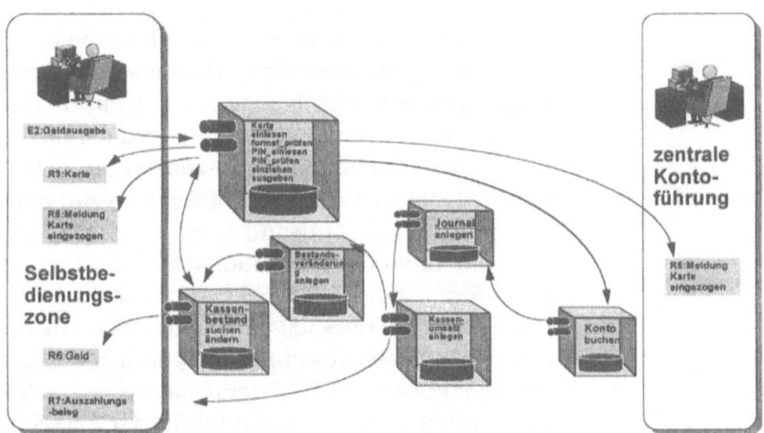

Abb. 3-63: Netz der Bausteine einer Client/Server-Anwendung

Die Arbeitsschritte der Allokation orientieren sich an diesem Netz der Bausteine:

I. Ergänzung der Systemarchitektur um die Topologie und Analyse von Topologiemodell und Ablaufmodell mit der Frage, an welchen Orten beziehungsweise Organisationseinheiten welche Bausteine benötigt werden.

II. Prüfung der Allokationsmöglichkeiten: Welche Bausteine müssen aufgrund von Restriktionen (zum Beispiel

„Sicherheit") unikat installiert werden? Welche Bausteine können nach Definition einer „Eigentümereigenschaft" replikat abgelegt werden?

III. Gegebenenfalls weitere Optimierung der Allokation mit Hilfe von Partitionierung durch eine Analyse der Schnittstellen.

IV. Bewertung der gefundenen Allokationsvarianten anhand der genannten organisatorischen und technischen Restriktionen. Überprüfung der Allokationsentscheidung.

Ergänzung der Systemarchitektur um die Topologie

Aus der Systemarchitektur (s. Abb. 3-58, Seite 118) ist ersichtlich, welche Bausteine zur Bearbeitung jedes Geschäftsvorfalls benötigt werden. Die Kombination der Systemarchitektur mit dem Topologiemodell gibt Aufschluß darüber, an welchen Orten welche Bausteine erforderlich sind (s. Abb. 3-64).

Für unser Geldautomatenbeispiel ist aus dieser Abbildung ersichtlich, daß der Steuerungsbaustein „Geldausgabe" und der Anwendungsbaustein „Kassenbestand" auf dem Geldautomaten in der Selbstbedienungszone benötigt werden, da sie dort stattfindende Ereignisse und Reaktionen bearbeiten. Einen Alloktaionskonflikt gibt es für diese Bausteine nicht. Anders ist das für den Anwendungsbaustein „Karte", der sowohl in der Selbstbedienungszone wie auch in der zentralen Kontoführung benötigt wird. Für diesen Anwendungsbaustein muß die Allokationsentscheidung durch weitere Analysen unterstützt werden.

Prüfung der Allokationsmöglichkeiten

Eine Prüfung der Allokationsmöglichkeiten ergibt, daß eine replikate Installation des Anwendungsbausteins „Karte" den Allokationskonflikt nicht löst, da Operationen und identische Daten im Rahmen der Bearbeitung eines Geschäftsvorfalls in der zentralen Kontoführung und in der Selbstbedienungszone benötigt werden. Die Meldung „Karte eingezogen" muß sowohl am Geldautomaten ausgegeben werden wie auch in der Zentrale. Das Attribut der „Karte", mit dem der Einzug der Karte dokumentiert wird, muß in der Zentrale gesetzt werden. Aus diesen Gründen ist eine Partitionierung des Anwendungsbausteins „Karte" notwendig.

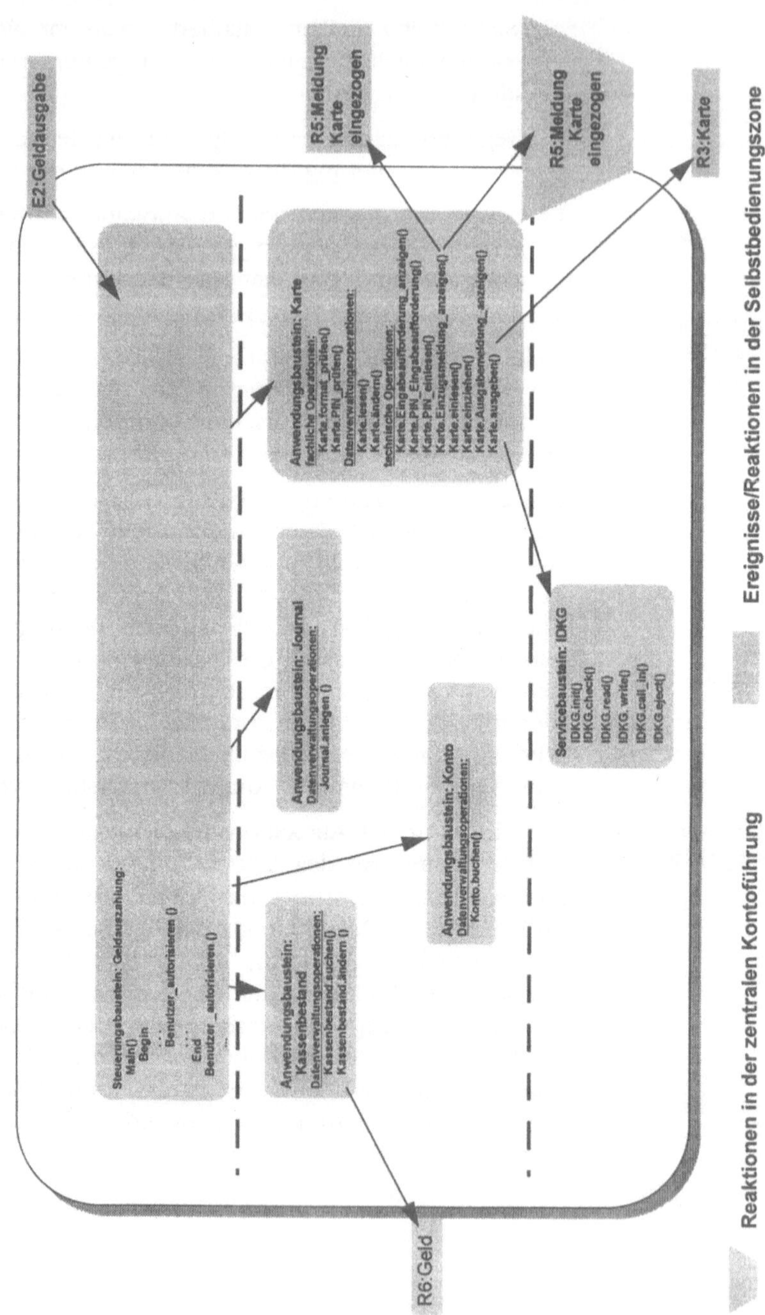

Abb. 3-64: Ergänzung der Systemarchitektur um die Topologie

Die weitere Prüfung der Allokationsmöglichkeiten ergibt, daß der Anwendungsbaustein „Konto" aus Sicherheitgründen nur unikat auf dem Mainserver liegen kann. Dort werden sämtliche Buchungen durchgeführt. Der Anwendungsbaustein „Journal" kann aus Sicherheitsgründen nur auf dem Geldautomaten installiert werden, da er für die Protokollierung vor Ort zuständig ist. Der Servicebaustein „IDKG" kann aufgrund technischer Restriktionen (Gerätesteuerung) ebenfalls nur auf dem Geldautomaten installiert werden.

Analyse der Schnittstellen

Wenn wie in unserem Fall eine weitere Optimierung der Allokation durch Partitionierung erforderlich ist, dann werden die Größen der vorhandenen Schnittstellen analysiert (s. Abb. 3-65). Ein Ziel der Zuordnung von Bausteinen oder partitionierten Bausteinen zu Verarbeitungsknoten ist es, den notwendigen Datenaustausch und damit die Belastung des Netzwerkes zu minimieren. Der Allokationsprozeß muß zunächst die „Sollbruchstellen" in einer Anwendung erkennen, also die schmalsten Schnittstellen zwischen den Bausteinen ermitteln, um an diesen Stellen die Anwendung aufzubrechen und statt der direkten Kommunikation zwischen Bausteinen (z.B. „Call") eine Programm-Programm-Kommunikation über Rechnergrenzen hinweg einzufügen. Hier können anschließend zur Realisierung dieser Kommunikationsschnittstellen zum Beispiel Remote-Procedure-Calls eingesetzt werden *(HOF86)*.

Die Schnittstellenfunktionen der Bausteine sind in Operationsspezifikationen definiert. Aus der Größe der Parameterschnittstelle g und der Aufrufhäufigkeit a ergibt sich eine Kennzahl für die „Breite" der Schnittstelle B zwischen zwei Operationen (s. Abb. 3-65):

$$B = g * a$$

„Schmale" Schnittstellen eignen sich zur Verteilung der Anwendung.

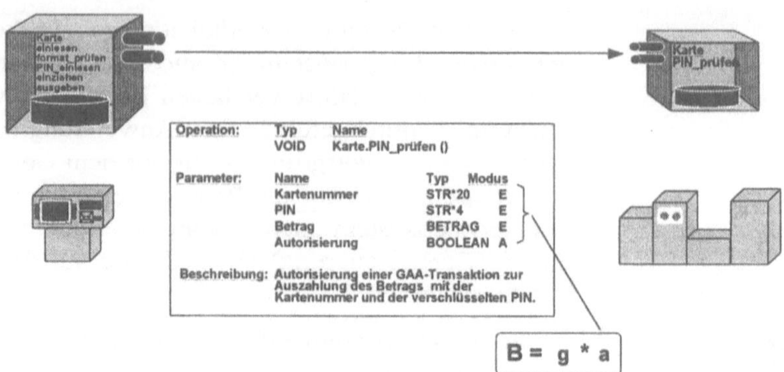

Abb. 3-65: Analyse der Schnittstellen

Die Prüfung der PIN erfolgt in unserem Beispiel nur im Rahmen des Geschäftsvorfalls „Geldauszahlung". Sobald mehrere Geschäftsvorfälle dieselbe Schnittstelle verwenden ergibt sich die „Breite" dieser Schnittstelle aus der Summe aller Aufrufe:

$$B_{ges} = \sum g_i * a_i \qquad \text{mit } i = 1, ..., n \text{ (Anzahl der Geschäftsvorfälle, die die Schnittstelle verwenden)}$$

Die Analyse der Schnittstellen ergibt für unser Geldautomatenbeispiel eine Partitionierung des Anwendungsbausteins „Karte". Neben weiteren Operationen, die außerhalb des Projektkontextes der Geldautomatenanwendung liegen und zum Beispiel für die Kartenadministration in der Zentrale notwendig sind, wird die Operation „Karte.Einzugsmeldung_anzeigen" in einem Anwendungsbaustein „Karte" auf dem Main-Server installiert (s. Abb. 3-66). Außerdem wird der Anwendungsbaustein „Konto" mit der Operation „Konto.buchen" dort implementiert.

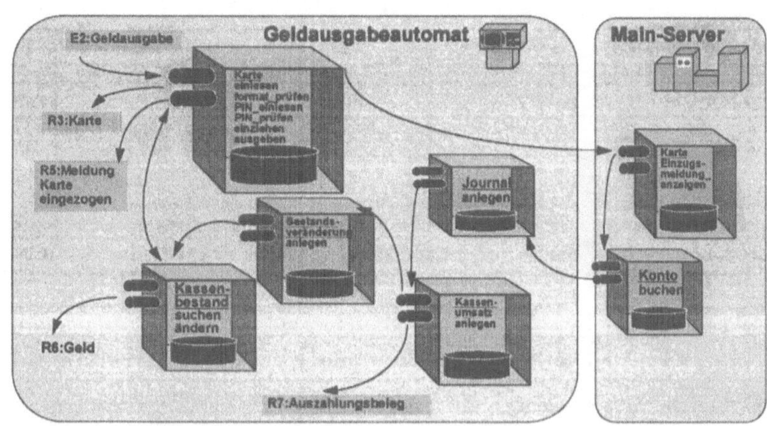

Abb. 3-66: Allokation

Bewertung der Allo-
kationsvarianten

Falls bei einem solchen Allokationsprozeß mehrere Verteilungs-
szenarien aus der Kombination unikater, partitionierter und replikater Allokation enstehen, so werden diese unter Berücksichtigung der bereits genannten Allokationskriterien bewertet (s.
Tab. 3-9). Die Kriterien werden zu diesem Zweck projektspezi-
fisch gewichtet, der Erfüllungsgrad wird für jede Allokationsvariante bewertet, und die Szenarien werden miteinander verglichen
(s. Abb. 3-67).

	projektspezifische Priorität	Verteilungs- variante A		Verteilungs- variante B		Verteilungs- variante C	
		ungewichtet	gewichtet	ungewichtet	gewichtet	ungewichtet	gewichtet
hohe Aktualität	9	10	90	8	72	2	18
Konsistenz	9	10	90	8	72	2	18
hohe Verfügbarkeits- rate	9	2	18	10	90	10	90
geringe Administrations aufwände	5	8	40	6	30	4	20
gute Performance	9	2	18	10	90	10	90
gute Ressourcennutzung	4	2	8	10	40	10	40
hohe Sicherheit	9	10	90	6	54	4	36
Summe		44	354	58	448	42	312

Tab. 3-9: Bewertung von Allokationsvarianten

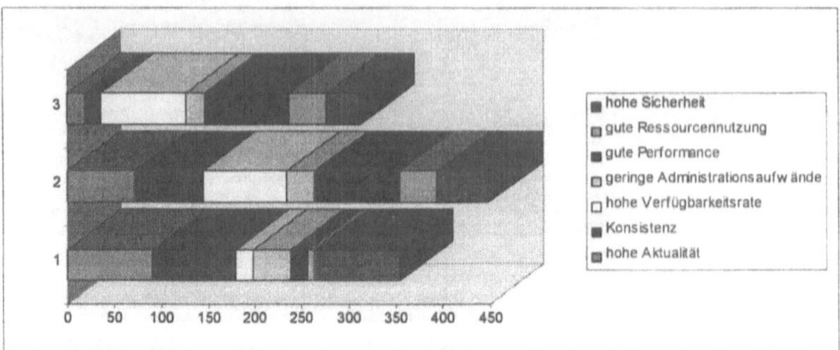

Abb. 3-67: Bewertung der Allokationsvarianten

3.7 Zusammenfassung

In dem dargestellten methodischen Vorgehen zur Realisierung von Client/Server-Applikationen werden die Phasen

- strategische Planung,

- Projektplanung,

- Analyse,

- Design,

- Realisierung,

- Implementierung und

- Wartung

unterschieden. Für die Phasen Projektplanung, Analyse und Design, in denen Client/Server-spezifische Modelle mit zugehörigen Ergebnisdokumenten erstellt werden, folgt eine Übersicht (s. Tab. 3-10).

Phase	Modell	Aktivität	Ergebnis-dokument
Planung	Geschäfts-modell	Vorunter-suchung durchführen	Glossar der Geschäfts-objekte
			Kontext-diagramm
			Spezifikation der externen Partner

			Geschäftsvorfallskizzen
	Projekturplanung	(Mikro-) Projekte spezifizieren	Struktur der Mikroprojekte
		(Mikro-) Projekt(e) planen	Planung des (n-ten Mikro)projektes
Analyse	Objekttypmodell	Geschäftsobjektmodell strukturieren	Objektrelationsdiagramm (ORD)
		Objektdynamik spezifizieren	Objektzustandsübergangsdiagramm (ZSD)
	Geschäftsvorfallmodell	Datenflüsse aufnehmen	Datenflußdiagramm (DFD)
		Kontrollflüsse aufnehmen	Kontrollflußdiagramm (KFD)
		oder:	►Objektkommunikationsdiagramm (OKD)
		Prototyping vorbereiten und durchführen	Windowlayouts
	Objekttypspezifikationen	fachliche Datenstruktur spezifizieren	Objekttyprumpfspezifikation
		fachliche Operationen spezifizieren	fachliche Operationsspezifikationen
		Datenverwaltungsoperationen spezifizieren	Operationsspezifikationen der Datenverwaltung
	Topologiemodell	Lokationen der Geschäftsvorfälle aufnehmen	Lokationsmatrix

Design	Ablaufmodell	Steuerungs-funktionen ergänzen	Spezifikation der Steuerungsschicht
		technische Operationen ergänzen	Spezifikation der Anwendungsschicht
		Servicefunktionen ergänzen	Spezifikation der Serviceschicht
	System-architektur	Anwendungs-bausteine spezifizieren	Baustein-spezifikation
		Steuerungsbausteine spezifizieren	Baustein-spezifikation
		Service-bausteine spezifizieren	Baustein-spezifikation
	Allokations-modell	Systemarchitektur um die Topologie ergänzen	Systemarchitektur
		Prüfung der Allokations-möglichkeiten	Entwurf der Allokation
		Schnittstellen analysieren	Schnittstellen-analyse
		Allokations-varianten bewerten	Allokation
	Datenbank-Design	physisches Datenbank-Design erstellen	physisches Datenbank-Design

Tab. 3-10: Übersicht zur Vorgehensweise in Client/Server-Projekten

4 Technische Anwendungsarchitektur

4.1 Motivation

Bereits in der Einführung wurde auf die Wichtigkeit einer technischen Anwendungsarchitektur hingewiesen. Eine projektübergreifend definierte technische Anwendungsarchitektur schafft die Grundlagen für Interoperabilität und Portierbarkeit von Anwendungen und Anwendungsbausteinen. Die technische Anwendungsarchitektur ist gegenüber einer fachlichen Anwendungsarchitektur abzugrenzen, wie sie zum Beispiel in der „Insurance Application Architecture (IAA)" der IBM *(IBM92)* in Form eines sparten- und länderübergreifenden Referenzmodells festgelegt wurde. Die fachliche Architektur konzentriert sich auf die Frage, was zu realisieren ist, während die technische Architektur die Frage beantwortet, wie zu realisieren ist.

Fachliche Anwendungsarchitektur

Demnach werden in einer fachlichen Architektur Unternehmensziele, kritische Erfolgsfaktoren, Daten- und Prozeßmodelle in ihrem Zusammenspiel dargestellt, um damit Anwendungssysteme und ihre Bedeutung für das Gesamtunternehmen zu identifizieren.

Technische Anwendungsarchitektur

Die technische Anwendungsarchitektur liefert Standards für die Abbildung des Design auf die für das Unternehmen relevanten Zielumgebungen und konzentriert sich damit auf die technischen Aspekte. Durchgängigkeit ist nicht nur bei der Transformation der Analyse- in Designergebnisse, sondern auch bei der Überführung des DV-technischen Designs in die Zielumgebung gefragt. Die Bedeutung dieser Durchgängigkeit steigt mit der Komplexität der Zielumgebungen, ist also für heterogene und verteilte Client/Server-Umgebungen von großer Wichtigkeit.

Wenn die im Analyse- und Designprozeß identifizierten Module eines Anwendungssystems über heterogene Plattformen hinweg interoperieren sollen und eine Wiederverwendung dieser Module bei der Konstruktion anderer Anwendungssysteme gefordert ist, dann ist die Entwicklung einer technischen Anwendungsarchitektur unabdingbar. Diese Architektur beantwortet auf einem standardisierten Weg die Fragen nach der Art der Implementierung eines DV-technischen Designs, die sich in jedem Projekt immer wieder neu z.B. in folgender Form stellen:

- Wie werden Module als abstrakte Datentypen in der zur Verfügung stehenden Programmiersprache realisiert?

- Wie erfolgen Zugriffe auf das Datenhaltungssystem?

- Wie erfolgt die Kommunikation über das Netzwerk?

- Wie werden graphische Oberflächen realisiert?

- Wie erfolgt der Zugriff auf entfernt liegende Datenbestände?

Diese Fragen sollten zumindest für ein Unternehmen nur einmal beantwortet werden, indem ein verbindlicher Standard für die Anwendungsentwicklung definiert wird. Dieser Standard erleichtert nicht nur die Projektarbeit, da sich die Notwendigkeit reduziert, in jedem Projekt erneut „Forschungsarbeiten" zu erledigen. Der Standard unterstützt auch die Bereitstellung der Anwendungssysteme für den Endanwender durch die DV-Produktion. Komplexe Client/Server-Systeme sind auch in der Produktion komplex. Administration, Fehlerkorrektur und Produktionsplanung gestalten sich um so schwieriger, je heterogener die Anwendungssysteme in Produktion sind. Eine für alle Projekte verbindliche Architektur erleichtert somit auch die Aufgabe der DV-Produktion im komplexen Client/Server-Umfeld.

Die Bedeutung technischer Anwendungsarchitekturen *(SCH94)* wird vor dem Hintergrund aktueller Entwicklungen im IV-Bereich deutlich:

Offene Systeme und Client/Server-Architekturen

Der Aufbau von Client/Server-Architekturen, in denen heterogene Rechnerklassen (Mainframe, Server, Workstation) so eingebunden sind, daß die funktionalen Eigenschaften jedes Rechnertyps optimal genutzt werden (z.B. Massendatenverarbeitung auf Mainframe/Server, GUI auf der Workstation), setzt für die Konstruktion der Anwendungssysteme eine Berücksichtigung der Eigenschaften offener Systeme *(WHE93)* voraus:

- *Interoperabilität:* Anwendungssysteme kommunizieren über standardisierte Schnittstellen.

- *Portierbarkeit:* Anwendungssysteme sind über heterogene Systemplattformen hinweg portierbar.

- *Skalierbarkeit:* Anwendungssysteme passen sich den (Last-) Anforderungen an.

Die genannten Eigenschaften werden in den Konstruktionsprozeß von Anwendungssystemen durch eine technische Anwendungsarchitektur eingebracht, die Projekt- und Entwicklerübergreifend die erforderliche Standardisierung absichert.

Effizienz der Anwendungsentwicklung

Eine individuelle IV-Unterstützung für alle Geschäftsprozesse eines Unternehmens gehört der Vergangenheit an. Geschäftsprozesse mit einem hohen Anteil standardisierter Tätigkeiten wie zum Beispiel im Bereich der Buchhaltung, Lagerhaltung oder Kostenrechnung werden bereits heute primär durch Standardsoftware unterstützt (Textverarbeitung, Tabellenkalkulation, betriebswirtschaftliche Standardsoftware). Eine Aufgabe der Zukunft wird die Integration solcher Standardsoftware mit den individuell entwickelten Systemen sein, um die Durchgängigkeit der Geschäftsprozesse ohne Reibungsverluste durch z.B. Doppelerfassungen oder „Copy Extract" zu garantieren. Darüber hinaus steht hinter dieser Integration für die Anwendungsentwicklung ein Effizienzsteigerungspotential. Vorgefertigte Standardsoftware kann zur Abdeckung eines Teils der geforderten Funktionalität genutzt werden. Voraussetzung ist auch hier eine Architektur, in der das Zusammenspiel von eigenentwickelter Software mit Standardsoftware definiert ist (z.B. Nutzung OLE, DDE, Middleware). Die Wiederverwendung von Bausteinen aus der eigenen Softwareproduktion stellt dieselben Anforderungen. Voraussetzung für eine Reduktion der Fertigungstiefe durch Nutzung vorgefertigter Standardsoftwarekomponenten und/oder Wiederverwendung eigener Softwarebausteine ist demnach eine technische Anwendungsarchitektur, die eine Interoperabilität der Bausteine gewährleistet *(NIE94a)*.

Ausrichtung der IV auf das Geschäft

Geschäftsvorfall-orientierte Sachbearbeitung, Computer Supported Cooperative Work (CSCW), Rundum-Sachbearbeitung, Workflow-Management, verbesserte Kundennähe und Business Process Reengineering (BPR) sind nur einige der Bereiche, in denen IV-Technologie als Mittel zur Optimierung von Geschäftsabläufen verstanden wird. Verbesserte Informationsbereitstellung, umfassender Zugriff auf die Services des Unternehmens, kurze Durchlauf- und Reaktionszeiten machen ein reibungsloses Ineinandergreifen der IV-Systeme erforderlich *(PES94)*. Um dies bereits bei der Entwicklung in die Systeme hineinzukonstruieren, ist eine technische Architektur erforderlich, deren Standards das „Bindemittel" für die Anwendungssysteme liefern.

4.2 Anforderungen an eine technische Architektur

Die Güte einer technischen Anwendungsarchitektur bemißt sich im Kontext der Client/Server-Anwendungsentwicklung daran, in welchem Maße die Konstruktion der primären Eigenschaften von Client/Server-Anwendungen

- Bildung von Services,

- Standardisierung der Schnittstellen und

- ressourcengerechte Verteilung der Services

unterstützt wird.

Bildung von Services   Für die Einführung von Client/Server-Architekturen wurden bereits folgende Zielsetzungen genannt:

⇒ Optimierung der Ressourcennutzung durch Verteilung von Anwendungssystemen auf geeignete Rechnerklassen und

⇒ Effizienzsteigerung der Anwendungsentwicklung durch Reduktion der Fertigungstiefe.

Beide Zielsetzungen verlangen nach einer technischen Anwendungsarchitektur, die Identifikation und Abbildung von Services unterstützt. Die Leitidee einer Client/Server-Architektur ist es, Services, die sowohl aus technischen wie auch aus fachlichen Zusammenhängen im Rahmen der Bearbeitung der Geschäftsprozesse resultieren können, zu identifizieren und sie auf dedizierten Rechnern mit Hilfe geeigneter Aufrufschnittstellen (Application Programming Interfaces (API)) bereitzustellen. Eine technische Anwendungsarchitektur muß demnach Konstruktionsprinzipien für die Erstellung von Anwendungssystemen unter Nutzung mehrfach verwendbarer Services bereitstellen.

Standardisierung   Die Sicherung der Interoperabilität und Portabilität von Anwendungsbausteinen über heterogene Plattformen hinweg gehört zu den primären Aufgaben einer technischen Anwendungsarchitektur.

Die Schnittstellen, über die Anwendungssysteme mit der Umgebung kommunizieren (s. Abb. 4-1), sind zu diesem Zweck zu standardisieren, um eine Interoperabilität zu gewährleisten. Die Verwendung heterogener Schnittstellen verhindert nicht nur Portabilität von Anwendungsbausteinen, sondern erschwert auch deren Zusammenwirken im Rahmen von Client/Server-Applikationen.

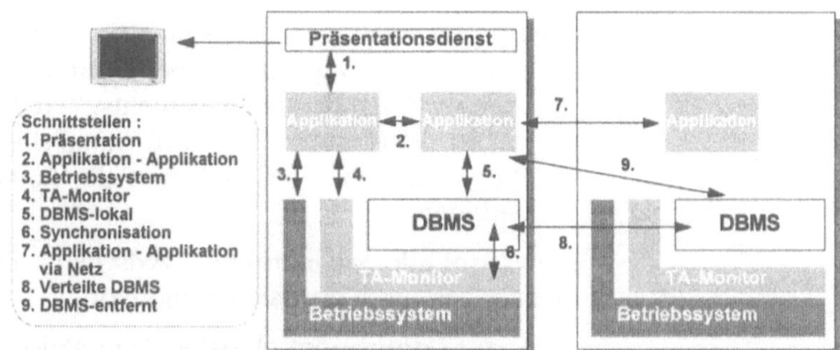

Abb. 4-1: Schnittstellen in heterogenen Systemen

Die zu standardisierenden Schnittstellen sind im einzelnen:

● Präsentationsschnittstelle:

⇒ Ein einheitliches Bildschirm-Layout für zeichenorientierte Oberflächen sollte spezifiziert und verwendet werden.

⇒ Das Window-Layout für graphische Oberflächen muß im Sinne eines Style Guides standardisiert werden.

⇒ Die Spezifikation einer Schnittstelle zu den Präsentationsdiensten ist erforderlich, um Anwendungsbausteine portieren zu können.

● Schnittstelle für die Kommunikation zwischen Applikationen:

⇒ Systemfunktionen zur Kommunikation gibt es in allen Betriebssystemen und den meisten Transaktionsmonitoren. Eine direkte Verwendung dieser Systemfunktionen im Anwendungsprogramm ist nur dann akzeptabel, wenn die Funktionen plattformübergreifend verfügbar sind.

● Schnittstelle zum Betriebssystem:

⇒ Unter den gleichen Restriktionen ist die direkte Verwendung aller Betriebssystemfunktionen in den Anwendungsprogrammen zu sehen.

● Schnittstelle zum Transaktionsmonitor:

⇒ Der Einsatz von Transaktionsmonitoren, die über heterogene Plattformen hinweg eine homogene Programmierschnittstelle definieren, bietet für die Anwendungsentwicklung den Vorteil einheitlicher Funktionen zur Transaktionssicherung und häufig auch Inter-Programm-Kommunikation.

● Schnittstelle zum lokalen Datenbankmanagementsystem:

⇒ Die Ausnutzung der Spezifika von Datenbanksystemen in den Anwendungsprogrammen führt bei Verwendung heterogener Datenbankmanagementsysteme auf den verschiedenen Plattformen zur Unverträglichkeit des erstellten Programmcodes und reduziert die Portabilität der Applikationen.

- Synchronisationsschnittstelle zwischen Datenbankmanagementsystem und Transaktionsmonitor:

  ⇒ Die Koordination globaler Transaktionen in einem Client/Server-System, an denen mehrere Datenbanken beteiligt sind, erfordert für jedes Datenbankmanagementsystem eine Abstimmung mit dem umfassenden Transaktionsmonitor. Die lokale Transaktion eines Datenbanksystems muß in die Gesamttransaktion, an der mehrere Datenbanksysteme beteiligt sind, eingeordnet werden. Ohne Standardisierung der Schnittstelle zwischen den Datenbankmanagementsystemen und dem umfassenden Transaktionsmonitor ist der Aufbau großer Client/Server-Installationen heterogener Art nicht denkbar. Innerhalb des X-Open Standards Distributed Transaction Processing (DTP) liefert die XA-Schnittstelle zwischen Ressource Manager (z.B. Datenbankmanagementsystem) und Transaction Manager eine entsprechende Norm (*XOP93*).

- Schnittstelle zur Inter-Programm-Kommunikation:

  ⇒ Die in den Unternehmen vorhandenen Netzwerke sind in der Regel bereits heterogen. Im LAN werden häufig andere Protokolle verwendet als im Bereich von Weitverkehrsnetzen. Wird nun bei der Entwicklung von Client/Server-Anwendungen, die auf das LAN beschränkt sind, eine andere Schnittstelle zur Inter-Programm-Kommunikation verwendet als bei Applikationen, die auch Weitverkehrsnetze nutzen, so sind die entstehenden Programme nicht austauschbar. Eine Standardisierung der Netzwerkschnittstelle ist auch unter dem Aspekt des Einführungs- und Pflegeaufwands anzustreben.

- Schnittstelle zwischen den verwendeten Datenbankmanagementsystemen:

  ⇒ Client/Server-Anwendungen führen in der Regel zu verteilten Daten, deren Pflege durch Funktionen verteilter Datenbanksysteme in erheblichem Maße vereinfacht werden kann. Voraussetzung dafür ist eine einheitliche Schnittstelle zwischen den verwendeten Datenbankmanagementsystemen, über die das Management verteilter Datenbestände koordiniert wird. Neben proprietären Ansätzen wie der Distributed Relational Database Architecture (DRDA) von IBM gibt es inzwischen den Standard Remote Database Access der International Standards Organization (ISO). Der RDA-Standard der OSI wurde in der ersten Version Ende 1993 als IS 9579 verabschiedet (*ISO93a*).

- Schnittstelle zu entfernten Datenbankmanagementsystemen:

  ⇒ Der gerade erwähnte Standard zur Kommunikation zwischen Datenbanksystemen ISO-RDA findet hier genauso Anwendung, wie die DRDA-Architektur der IBM. Zusätzlich zur Sicherung der Interoperabilität durch Standardisierung der vom und zum autonomen Datenbank-Server transportierten Nachrichten muß beim Zugriff auf die entfernte Datenbank auch die Portabilität der Anwendungsprogramme sichergestellt werden. Der Zugriff auf entfernte Datenbanksysteme steht somit unter denselben Vorzeichen wie die Schnittstelle zum lokalen Datenbanksystem. Neben der SQL-Syntax ist aber zusätzlich der Mechanismus für den Zugriff zu standardisieren. Der ISO Standard IS 9579 auf der Anwendungsebene des Referenzmodells der ISO ist eine Spezifikation der Kommunikation zwischen und zu Datenbankmanagementsystemen aber nur eingeschränkt eine Spezifikation der Zugriffsschnittstelle. Die Dienstelemente des ISO-RDA stehen auf der Seite des Clients über ein nicht standardisiertes und demnach herstellerspezifisches API zur Verfügung. Auf der Server-Seite gibt es einen herstellerspezifischen Vermittlungsprozeß, der die ein- und ausgehenden RDA-Nachrichten an das DBMS weiterleitet (*LAM94*). Die SQL-Access Group (SAG) konzentriert sich auf die Spezifikation einer erweiterten Benutzerschnittstelle und stellt somit eine standardisierte Schnittstelle zu Datenbanksystemen in Gestalt eines Call Level Interface (CLI) zur Verfügung. Erste Implementierungen finden sich in Open Database Connectivity von Microsoft.

Die Standardisierung der Schnittstellen für die Anwendungsentwicklung in heterogenen Systemen nach den genannten Verfahren verfolgt das Ziel, Anwendungssysteme auf einer genormten Plattform realisieren zu können, so daß Portierbarkeit, Skalierbarkeit und Interoperabilität gewährleistet sind. Anwendungen bzw. Anwendungsteile kommunizieren miteinander und mit den Plattformen über die standardisierten Systemdienste (s. Abb. 4-2).

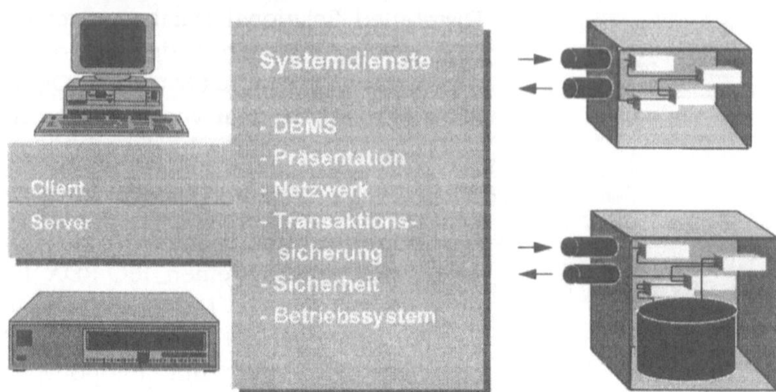

Abb. 4-2: Interoperabilität durch Standardisierung der Schnittstellen

Prinzipielle Ansätze zu einer Standardisierung sind:

- Übernahme eines „de jure"-Standards (z.B. DIN, ISO, CCITT),

- Übernahme eines Industriestandards (z.B. ODBC, DRDA, LU 6.2),

- Übernahme eines Standards der Non-Profit-Organisationen wie X-Open (z.B. X-Open DTP),

- Übernahme eines Standards marktorientierter Gruppen wie der Object Management Group (OMG) (z.B. DCE, CORBA),

- Spezifikation eines eigenen Hausstandards.

Verteilung

Die Verteilung von Anwendungssystemen zwecks optimaler Ressourcennutzung im Rahmen von Client/Server-Architekturen muß durch eine technische Anwendungsarchitektur unterstützt werden. Hierzu ist es erforderlich, die im Rahmen der technischen Anwendungsarchitektur definierten Schnittstellen (z.B. die Schnittstelle zum Datenbankmanagementsystem) netzweit in einheitlicher Form verfügbar zu machen. Die Allokation erfolgt unter Berücksichtigung einer Schichtenarchitektur der Anwendung. Die Wahl der geeigneten Verteilungsschnittstelle hängt von organisatorischen und technischen Randbedingungen ab, die anwendungsspezifisch zu erheben sind, wie in den Ausführungen zur methodischen Vorgehensweise erläutert.

Eine Anwendungsarchitektur muß heute dem Gedanken der Schichtenbildung und Verteilung Rechnung tragen. Auch wenn nicht direkt an eine Migration zu Client/Server-Architekturen gedacht ist, sollten heute neu erstellte Anwendungssysteme offen für eine Weiterentwicklung in diese Richtung sein. Bereits bei der Kopplung eigener Anwendungssysteme mit Standardsoftware, die in Form einer Client/Server-Architektur realisiert ist, werden entsprechende Anforderungen deutlich *(BUE94)*.

4.3 Definition einer technischen Architektur

Eine technische Anwendungsarchitektur kann definiert werden

- für einen weitgehend selbständigen Teilbereich eines Unternehmens

- für ein Gesamtunternehmen,

- für einen Interessenverband mehrerer Unternehmen oder

- als unternehmensübergreifender Standard mit dem Ziel möglichst großer Verbreitung.

Die Mehrzahl der Hersteller definiert inzwischen ebenfalls Architekturen, die dem Client/Server-Gedanken Rechnung tragen, obwohl die für Client/Server-Applikationen erforderliche Offenheit der Architektur dem proprietären Interesse der Hersteller eher widerspricht. Offenheit schafft Austauschbarkeit und Konkurrenz. Wenn die vom Hersteller definierte Architektur als Referenzmodell für das eigene Unternehmen dienen soll, so ist es entscheidend für den Erfolg, die bereits vorhandenen und häufig heterogenen Komponenten zu berücksichtigen und in die Architektur mit aufzunehmen.

Auf den folgenden Seiten soll ein Referenzmodell einer technischen Architektur vorgestellt werden, das als Grundlage für die Definition einer unternehmensspezifischen technischen Architektur dienen kann. Die eigene technische Architektur hat über das Referenzmodell hinausgehend die bereits vorhandenen Systemplattformen, Anwendungs- und Infrastruktursysteme zu berücksichtigen.

4.4 Referenzmodell für eine technische Anwendungsarchitektur

4.4.1 Überblick

Das Referenzmodell für die technische Anwendungsarchitektur unterscheidet Steuerung, Services und Anwendungsbausteine (s. Abb. 4-3).

Anwendungsbausteine

Anwendungsbausteine sind Implementierungen von Objekttypen, aus denen Anwendungssysteme erstellt werden. Die Inhalte eines Anwendungsbausteins ergeben sich durch Modellierung der Geschäftsprozesse, in denen der im Anwendungsbaustein realisierte Objekttyp genutzt wird. Sowohl die Datenstruktur wie auch die Funktionen zur Manipulation der Datenstruktur werden im Anwendungsbaustein abgebildet. Darüber hinaus beinhaltet der Anwendungsbaustein technische Datenstruktur und Funktionen, mit deren Hilfe fachliche Inhalte auf die Services der Hardware und Systemsoftware abgebildet werden.

Services

Bei der Konstruktion von Anwendungssystemen werden vordefinierte Services genutzt, um z.B. aus Anwendungsbausteinen auf persistente Daten zuzugreifen. Services werden auf Basis der Hard- und Systemsoftware definiert, indem z.B. für alle eingesetzten Datenbanksysteme ein Standard für die Zugriffsfunktionen spezifiziert wird. Die Services gelten für alle Anwendungssysteme des Unternehmens und müssen demnach zentral administriert werden. Neue Services werden durch Projekte oder Infrastrukturaktivitäten definiert.

Steuerung

Anwendungssysteme werden aus Anwendungsbausteinen konstruiert, die auf Services der Zielumgebung zugreifen. Die Steuerung faßt die Anwendungsbausteine zu Anwendungssystemen zusammen. In der Steuerung werden die automatisierten Abläufe aus den Geschäftsprozessen unter Nutzung der Anwendungsbausteine und Services abgebildet.

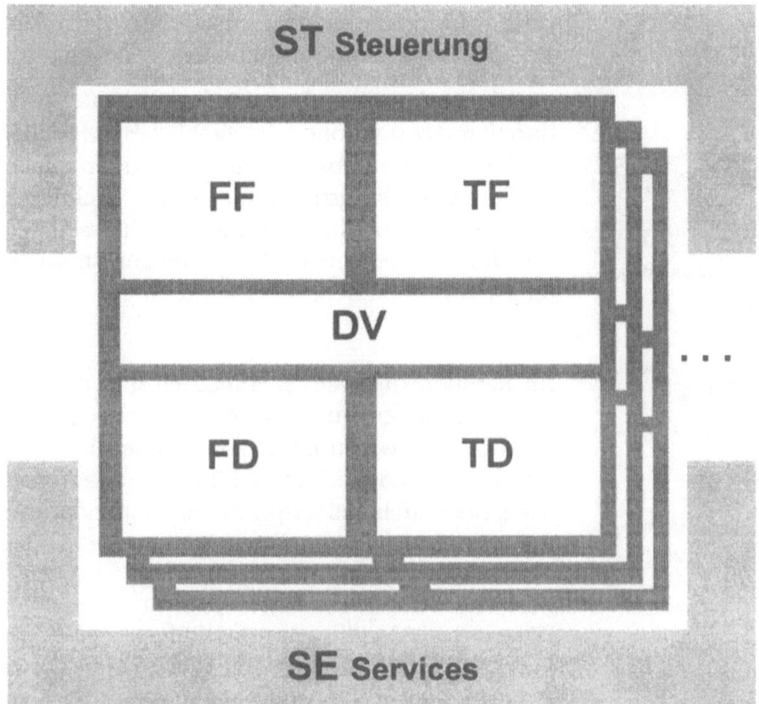

Abb. 4-3: Referenzmodell der technischen Anwendungsarchitektur

4.4.2 Die Anwendungsschicht

Die Anwendungsschicht beinhaltet die Bausteine, aus denen Anwendungssysteme erstellt werden. Diese Bausteine gehen aus den Objekttypen hervor, die im Rahmen der fachlichen Analyse durch Modellierung von Geschäftsprozessen gefüllt und im Design mit weiteren Funktionen und Datenstrukturelementen angereichert wurden.

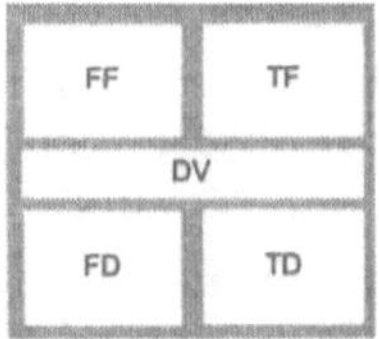

Die funktionale Komponente eines Anwendungsbausteins besteht aus fachlichen (FF) Funktionen, Datenverwaltungsfunktionen und optional aus technischen Funktionen (TF). Sie ergibt sich aus der Modellierung der Geschäftsprozesse und den dabei gefundenen Objektfunktionen. Die Datenstrukturkomponente setzt sich zusammen aus fachlichen (FD) und optional aus technischen Datenstrukturelementen (TD). Sie wird aus der Modellierung der Objekttypen und ihrer Beziehungen im Entity Relationship Modell abgeleitet. Bausteine, die nur technische Funktionen und Datenstruktur enthalten, gehören zur Serviceschicht.

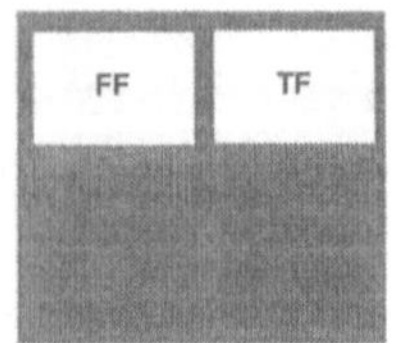

funktionale Abstraktionen

Es gibt Anwendungsbausteine ohne Datenstruktur, die aus funktionalen Abstraktionen im fachlichen Modell resultieren. Hierzu zählen z.B. betriebswirtschaftliche oder mathematische Funktionen. Anwendungsbausteine ohne fachliche oder technische Funktionen sind hingegen ausgeschlossen, da jede Datenstruktur, die für eine Anwendung relevant ist, auch mit Hilfe geeigneter Operationen bearbeitet wird.

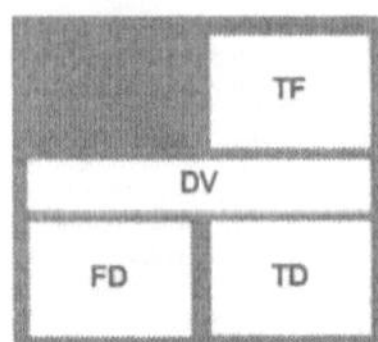

dispositive Systeme

Im Rahmen dispositiver Aufgaben gibt es Anwendungsbausteine mit technischen Funktionen (z.B. „anzeigen"), technischer und fachlicher Datenstruktur aber ohne fachliche Funktionen der Anwendungslogik. Die fachlichen Funktionen der Datenverwaltung sind auch bei dispositiven Systemen erforderlich, denn sie gewährleisten den Zugriff auf die fachliche Datenstruktur.

Wenn das Modell der Geschäftsprozesse gemeinsam mit der Fachseite erhoben wird, so ergeben sich zunächst die fachlichen Funktionen der Anwendungslogik und der Datenverwaltung, die dann im Design um technische Funktionen ergänzt werden.

fachliche Funktionen

Die fachlichen Funktionen der Anwendungslogik beinhalten Operationen wie „berechnen", „prüfen", „entscheiden". Die fachlichen Funktionen sind im Rahmen der vorgestellten methodischen Vorgehensweise abgeleitet und spezifiziert worden. Bei der Realisierung der Objekttypen werden die fachlichen Funktionen in der Anwendungsschicht der Architektur abgebildet.

Datenverwaltung

Funktionen der Datenverwaltung sind z.B. erzeugen, löschen, ändern, suchen, lesen, Existenz prüfen, Beziehung suchen, Beziehung herstellen, Beziehung aufheben. Es handelt sich um Geschäftsregeln, die an die Datenstruktur gebunden sind und bei der Manipulation von Daten immer zu berücksichtigen sind. Die Datenverwaltungsfunktionen werden sowohl bei der Prüfung von Benutzereingaben wie auch bei der persistenten Ablage von Daten benötigt. Daraus ergibt sich die Notwendigkeit, Funktionen der Datenverwaltung redundant zu installieren und gegebenenfalls bei fehlender Portabilität auch mehrfach zu realisieren. Das erklärt die Eigenständigkeit dieser Funktionen, die sich in der Schicht der Datenverwaltung manifestiert.

Realisierung der
Datenverwaltung

Zwischen den fachlichen Funktionen und den Datenverwaltungsfunktionen wird im Kontext der technischen Anwendungsarchitektur differenziert, da moderne Datenbankmanagementsysteme Möglichkeiten zur Implementierung der Datenverwaltungsfunktionen innerhalb der Datenbank selbst anbieten. Auch weil diese Funktionen dann mit DBMS-spezifischen Mechanismen realisiert werden, die sich häufig von denen zur Realisierung der fachlichen Funktionen der Anwendungslogik unterscheiden, ist eine Differenzierung in der technischen Architektur sinnvoll.

technische Funktionen

Technische Funktionen übernehmen die Kommunikation des Systems mit der Außenwelt. Sie realisieren den in der strukturierten Analyse so genannten „physikalischen Ring" des Anwendungssystems. Die Ergebnisse von Berechnungen der fachlichen Funktionen oder Prüfungen der Datenverwaltung werden durch die technischen Funktionen präsentiert. Beispiele für technische Funktionen sind anzeigen, drucken, verschieben und verkleinern.

technische Datenstruktur

Die technische Datenstruktur wird von den technischen Funktionen benötigt, um z.B. Präsentationsaufgaben wahrnehmen zu können. Beispiele für Elemente der technischen Datenstruktur sind Bildschirmposition, Farbe und Layout.

fachliche Datenstruktur

Die fachliche Datenstruktur ergibt sich aus der Strukturierung des Objektmodells in der Analysephase. Die Beziehungen und Attribute der Objekttypen bilden die fachliche Datenstruktur. Beispiele für Elemente der fachlichen Datenstruktur sind Name, Geburtsdatum, Geschlecht und Telefonnummer.

Schnittstellen

Die Schnittstelle eines Anwendungsbausteins wird durch die exportierten technischen und fachlichen Funktionen definiert. Technische und fachliche Daten werden nur in Form von Parametern der technischen bzw. fachlichen Funktionen exportiert.

Abläufe, die durch fachliche Bedingungen vorgegeben sind (z.B.: bei Erfassung eines neuen Kontos muß sichergestellt werden, daß ein zugehöriger Kunde existiert), werden in der Anwendungsschicht durch Verkettung der Anwendungsbausteine realisiert.

Die technischen und fachlichen Funktionen verwenden die Serviceschicht zum Zugriff auf persistente Daten.

4.4.3 Die Serviceschicht

Die Serviceschicht stellt für die Steuerungs- und die Anwendungsschicht folgende Dienste bereit:

- standardisierte Präsentationsdienste (GUI-Präsentation (MS-Windows, Presentation Manager, X-Windows, etc.) 3270-Präsentation),

- standardisierte Daltenhaltungsdienste (einheitliche Schnittstellen zu den verwendeten DBMS),

- Netzwerkschnittstelle (Inter Programm Kommunikation, File Transfer, Remote Database Access, DRDA, Virtual Disk, SW-Verteilung),

- Schnittstellen zum Anwendungstest (Debugging),

- Transaktionssicherung,

- Protokollierung,

- Fehlerbehandlung,

- Programmverwaltung und dynamisches Laden,

- Funktionen zur Lastbalancierung,

- Funktionen zur Systemkonfiguration,

- Messung und Optimierung des Systemverhaltens,

- Autorisierung, Authentifikation, Verschlüsselung,

- Administration, Change & Configuration Mgmt.

Die Produkte, die die Serviceschicht realisieren, werden im Rahmen von Infrastrukturprojekten evaluiert und gegebenenfalls erstellt. Die Weiterentwicklung der Serviceschicht kann im Rahmen der Anwendungsentwicklung stattfinden. Die Serviceschicht wird durch Anwendungs- und Systemprogramme (z.B. Softwareverteilung) genutzt.

4.4.4 Die Steuerungsschicht

In der Steuerungsschicht wird die Ablauflogik der Geschäftsprozesse hinterlegt. Die Bausteine, aus denen die Anwendungsschicht besteht, werden durch die Steuerungsschicht aufgerufen. Ein Baustein der Anwendungsschicht kann einen fachlich bedingten festen Ablauf innerhalb der Anwendungsschicht initiieren, der dann Teil des Workflows wird. Freie Abläufe (d.h. in der Ablauforganisation definierbare, nicht durch fachliche Regeln vorgegebene) werden durch die Steuerungsschicht geregelt.

Die Steuerungsschicht ruft Services der Anwendungsschicht (Operationen der Anwendungsbausteine) und Services der Service-Schicht auf.

Sie wird durch Standardsoftware (Workflow-Management-Systeme) oder durch die Ereignis-gesteuerten Window-Module eines Werkzeugs zur Erstellung graphischer Oberflächen realisiert.

4.4.5 Verwendung der Schichten

Bei der Konstruktion von Client/Server-Applikationen unter Nutzung der bisher dargestellten Schichten der technischen Anwendungsarchitektur ergeben sich Interdependenzen zwischen den Schichten. So ruft z.B. die Steuerungsschicht Funktionen der Anwendungsbausteine auf und Anwendungsbausteine verwenden Funktionen der Serviceschicht. In der folgenden Tabelle (s. Tab. 4-1) werden die Benutzungsbeziehungen zwischen den Schichten der technischen Anwendungsarchitektur dargestellt.

	ST	FF	TF	DV	SE
ST benutzt	☒	☒	☒	☒	☒
FF benutzt		☒	☒	☒	☒
TF benutzt		☒	☒	☒	☒
DV benutzt				☒	☒
SE benutzt					☒

Tab. 4-1: Benutzungsordnung der Schichten

4.5 Abbildung der Verteilungsmodelle

4.5.1 Schichtenmodell und technische Anwendungsarchitektur

Das in der Einführung zur Erläuterung der Verteilungsvarianten verwendete Schichtenmodell einer Anwendung muß beim Übergang vom Design in die Realisierung in der technischen Anwendungsarchitektur abgebildet werden (s. Abb. 4-4).

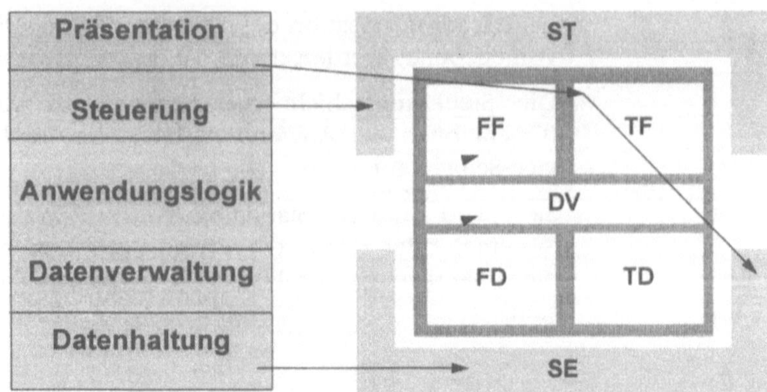

Abb. 4-4: Schichtenmodell und technische Anwendungsarchitektur

Das dargestellte Referenzmodell einer technischen Anwendungsarchitektur bietet Möglichkeiten zur direkten Abbildung der Verteilungsvarianten. Die Konstruktion von Schnittstellen zwischen den Elementen der technischen Anwendungsarchitektur ist damit Basis für die Verteilung.

Die zu definierenden Schnittstellen sind Bestandteil der technischen Anwendungsarchitektur und bieten die Möglichkeit, über das Netz hinweg auf Funktionen der Schichten zuzugreifen. Folgende Schnittstellen sind zur Abbildung der Verteilungsvarianten erforderlich:

- Zugriff über das Netzwerk auf Funktionen der Serviceschicht (Verteilte Präsentation, entfernte Datenbank, verteilte Datenbank),

- Zugriff über das Netzwerk auf fachliche Funktionen der Anwendungslogik (Entfernte Präsentation, Kooperative Verarbeitung) und

- Zugriff über das Netzwerk auf fachliche Funktionen der Datenverwaltung (gespeicherte Prozeduren).

Die genannten Schnittstellen sind im Rahmen der unternehmensspezifischen Verfeinerung der technischen Anwendungsarchitektur zu spezifizieren und in Form von Standards zu etablieren. Die Nutzung der Schnittstellen im Projekt wird durch unterstützende Werkzeuge (z.B. Generatoren für Remote Procedure Calls) oder Bibliotheken (z.B. unter MS-Windows Dynamic Link Libraries (DLL) mit den Standardfunktionen der Serviceschicht inklusive Netzwerkzugriff) erleichtert.

Die Abbildung der Verteilungsvarianten in der technischen Anwendungsarchitektur erfolgt auf der Grundlage der so definierten und realisierten Schnittstellen.

4.5.2 Verteilte Präsentation

Die Konstruktion einer Client/Server-Anwendung nach dem Modell der verteilten Präsentation oder die Verwendung dieses Modells in Teilen einer Client/Server-Anwendung setzt voraus, daß
die Schnittstelle der Serviceschicht auch geeignet ist, den Präsentationsdienst eines entfernt liegenden Rechners zu nutzen. Die
hierzu erforderliche Inter-Programm-Kommunikation kann dem
Anwendungsentwickler   verborgen   bleiben.   Lediglich   ein
„Application Programming Interface" zum Zugriff auf die Präsentationsdienste muß bereitgestellt werden (z.B. in Gestalt der bereits erwähnten Dynamic Link Library). Innerhalb der Serviceschicht wird dann der tatsächliche Zugriff über das Netz hinweg
durchgeführt. Die Client/Server-Anwendung nach dem Prinzip
der verteilten Präsentation wird in der technischen Anwendungsarchitektur demnach durch den Aufruf eines entfernt liegenden Services abgebildet (s. Abb. 4-5).

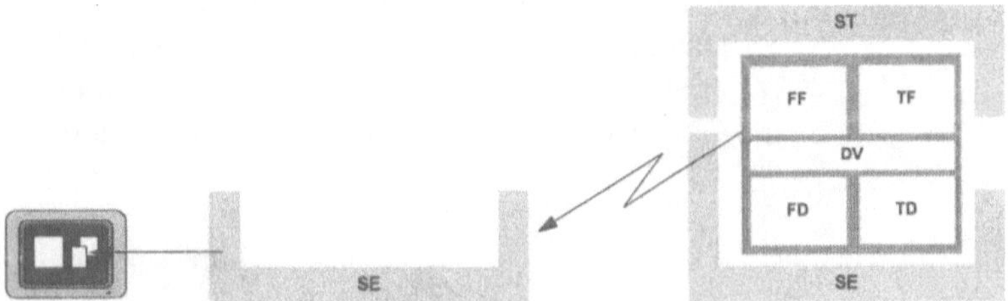

Abb. 4-5: Abbildung der verteilten Präsentation

Technische und fachliche Funktionen, technische und fachliche
Datenstruktur sind vollständig auf dem Server realisiert. Die
technischen Funktionen, die die Präsentation steuern (z.B. anzeigen des Windows „Kunde"), laufen auf dem Server ab, verwenden aber auf dem Client liegende Funktionen der Serviceschicht, um die Ausgabe selbst durchzuführen (z.B. Anzeigen
eines Windows unter MS Windows mit „ShowWindow ( )" oder
Verwendung eines im Funktionsumfang entsprechenden Werkzeugs).

4.5.3 Entfernte Präsentation

Die Abbildung der entfernten Präsentation im Referenzmodell der technischen Anwendungsarchitektur setzt einen netzübergreifenden Zugriff von technischen Funktionen auf fachliche Funktionen voraus. Werkzeuge, mit deren Hilfe die technischen Funktionen zur Präsentation realisiert werden, bieten diese Zugriffsfunktion häufig bereits an, so daß bei der unternehmensspezifischen Verfeinerung des Referenzmodells bereits eine Schnittstelle zur Verfügung steht.

Eine Client/Server-Anwendung nach dem Modell der entfernten Präsentation wird demnach durch eine Netzwerkschnittstelle zwischen technischen und fachlichen Funktionen realisiert (s. Abb. 4-6). Die technische Datenstruktur zur Präsentation muß also auf dem Client-Rechner liegen. Weitere technische Funktionen und zugehörige technische Datenstrukturelemente liegen auf dem Server, um z.B. eine Ausgabe auf einem zentralen Drucker zu unterstützen. Darüber hinaus bietet diese Form der Realisierung die Möglichkeit, mit Hilfe von technischen Funktionen zur Präsentation, die parallel auf dem Server liegen, eine zweite Präsentationsvariante zu implementieren. Auf diesem Wege können z.B. identische fachliche Funktionen zur Manipulation fachlicher Datenstrukturen sowohl in einer graphischen Präsentationsvariante auf dem Client wie auch in einer Zeichen-orientierten Oberfläche auf dem Server benutzt werden.

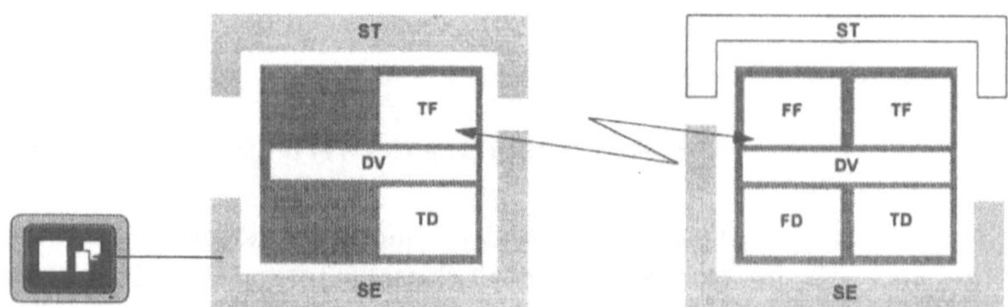

Abb. 4-6: Abbildung der entfernten Präsentation

Eine Steuerungsschicht auf dem Server ist dann zusätzlich erforderlich, wenn auf dem Server eine Transaktionssteuerung zu realisieren ist. Diese Variante kommt zum Einsatz, wenn z.B. existierende Großrechner-Anwendungen in Client/Server-Applikationen zu integrieren sind. In diesem Fall laufen die existierenden Anwendungen unter der Kontrolle eines Transaktionsmonitors auf dem Großrechner und neu erstellte Teile der

Client/Server-Applikation auf dem Client benutzen diese zentralen Anwendungen.

4.5.4 Kooperative Verarbeitung

Die Realisierung einer Client/Server-Anwendung nach dem Verteilungsmodell der kooperativen Verarbeitung setzt eine Zugriffsmöglichkeit auf entfernt liegende fachliche Funktionen der Anwendungslogik voraus. Dieser Zugriff basiert auf Funktionen in der Serviceschicht, die eine Inter-Programm-Kommunikation zwischen Anwendungsteilen unterstützen (z. B. Generatoren für Remote Procedure Calls). Auf Basis dieser Servicefunktionen erfolgt dann die Verteilung der fachlichen Funktionen der Anwendungslogik (s. Abb. 4-7).

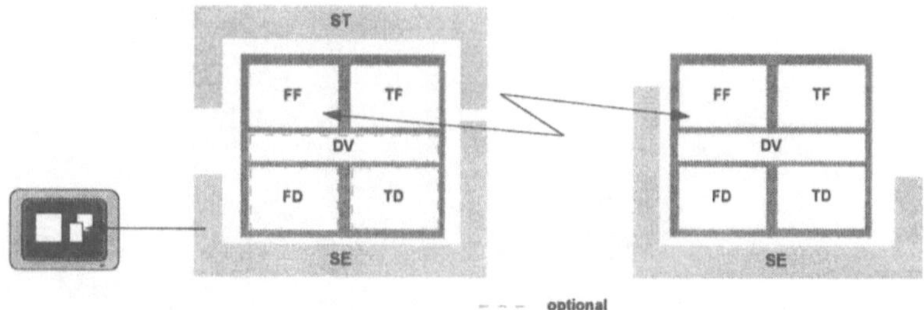

Abb. 4-7: Abbildung der kooperativen Verarbeitung

Technische und fachliche Datenstruktur, technische und fachliche Funktionen sind auf Client und Server verteilt. Eine Serviceschicht ist sowohl auf dem Client wie auch auf dem Server vorhanden. Die Steuerung wird auf dem Client realisiert. Die Daten liegen in der Regel verteilt, da z.B. Prüftabellen auf dem Client benötigt werden, Daten mit hohen Aktualitäts- oder Sicherheitsanforderungen aber auf dem Server gespeichert werden müssen.

Mehrfache Verwendung von Application Servers

Falls die auf dem Server abgelegten Anwendungsbausteine (TF, FF, TD, FD) auch in anderen Anwendungen, die z.B. zentral auf dem Server ablaufen, genutzt werden, gibt es auch dort eine Steuerung. Diese Situation findet sich häufig bei Client/Server-Anwendungen nach dem Konstruktionsprinzip der kooperativen Verarbeitung, in denen der Server ein Großrechner ist, und die dort installierten Anwendungsbausteine sowohl in der Client/Server-Applikation wie auch in zentralen Host-Anwendungen genutzt werden. Die mehrfache Verwendung von Anwendungsbausteinen in verschiedenen Anwendungssystemen resultiert in einer Client/Server-Architektur nach dem Konstruktionsprinzip des „Application Servers".

4.5.5 Persistente Geschäftsregeln

Die Client/Server-Anwendung nach dem Verteilungsmodell der persistenten Geschäftsregeln wird unter Nutzung einer Client/Server-Datenbank mit entsprechender Funktionalität erstellt (s. Abb. 4-8). Die Zugriffsschnittstelle wird in diesem Fall von der Datenbank geliefert. In der Realisierung werden also die im Design ermittelten Funktionen zur Datenverwaltung in Form von „Stored Procedures" in der Datenbank auf dem Server abgebildet. Technische und fachliche Datenstruktur liegen auf dem Server. Fachliche und technische Funktionen werden auf dem Client in der Regel mit Hilfe eines Entwicklungssystems realisiert.

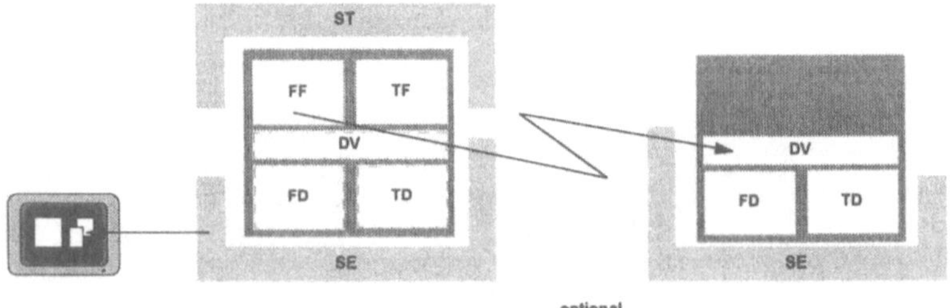

Abb. 4-8: Abbildung der gespeicherten Prozeduren

Selbst in einer Zwei-Ebenen-Architektur, die Voraussetzung für den Einsatz dieses Verteilungsmodells ist, müssen häufig aus Effizienzgründen Prüfungen von Benutzereingaben auf dem Client realisiert werden. Die Replikation der Datenverwaltungsschicht zu diesem Zweck ist nur dann möglich, wenn die Syntax der „Stored Procedures" auch auf dem Client-Rechner genutzt werden kann. Voraussetzung ist also ein Entwicklungssystem, in dem „Stored Procedures" und Anwendungslogik in derselben Programmiersprache formuliert werden oder die Datenverwaltungsschicht aus einer Quelle für Client und Server generiert werden kann. Mit der Datenverwaltungsschicht werden häufig die zur Prüfung erforderlichen Daten (Prüftabellen) repliziert. Ein skalierbares Datenbankmanagementsystem, das sowohl auf dem Client wie auch dem Server installiert werden kann, unterstützt diesen Prozeß.

4.5.6 Entfernte Datenbank

Zur Realisierung einer Client/Server-Anwendung nach dem Verteilungsmodell der entfernten Datenbank werden Schnittstellen durch die jeweiligen Datenbankhersteller angeboten. Diese Funktionen werden damit Bestandteil der Serviceschicht, über die Datenzugriffe in diesem Fall über das Netz erfolgen (s. Abb. 4-9).

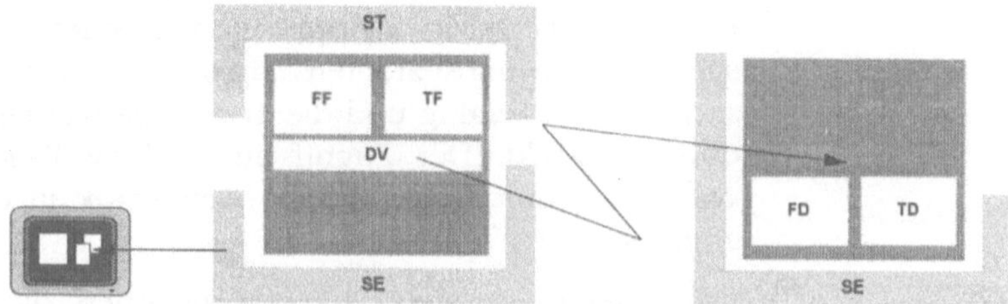

Abb. 4-9: Abbildung der entfernten Datenbank

Auf dem Server-Rechner liegen technische und fachliche Daten der Anwendung. Der Client-Rechner beinhaltet sämtliche Funktionen. Eine Strukturierung der Anwendung in Form eines Schichtenmodells, wie sie in der hier dargestellten technischen Anwendungsarchitektur erfolgt, ist in dieser Client/Server-Architekturform unbedingt empfehlenswert. Die Verteilungsschnittstelle impliziert keine Schichtenbildung, da die Anwendung vollständig auf dem Client-Rechner liegt. Eine monolithische Realisierung der Anwendung ohne Berücksichtigung der technischen Anwendungsarchitektur führt zum Verlust von Portabilität und Interoperabilität. Eine Skalierung der Anwendung z.B. durch Verteilung der Daten auf mehrere Server-Rechner setzt eine Schichtenarchitektur voraus.

Die Aufgabe der unternehmensspezifischen Verfeinerung des Referenzmodells ist es damit, in der Serviceschicht eine einheitliche Schnittstelle für den Zugriff auf alle im Unternehmen verwendeten Datenbanksysteme zu definieren. Der hierzu erforderliche Standard umfaßt die Ebenen der

- Anwendungsprogrammierschnittstelle des Datenbankmanagementsystems (z.B. API und SQL-Funktionsumfang),

- Kommunikation mit dem Datenbanksystem (z.B. Nachrichtenformate) und

- globalen Transaktionsicherung (z.B. Kommunikation zwischen DBMS und globalem Transaktionsmonitor).

Hinweis und Beispiele zur Standardisierung der Datenbankschnittstelle finden sich im Kapitel „Technik der Client/Server-Architektur".

4.5.7 Verteilte Datenbank

Der Einsatz einer verteilten Datenbank im Rahmen der Realisierung von Client/Server-Applikationen bedeutet, daß die Serviceschicht einen transparenten Zugriff auf Daten gestattet. Die Tatsache der Verteilung und die Topologie werden vor der Anwendung versteckt. Der Zugriff auf entfernt liegende Daten wird vollständig durch die verteilte Datenbank in der Serviceschicht abgewickelt (s. Abb. 4-10).

Die verteilte Datenbank bietet Funktionen, die zur Konstruktion von Client/Server-Applikationen unterstützend herangezogen werden. Die verteilte Datenbank unterstützt die Verwendung und Administration verteilter Datenbestände im Netz und reduziert dementsprechend den Aufwand der individuellen Anwendungsentwicklung. Die im Rahmen der Ausführungen zur entfernten Datenbank dargestellten Anforderungen an die Strukturierung der Anwendungssysteme in Form eines Schichtenmodells gelten auch hier.

Da die Applikation bei alleiniger Anwendung der verteilten Datenbank nicht verteilt wird, ist eine Skalierung nur durch Ausbau der Hardware möglich. Die Aufteilung der Anwendung nach dem Modell der kooperativen Verarbeitung bietet flexiblere Möglichkeiten zur Skalierung. Die verteilte Datenbank kommt hier als unterstützende Technologie zum Einsatz.

Im Kapitel zur „Technik der Client/Server-Architektur" werden Hinweise und Beispiele zur Bereitstellung von Funktionen einer verteilten Datenbank in der Serviceschicht gegeben.

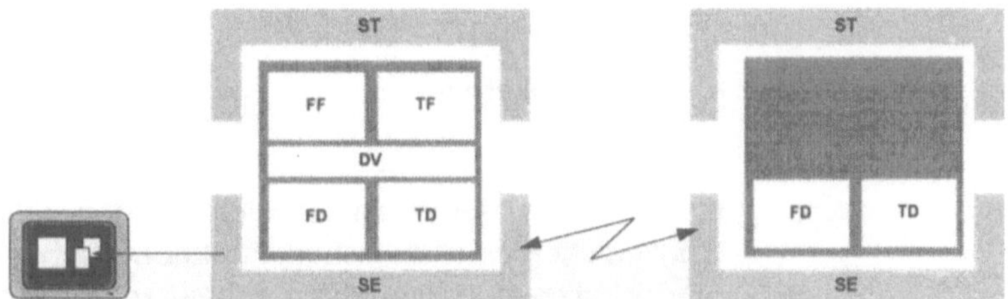

Abb. 4-10: Abbildung der verteilten Datenbank

4.6 Implementierung des Designs in der technischen Anwendungsarchitektur

4.6.1 Abbildung der Objekttypen in der technischen Anwendungsarchitektur

Die technische Anwendungsarchitektur wird einerseits durch Maßnahmen im Bereich der Infrastruktur wie z.B. Evaluation und Beschaffung von Client/Server-Datenbanksystemen gefüllt. Andererseits wird sie besiedelt, indem die in der fachlichen Analyse und im DV-technischen Design spezifizierten Objekttypen mit ihrer Datenstruktur und ihren Operationen auf die Architektur abgebildet werden (s. Abb. 4-11).

Im Design wurden fachliche, technische und Datenverwaltungsoperationen spezifiziert. Die fachliche und technische Datenstruktur wurde definiert. Nun wird die technische Anwendungsarchitektur mit ihren im Rahmen von Infrastrukturprojekten definierten Schnittstellen z.B. zur Inter-Programm-Kommunikation herangezogen, um die Objekttypen zu realisieren. Die technische Anwendungsarchitektur standardisiert für alle Zielsysteme

- die zu verwendende Programmiersprache,

- die Programmierkonventionen,

- die Konventionen zur Realisierung der Datenverwaltung,

- die zur Verfügung stehenden Servicefunktionen (z.B. Datenhaltung, Inter-Programm-Kommunikation, Transaktionssicherung, Testunterstützung) und

- die Form der Steuerung von Applikationen (z.B. mit Hilfe eines Workflow-Management- Systems).

Wenn nun also z.B. die technischen Operationen des Objekttyps „Karte"

- Karte lesen,

- Karte ausgeben,

- etc.

in Form von Methoden realisiert werden sollen, so sind sie in der Schicht der technischen Funktionen abzubilden. Sie dürfen die in Tab. 4-1 dargestellten Schichten verwenden, also z.B. die Funktion „Kartenleser initialisieren" der Serviceschicht. Darüber hinaus werden die für die Programmierung erforderlichen Standards (Programmierkonventionen) vorgegeben.

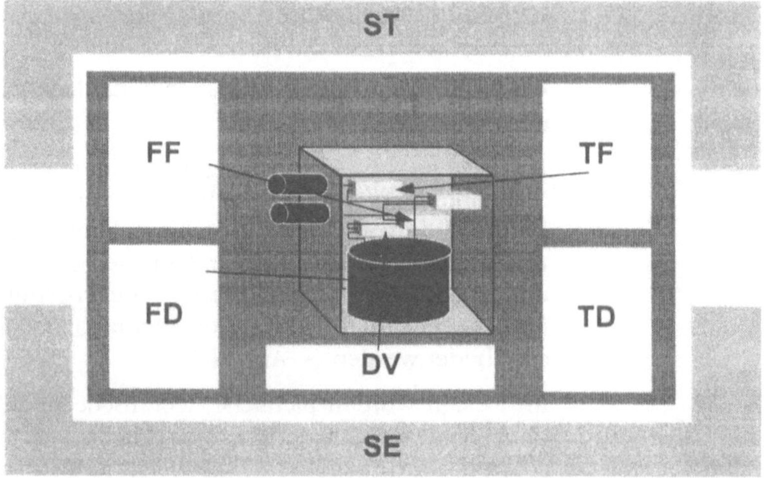

Abb. 4-11: Abbildung der Objekttypen in der technischen Architektur

4.6.2 Anwendungsbeispiel

Die Nutzung der technischen Anwendungsarchitektur soll im folgenden an Hand des Selbstbedienungsszenarios einer Bank dargestellt werden. Das im vorhergehenden Kapitel entwickelte fachliche Modell und technische Design der Selbstbedienungsanwendung wird in der technischen Anwendungsarchitektur abgebildet. Exemplarisch wird der Geschäftsvorfall „Kontostandsabfrage" mit der Verteilung der beteiligten Methoden auf die Schichten der technischen Anwendungsarchitektur und die beteiligten Client- und Server-Rechner dargestellt (s. Abb. 4-12).

Nach dem Start des Systems wird zunächst von der Steuerungsschicht die Methode „Karte lesen" des Objekttyps „Karte" aufgerufen. Diese Methode initialisiert mittels einer Servicemethode den Kartenleser und wartet auf eine Karte. Nach Einlesen der Kartendaten wird mittels der in der Datenverwaltungsschicht angesiedelten Methode „Kartenformat prüfen" des Objekttyps „Karte" gegen die gültigen Kartenformate geprüft. Anschließend wird die Karte durch die fachliche Methode „Karte klassifizieren" des Objekttyps „Karte" in eine der Kartenklassen (EC-eigen, EC-fremd, Kundenkarte) eingeordnet. Hierzu wird mittels der Serviceschicht die Methode „Bankleitzahl prüfen" des Objekttyps „Bank" in der Datenverwaltungsschicht des Filialservers aufgerufen. Für eigene EC- oder Kundenkarten wird dann die PIN mit Hilfe der Methode „PIN einlesen" aus der Schicht der technischen Funktionen des Objekttyps „Karte" eingelesen und mittels „PIN prüfen" aus der Datenverwaltungsschicht geprüft. Mit den Kommunikationsfunktionen in der Serviceschicht (z.B. CPI-C Kommunikation) wird anschließend die Methode „Kontostandsabfrage autorisieren" des Objekttyps „Konto" in der Schicht der fachlichen Funktionen aufgerufen. Diese Methode benutzt die Methode „autorisieren" des Objekttyps „Karte" und die Methode „Kontostand lesen" des Objekttyps „Konto" in der Datenverwaltungschicht. Die Ergebnisse der Methode „Kontostandsabfrage autorisieren" werden wieder mittels der Serviceschicht zurückgeliefert. Abschließend wird mit Hilfe der Methoden „Kontostand anzeigen" (Objekttyp „Konto") und „Karte ausgeben" (Objekttyp „Karte") in der Schicht der technischen Funktionen der Vorgang abgeschlossen.

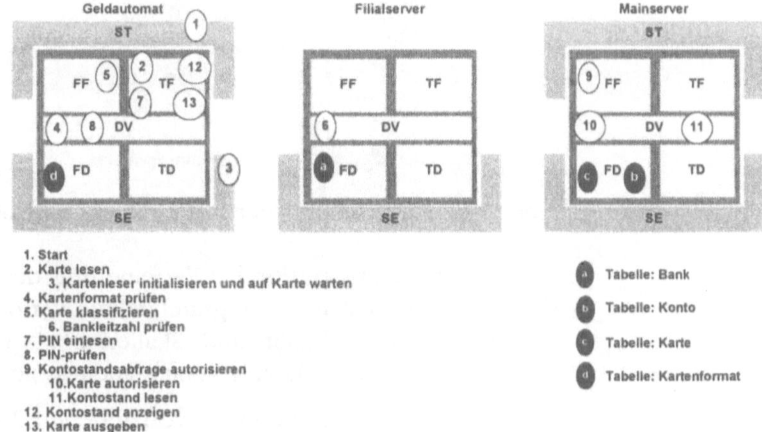

Abb. 4-12: Abbildung der „Kontostandsabfrage" auf die TAA

5 Technik der Client/Server-Architektur

Once you understand how to write a program
get someone else to write it.

(Epigrams on Programming, A.Perlis)

5.1 Client/Server-Infrastruktur und technische Anwendungsarchitektur

Das bisher vorgestellte Vorgehen im Client/Server-Projekt orientiert sich an einem Architekturleitbild. Die Softwarearchitektur aus kooperierenden Diensten, die zur optimalen Ressourcennutzung über heterogene Rechnerklasssen verteilt werden, wird unterstützt durch eine technische Anwendungsarchitektur, deren standardisierte Schnittstellen für Interoperabilität der Dienste sorgen. Die Entwicklungsergebnisse aus der Analyse- und Designphase werden in der technischen Anwendungsarchitektur abgebildet (s. Abb. 5-1).

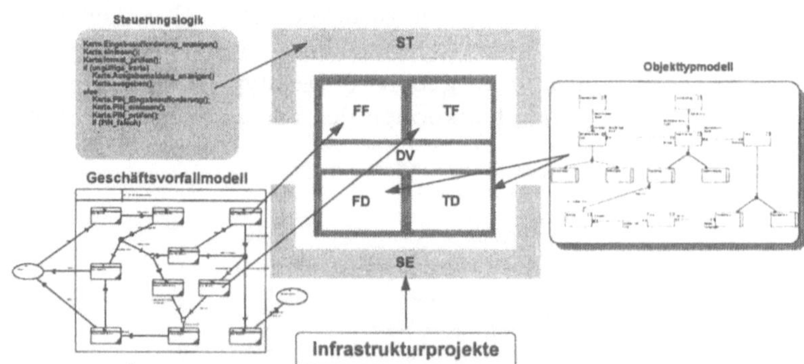

Abb. 5-1: „Besiedelung" der technischen Anwendungsarchitektur

Die unternehmensspezifische Verfeinerung des Referenzmodells der technischen Anwendungsarchitektur verfolgt das Ziel, Portabilität, Interoperabilität und Skalierbarkeit der Client/Server-Anwendungen durch Realisierungsstandards zu sichern.

Die bereits im Unternehmen vorhandenen Komponenten der Ziel- und Entwicklungsumgebung und die verfügbaren Werkzeuge und Standards bestimmen die Ausgestaltung der Service-schicht und liefern die Entscheidungsgrundlage für die Werkzeuge der Steuerungsschicht. Die technische Ebene der Migration zu Client/Server-Architekturen ordnet sich demnach in das Architekturmodell ein. Auf diese Weise werden projektübergreifend die Standards gesetzt, die das Zusammenspiel der Komponenten in der Entwicklungs- und Zielumgebung gewährleisten. Insbesondere für die Anwendungsentwicklung aber auch für Beschaffungsentscheidungen im Bereich der Standardsoftware müssen auf der technischen Ebene unter anderem folgende Fragen beantwortet werden:

- Wie sieht die Schnittstelle zwischen Anwendungsprogramm und Präsentationswerkzeug auf den diversen Zielplattformen aus ?

- Wie wird ein sicherer Systembetrieb mit plattformübergreifender Autorisierung und Authentifikation von Benutzern gewährleistet ?

- Wie sieht das für die Anwendungsentwicklung verbindliche „Application Programming Interface" zur Inter-Programm-Kommunikation aus ?

- Welcher SQL-Standard wird plattformübergreifend eingesetzt ?

- Welche Schnittstelle wird zur Kommunikation mit dem Datenbankmanagementsystem eingesetzt ?

- Mit welchen Hilfsmitteln kann der Anwendungsentwickler rechnerübergreifend Transaktionssicherheit realisieren ?

- Welche Administrationsunterstützung gibt es für das Veränderungsmanagement, die Datenbank- oder die Netzwerkadministration ?

- Wie erfolgen Fehlerprotokollierung und Fehlerbehandlung ?

- Welche Testunterstützung gibt es ?

Verfeinerung des Referenzmodells der technischen Anwendungsarchitektur

Die Beantwortung dieser Fragen erfolgt durch die Verfeinerung des Referenzmodells der technischen Anwendungsarchitektur innerhalb des Unternehmens unter Berücksichtigung der bereits vorhandenen Komponenten der Ziel- und Entwicklungsumgebung und des Anwendungsportfolios. Damit wird die Infrastruktur zur Realisierung von Client/Server-Projekten dem Referenzmodell der technischen Anwendungsarchitektur folgend aufgebaut und der Anwendungsentwicklung in Form von Systemdiensten zur Verfügung gestellt. Die im Ergebnis entstehende, unternehmensspezifische technische Anwendungsarchitektur ist deshalb als Bindeglied zwischen Design und Realisierung zu verstehen.

Einheitliche Schnitt-stellen zu den Sys-temdiensten

Die wesentliche Aufgabe der Standardisierungsinstitutionen innerhalb des Unternehmens besteht darin, die Serviceschicht für die Anwendungsentwicklungsprojekte zu standardisieren und damit einheitliche Schnittstellen zu den Systemdiensten auf allen Realisierungsplattformen bereitzustellen (s. Abb. 5-2).

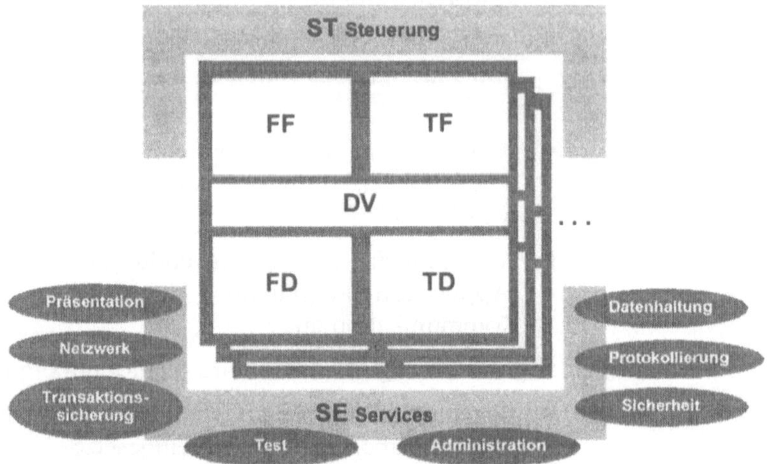

Abb. 5-2: Realisierung der Serviceschicht

Die Ziel der Ausgestaltung der Serviceschicht ist Einheitlichkeit auf allen eingesetzten Rechnerplattformen, da auf diese Weise Interoperabilität und Portabilität sowohl für Standardsoftware-komponenten wie auch für eigenentwickelte Applikationen gewährleistet wird. Diese Einheitlichkeit auf allen Plattformen wird alternativ erreicht durch

- Übernahme eines Standards für die Programmierschnittstelle,

- Standardisierung des Produktes oder

- Kapselung der Zugriffsfunktionen und Entwicklung einer abstrakten Programmmierschnittstelle mit Adapterprogrammen.

Standardisierung der Programmierschnitt-stelle

Nur für wenige Komponenten der Serviceschicht gibt es bereits Hersteller- und Produkt-übergreifende Standardisierungen der Programmierschnittstelle. So existiert zum Beispiel für die Netzwerkschnittstelle zur Inter-Programm-Kommunikation im Bereich der dialogorientierten Kommunikation der „de facto" Standard „Common Programming Interface for Communications (CPI-C)", den unter anderem die X/Open-Group von IBM lizensiert hat (s. Abb. 5-3).

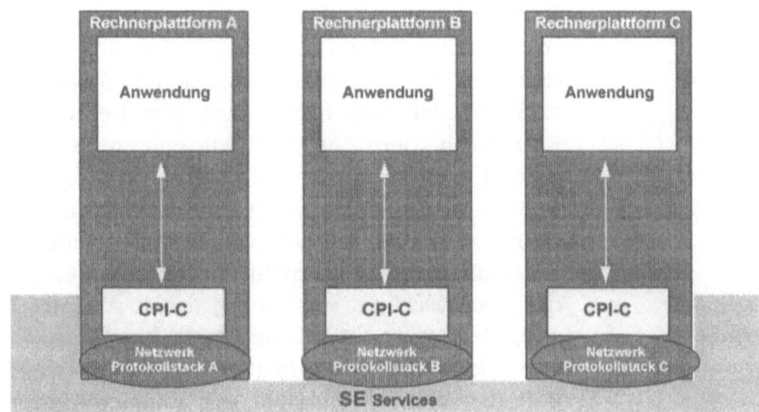

Abb. 5-3: Standardisierung der Programmierschnittstelle

Standardisierung des Produktes

Die Standardisierung des Produktes bietet sich dort an, wo das entsprechende Produkt (zum Beispiel ein Datenbankmanagementsystem) über alle im Unternehmen eingesetzten Zielplattformen hinweg verfügbar ist und die damit entstehende Abhängigkeit zum Hersteller als vertretbar angesehen wird. Mit Hilfe eines skalierbaren Produkts werden in diesem Szenario plattformübergreifend einheitliche Programmierschnittstellen realisiert (s. Abb. 5-4).

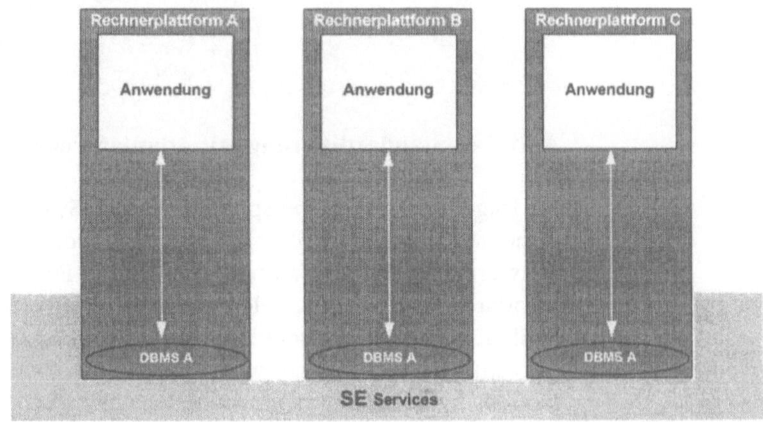

Abb. 5-4: Standardisierung des Produkts

Die letzte Variante zur Bereitstellung einheitlicher Programmierschnittstellen besteht in der Kapselung der Zugriffsfunktionen und der Entwicklung eines abstrakten „Application Programming Interface". Diese Variante bleibt dann übrig, wenn Standardschnittstellen oder Produkte plattformübergreifend nicht vorhanden sind oder eine in vorhandenen Anwendungen bereits existierende Heterogenität sukzessive bereinigt werden soll. Die Kapselung der Zugriffsfunktionen muß im Anwendungsprogramm erfolgen, indem mit Hilfe von Adapterprogrammen heterogene Programmierschnittstellen zusammengefaßt werden. Wenn zum Beispiel ein plattformübergreifend arbeitendes Testunterstützungssystem nicht existiert, so werden die Schnittstellen der spezifischen Testsysteme durch Adapter auf eine einheitliche, abstrakte Schnittstelle abgebildet, so daß die Anwendungsentwicklung auf allen Plattformen die gleichen Funktionen nutzt und damit die Portabilität der Entwicklungsergebnisse gewährleistet ist (s. Abb. 5-5).

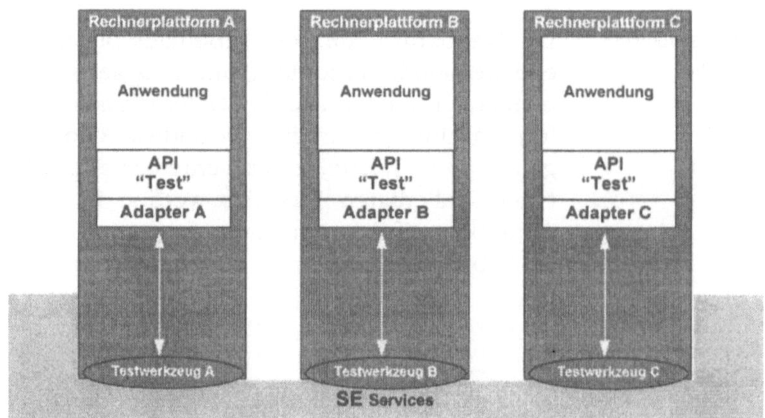

Abb. 5-5: Standardisierung mit Adapterprogrammen

Im folgenden sollen beispielhaft einige Systemdienste als Komponenten der Serviceschicht dargestellt werden. Hierbei wird der Schwerpunkt auf die aktuell verfügbare Funktionalität und den Standardisierungsgrad gelegt. Damit soll eine Grundlage für Evaluationen und Entscheidungen zum Aufbau der Client/Server-Infrastruktur geschaffen werden, die Interoperabilität und Portabilität als eine zentrale Säule der Client/Server-Architektur berücksichtigt.

5.2 Standards für Datenzugriffe

5.2.1 Prinzip der Client/Server-Datenbank

Beim Zugriff auf eine entfernte Datenbank sind mehrere Schnittstellen zu berücksichtigen. Zunächst ist die Syntax und Semantik der Abfragesprache, in der Regel „Structured Query Language (SQL)", zu klären. Dann stellt sich die Frage nach der Form der Aufrufschnittstelle der Datenbank, die als „Call Level Interface (CLI)" realisiert sein kann oder einen Pre-Compiler für die Verwendung von „embedded SQL" voraussetzt. In der dritten Ebene ist die Art der Kommunikation mit dem Datenbankmanagementsystem zu berücksichtigen, also das verwendete Protokoll (s. Abb. 5-6).

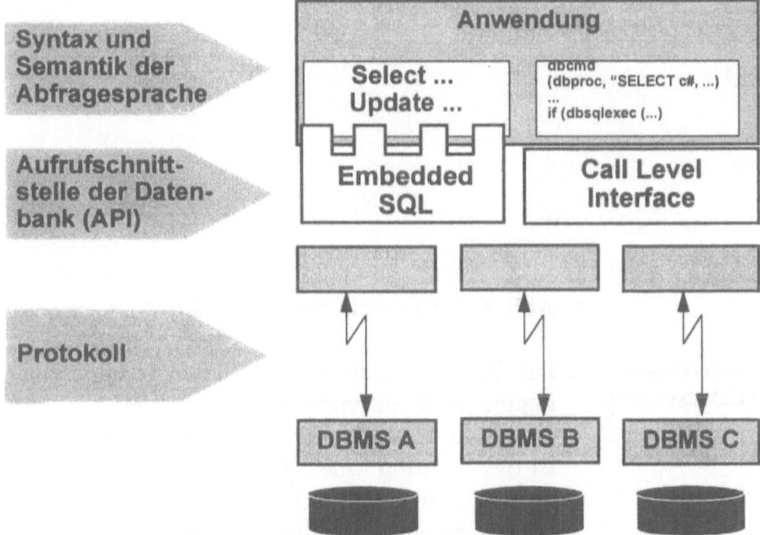

Abb. 5-6: Schnittstellen einer Client/Server-Datenbank

SQL Syntax und Semantik

Die gegenwärtigen SQL-Standards lassen den Herstellern nach wie vor viel Spielraum zur Ausgestaltung spezifischer Schnittstellen. SQL-92 definiert drei Entwicklungsstufen. Das „Entry-Level" ist identisch zum vorhergehenden Standard SQL-89 und wird von nahezu allen Datenbankmanagementsystemen unterstützt. Die Realisierung von „Intermediate Level" und „Full Level" des SQL-92-Standards ist bisher nicht abgeschlossen. Der Unterstützungsgrad ist von DBMS zu DBMS unterschiedlich.

Eine Kompatibilität zwischen den unterschiedlichen SQL-Dialekten heterogener Datenbankmanagementsysteme ist damit nur auf der Ebene des SQL-92 „Entry Level" Standards gegeben, der dem Standard SQL-89 entspricht. Spezielle Leistungsmerkmale unterschiedlicher Datenbankmanagementsysteme sind bei Verwendung dieses Standards nicht nutzbar. Selbst wenn diese speziellen Leistungsmerkmale im Rahmen der Entwicklung von SQL vorgesehen sind, hat ihre Verwendung zunächst Inkompatibilität mit anderen DBMS-Schnittstellen zur Folge (s. Abb. 5-7) .

SQL-89	SQL-92	SQL3 (1995)
SQL-Schnittmenge	Connections	Object SQL
Embedded SQL	BLOBs	Stored procedures
Referentielle Integrität	Join Operators	Triggers
	Kataloge	User-defined Types
	Dynamisches SQL	Call Level Interface
	Domain Integrity	Sensitive Cursors
		Multimedia

Abb. 5-7: Entwicklung von SQL

Aufrufschnittstelle des Datenbankmanagementsystems

Die Aufrufschnittstelle des Datenbankmanagementsystems wird gegenwärtig entweder mit Hilfe eines „Call Level Interfaces" oder eines Pre-Compilers und „Embedded SQL" realisiert. In der Regel ist die Nutzung eines „Call Level Interfaces" mit der Verwendung von dynamischem SQL verbunden. „Embedded SQL" wird üblicherweise als statisches SQL ausgeführt. Die Verwendung von „Stored Procedures" gestattet es, in Kombination mit einem „Call Level Interface" die Effizienzvorteile des statischen SQL zu nutzen. Es erfordert sehr hohen Aufwand bei der Programmvorbereitung (zum Beispiel die Erzeugung einer „SQL Data Area"), um die Flexibilitätsvorteile des dynamischen SQL in Kombination mit der Aufrufschnittstelle des „Embedded SQL" zu nutzen (s. Abb. 5-8) (*HAC93*).

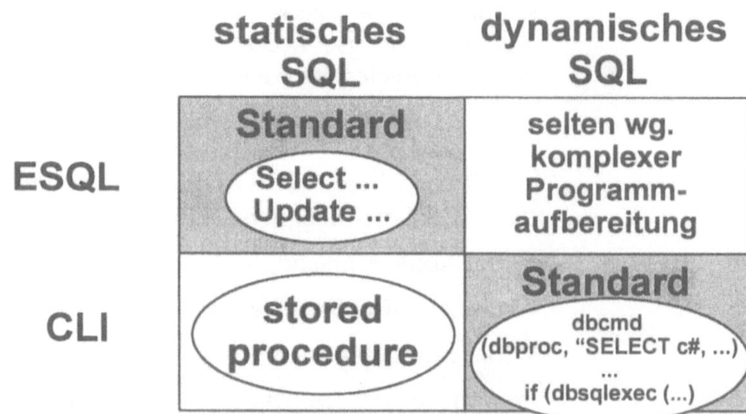

Abb. 5-8: Varianten des SQL-API

Statisches und dynamisches SQL unterscheiden sich durch den Zeitpunkt des Bindens (s. Abb. 5-9). Damit hat statisches SQL im Normalfall den Vorteil höherer Effizienz, da die Optimierung bereits vor der Ausführungszeit stattgefunden hat. Dynamisches SQL hat den Vorteil höherer Flexibilität, da die gewünschte Semantik erst zum Aufrufzeitpunkt festgelegt werden muß.

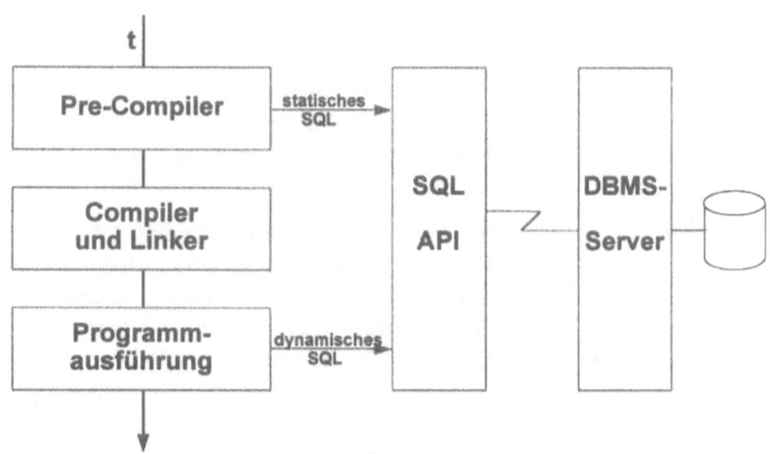

Abb. 5-9: Statisches und dynamisches SQL (nach *HAC93*)

Die Kommunikation mit dem Datenbankmanagementsystem erfolgt zur Zeit überwiegend mit Hilfe proprietärer Protokolle. Die Ergebnisse der Standardisierungsaktivitäten der „International

Standards Organization (ISO)" sind im Standard „IS 9579" zum „Remote Database Access (RDA)" in der ersten Version Ende 1993 niedergelegt worden (zur Vertiefung s. *LAM94*). Die größte Verbreitung in der Praxis hat allerdings zur Zeit die „Distributed Relational Database Architecture" der IBM (zur Vertiefung s. *ORF94*).

Die bisher beschriebenen Schnittstellen

- der Abfragesprache,

- der Aufrufschnittstelle und

- der Kommunikation

SQL-API · werden in der prinzipiellen Architektur eines Client/Server-Datenbankmanagementsystems durch Systemkomponenten repräsentiert. Bei Verwendung von „Embedded SQL" werden Syntax und Semantik der Abfragesprache durch den Pre-Compiler geprüft und umgesetzt, so daß zur Laufzeit der Anwendung das SQL-API direkt genutzt wird. Ein „Call Level Interface" wird ebenfalls durch ein SQL-API repräsentiert, das in diesem Fall für Prüfung und Umsetzung von Syntax und Semantik der Abfragesprache verantwortlich ist. Damit wird auch die Aufrufschnittstelle durch das SQL-API des Client/Server-Datenbankmanagementsystems definiert. Das SQL-API wird zum Beispiel in Form einer „Dynamic Link Library" zur Verfügung gestellt.

DBMS-Treiber · Die Kommunikationsschnittstelle wird durch DBMS-Treiber realisiert, die für die Formatierung der SQL-Statements und die Aufbereitung des DBMS-Protokolls verantwortlich sind. Mit dem DBMS-Protokoll werden Formate und Konventionen des Nachrichtenaustauschs definiert (s. Abb. 5-10).

Protokollstack · Darüber hinaus gehört zur Systemarchitektur eines Client/Server-DBMS ein Protokollstack, der den Transport des DBMS-Protokolls über ein auswählbares Netzwerk-Protokoll gestattet. Gateways erlauben den Zugang zu fremden Datenbankmanagementsystemen. In der Regel wird dabei an der Schnittstelle ein gleichartiges Datenbankmanagementsystem simuliert, so daß über das Gateway nicht die gesamte Funktionalität des fremden Datenbankmanagementsystems zur Verfügung steht. Üblicherweise unterstützen solche Gateways nur dynamisches SQL.

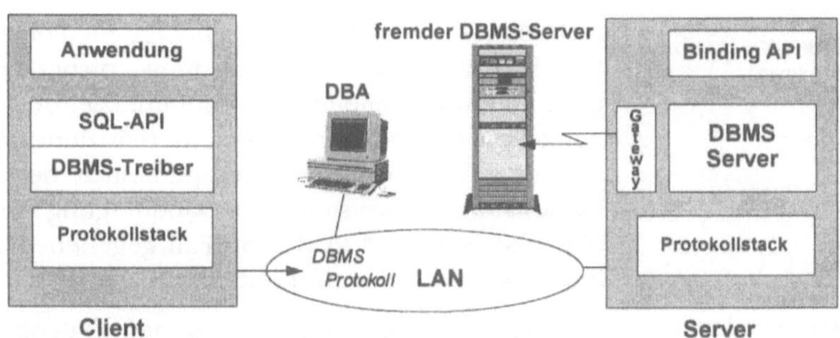

Abb. 5-10: Prinzip der Client/Server-Datenbank

5.2.2 Probleme heterogener Datenbankserver

Wenn innerhalb einer Client/Server-Anwendung mehrere heterogene Datenbankmanagementsysteme verwendet werden, wie es zum Beispiel im Rahmen von Mehr-Ebenen-Architekturen mit unternehmensweiter Reichweite häufig vorkommt, dann ergeben sich mit der dargestellten Systemarchitektur von Client/Server-DBMS mehrere Probleme (s. Abb. 5-11). Heterogene SQL-APIs müssen innerhalb einer Anwendung verwendet werden und zum Beispiel in Form von „Dynamic Link Libraries" hinzugebunden werden. In der Regel besteht die Notwendigkeit, zusätzlich mehrere DBMS-Treiber und Protokollstacks auf den Client-Rechnern zu installieren, um den Zugriff auf heterogene Datenbankmanagementsysteme zu unterstützen. Gateways können diese Probleme mildern, wenn die bereits erwähnten Nachteile (Dynamisches SQL, eingeschränkte Funktionalität) für das zur Disposition stehende Anwendungssystem akzeptabel sind. Heterogene Datenbankmanagementsysteme machen darüber hinaus eine mehrfache Administration erforderlich (zur Vertiefung s. *HAC93*).

Heterogene SQL-APIs	Heterogene SQL-APIs machen sich im Anwendungssystem durch unterschiedliche SQL-Syntax und -Semantik sowie durch verschiedene Aufrufschnittstellen bemerkbar. Eine Standardisierung ist in diesem Fall nur mittels Adapterprogrammen realisierbar.
Heterogene DBMS-Treiber	Heterogene DBMS-Treiber resultieren im ungünstigsten Fall in hohem Speicherplatzbedarf auf den Client-Rechnern, aufwendiger Administration für die Installation und Verteilung der Treiber-Software auf den Client-Rechnern.

Heterogene DBMS-Protokolle

Heterogene DBMS-Protokolle haben zur Folge, daß die beteiligten Datenbankmanagementsysteme nicht direkt sondern nur über Gateways miteinander kommunizieren können. Die Benutzung von Gateways resultiert in reduzierter Funktionalität und Effizienz. Es gibt keine Interoperabilität der beteiligten Datenbankmanagementsysteme. Zur Übertragung der DBMS-Protokolle über das Netz sind in diesem Fall gegebenenfalls mehrere parallele Protokollstacks erforderlich.

Heterogene Administration

Zur Administration der heterogenen Datenbankmanagementsysteme sind entsprechende Kenntnisse im Unternehmen erforderlich. Der Aufbau und die Pflege des erforderlichen Know-hows werden gegenüber einer homogenen DBMS-Landschaft aufwendiger. Auch der Administrationsaufwand selbst erhöht sich, wenn kein einheitliches Administrationswerkzeug für die heterogenen Datenbankmanagementsysteme zur Verfügung steht.

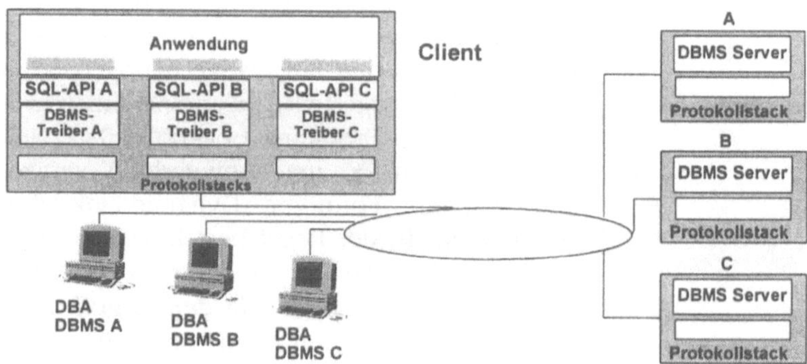

Abb. 5-11: Probleme heterogener Datenbankserver

5.2.3 Standardisierung von SQL und Aufrufschnittstelle

Lösungsansätze zur Überwindung der geschilderten Probleme gewinnen um so höhere Bedeutung, je stärker in der Praxis Client/Server-Anwendungen mit unternehmensweiter Reichweite und hohem Integrationsbedarf Verbreitung finden. Diese Mehr-Ebenen-Architektur ist gekennzeichnet durch die Integration heterogener Datenbankmanagementsysteme innerhalb einer Anwendung, da auf der Seite der fachlichen Anforderungen gerade bei diesen Anwendungen ein hohes Maß an „Business Integration" gefragt ist.

Ein Lösungsansatz, der sich zur Zeit sehr intensiv entwickelt, ist die Standardisierung der Abfragesprache (SQL) und Aufrufschnittstelle. Auf diesem Weg wird das SQL-API der involvierten Datenbankmanagementsysteme homogenisiert (s. Abb. 5-12). Syntax und Semantik des verwendeten SQL und die Art der Aufrufschnittstelle (zum Beispiel CLI) werden durch ein Schnittstellensystem (zum Beispiel eine „Dynamic Link Library") standardisiert. Bekannte Lösungsansätze sind „Open Database Connectivity (ODBC)" von Microsoft und das „Integrated Database Application Programming Interface (IDAPI)" von Borland, IBM, Novell und WordPerfect.

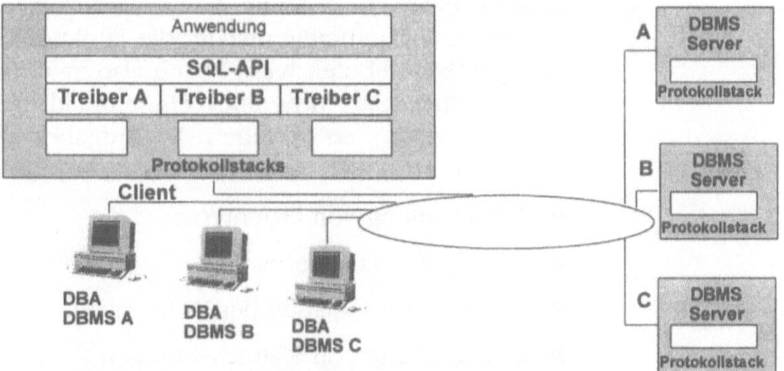

Abb. 5-12: Standardisierung der Abfragesprache (SQL) und Aufrufschnittstelle

Trotz Standardisierung der Abfragesprache und der Aufrufschnittstelle sind weiterhin auf der Seite des Client-Rechners mehrere DBMS-Treiber und gegebenenfalls mehrere Protokollstacks erforderlich. Auch die Administration der heterogenen Datenbankmanagementsysteme wird nicht erleichtert. Die nach wie vor bestehenden Probleme resultieren aus der Heterogenität der DBMS-Protokolle. Eine Homogenisierung kann in diesem Bereich mit Hilfe von Gateways und durch ein einheitliches DBMS-Protokoll erreicht werden.

5.2.4 Homogenes DBMS-Protokoll mit Gateway

Gegenwärtig gibt es nur wenige Datenbankmanagementsysteme, die direkt ein einheitliches DBMS-Protokoll wie ISO-RDA oder IBM-DRDA unterstützen. In der Regel wird ein Gateway dazwischengeschaltet, das die Umsetzung des von allen Client-

Rechnern verwendeten einheitlichen DBMS-Protokolls auf das spezifische Protokoll des jeweiligen Datenbankmanagementsystems vornimmt (s. Abb. 5-13).

Gateway

Das Gateway ist die Basis für eine Homogenisierung auf der Seite des Client-Rechners. Nach wie vor sind aber die DBMS-Protokolle der beteiligten Datenbankmanagementsysteme unterschiedlich, so daß eine direkte Kommunikation nicht möglich ist. Das Gateway kann auf einem separaten Server-Rechner oder aber gemeinsam mit dem Datenbankmanagementsystem auf einem Server installiert werden. Je heterogener die integrierten Datenbankmanagementsysteme sind, um so aufwendiger ist die vom Gateway zu leistende Arbeit. Der Nutzen des Gateways ist um so größer, je umfangreicher die Funktionalität ist, die DBMS-übergreifend geboten wird. Sollen also zwei verschiedene DBMS mittels eines Gateways über ein einheitliches DBMS-Protokoll benutzt werden, so bestehen die Aufgaben des Gateways zum Beispiel in:

- Umwandlung von Datentypen,

- SQL-Syntax Transformation,

- Behandlung semantischer Differenzen,

- Umwandlung von Statusmeldungen,

- Abbildung von Berechtigungen,

- Berücksichtigung der Transaktionsgrenzen,

- Zugriff auf die Systemkataloge,

- Aufruf von „Stored Procedures",

- Lastbalancierung und

- Datenkompression.

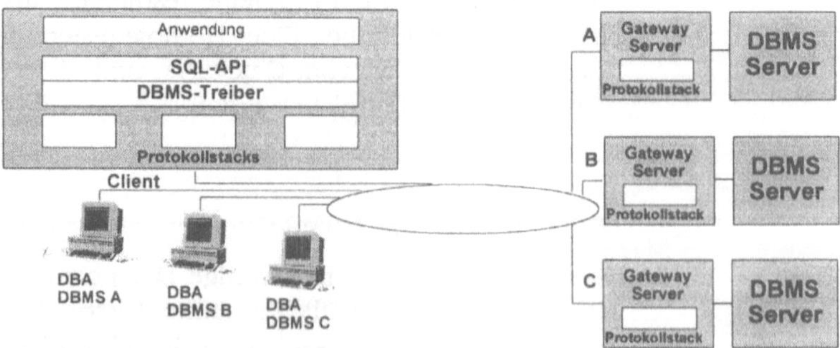

Abb. 5-13: Homogenes DBMS-Protokoll mit Gateway

Derzeit verfügbare Produkte mit dem Gateway-Ansatz sind beispielsweise das „MDI Gateway" von Micro Decisionware, „Sybase Open Server" oder „Distributed Database Connection Services (DDCS)" von IBM.

Der Gateway-Lösungsansatz für das Problem heterogener Datenbankmanagementsysteme im Rahmen von Client/Server-Anwendungen mit einer Mehr-Ebenen-Architektur erfordert nach wie vor mehrere Datenbankadministrationen. Darüber hinaus wird die Effizienz des Gesamtsystems durch die erforderlichen Umsetzungen innerhalb des Gateways negativ beeinflußt. Eine Homogenisierung auch auf der Server-Seite wird mittels Einführung eines einheitlichen DBMS-Protokolls erreicht, das von allen beteiligten Datenbankmanagementsystemen direkt verstandenen wird.

5.2.5 Homogenes DBMS-Protokoll

Das homogene DBMS-Protokoll in Kombination mit einem einheitlichen SQL-API erlaubt es, heterogene Datenbankmanagementsysteme aus dem Anwendungssystem heraus in gleicher Form zu benutzen. Umsetzungen über ein Gateway sind nicht erforderlich. Die Datenbankadministration ist ebenfalls für alle beteiligten Datenbankmanagementsysteme identisch (s. Abb. 5-14). Homogene DBMS-Protokolle sind die bereits erwähnten IBM-DRDA und ISO-RDA.

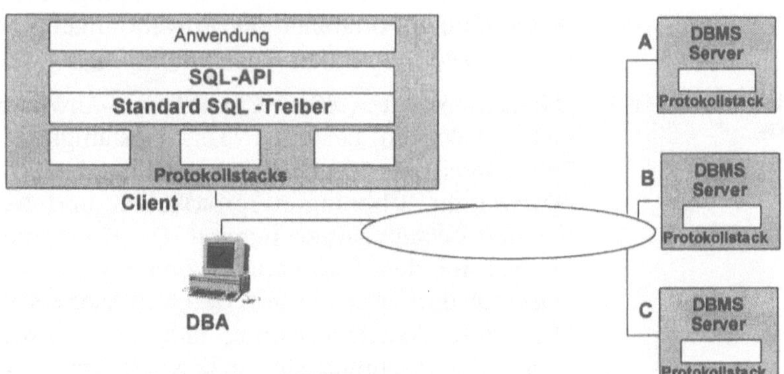

Abb. 5-14: Homogenes DBMS-Protokoll

5.3 Standards für Inter-Programm-Kommunikation

5.3.1 Anforderungen an die Inter-Programm-Kommunikation

Die Realisierung von Client/Server-Anwendungen stellt den Anwendungsentwickler grundsätzlich vor die Aufgabe, den Zugriff auf eine Kommunikationsschnittstelle zu implementieren. Bei der Auswahl einer Kommunikationsschnittstelle spielen neben den Kostenanalysen folgende Fragen eine wesentliche Rolle:

- Ist der Abstraktionsgrad der Schnittstelle hoch genug, um das Anwendungssystem frei von Spezifika des darunterliegenden Netzwerks zu halten und damit Portabilität und Unabhängigkeit sicherzustellen ?

- Ist die Effizienz der Schnittstelle ausreichend ?

- Können Schulungs-, Wartungs- und Testaufwände mittels geringer Komplexität der Schnittstelle in Grenzen gehalten werden ?

- Ist die Funktionalität der Schnittstelle hinreichend ?

- Ist die Schnittstelle auf allen notwendigen Systemplattformen verfügbar und kompatibel ?

Abstraktionsgrad der Schnittstelle	Ein ausreichend hoher Abstraktionsgrad der Schnittstelle zur Inter-Programm-Kommunikation gewährleistet Unabhängigkeit der Anwendungen vom darunterliegenden Netzwerk. Ziel ist es, eine Verteilungstransparenz zu erreichen, die das Netzwerk auf der Anwendungsebene scheinbar unsichtbar werden läßt. Auf diese Weise wird nicht nur die Anwendungsentwicklung entlastet, sondern auch Portabilität der Anwendungen und Unabhängigkeit vom Netzwerk und der Netzwerktopologie erreicht.
Effizienz der Schnittstelle	Die Antwortzeiten einer Client/Server-Anwendung werden von vielen Faktoren bestimmt. Leistungsfähigkeit von Client- und Server-Rechnern, Datenbankmanagement- und Laufzeitsystemen, Netzwerken, Übertragungsprotokollen und Netzwerkschnittstellen sind beispielhaft zu nennen. Die Kommunikationsschnittstelle setzt auf den darunterliegenden Schichten der Netzwerksoftware auf und ist damit von deren Effizienz abhängig (s. Abb. 5-15). Diese Schichtenbildung hilft, den notwendigen Abstraktionsgrad der Schnittstelle zu gewährleisten. Gleichzeitig hat die Qualität der Schichtenbildung nachhaltigen Einfluß auf die Effizienz der Kommunikationsschnittstelle.

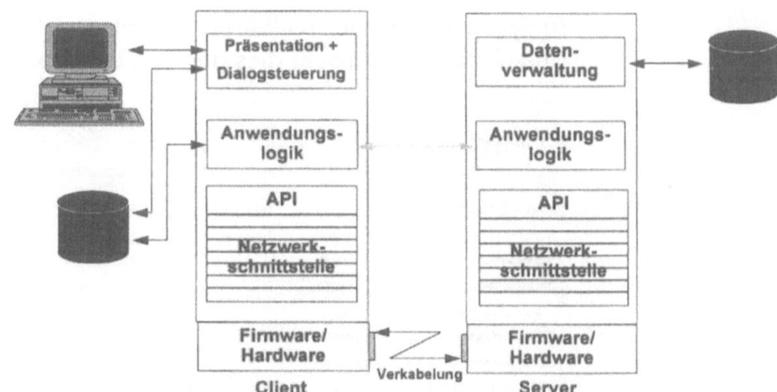

Abb. 5-15: Prinzip der Inter-Programm-Kommunikation

Komplexität der
Schnittstelle

Die Kommunikationsschnittstelle ist bei der Realisierung von Client/Server-Anwendungen ein zentrales Thema. Von ihrer Komplexität ist es abhängig, ob Spezialisten im Projektteam erforderlich sind oder Spezialkenntnisse erworben werden müssen. Der Test- und Wartungsaufwand für Client/Server-Anwendungen ist in ganz entscheidendem Maße von der Komplexität der Netzwerkschnittstelle abhängig.

Funktionalität der
Schnittstelle

Die gegenwärtig in der Praxis verfügbaren Netzwerkschnittstellen zeichnen sich häufig durch eine Fülle von verfügbaren Funktionen aus, die gleichzeitig die Komplexität erhöhen. Innerhalb des Unternehmens muß die Frage geklärt werden, welche Funktionalität für die zu erstellenden Client/Server-Anwendungen ausreichend ist. Zum Beispiel gilt es zu überprüfen, welche der anschließend dargestellten Interaktionsmuster einer Inter-Programm-Kommunikation benötigt werden, um dann die geeignete Kommunikationsschnittstelle einzusetzen.

Kompatibilität der
Schnittstelle

Schulungs-, Wartungs- und Testaufwände bezogen auf die Kommunikationsschnittstelle sind für die gesamte Anwendungsentwicklung abhängig davon, ob die gewählte Schnittstelle plattformübergreifend und kompatibel verfügbar ist. Insellösungen führen in diesem Bereich zu erhöhten Gesamtaufwänden. Die Verwendung mehrerer Kommunikationsschnittstellen innerhalb eines Unternehmens macht wiederum eine Standardisierung über Adapterprogramme erforderlich, um die Portabilität der Entwicklungsergebnisse zu gewährleisten. Die gegenwärtig verfügbaren Kommunikationsschnittstellen sind bereits auf der Ebene des API nicht kompatibel. Ein Vergleich einiger Schnittstellen funktionen von vier willkürlich herausgegriffenen Kommunikationsschnittstellen macht dies deutlich (s. Abb. 5-16).

Novell IPX/SPX	TCP/IP Berkeley Sockets	APPC LU 6.2	CPI-C
IPXCloseSocket	socket()	mc_allocate	CMALLC
IPXRelinquishControl	bind()	mc_deallocate	CMDEAL
IPXCancelEvent	listen()	tp_ended	
IPXOpenSocket	accept()	receive_allocate	
IPXSendPacket	connect()	mc_receive_and_wait	CMRCV
IPXGetInternetworkAddress	read()	tp_started	CMINIT
IPXGetDataAddress	write()	mc_send_data	CMSEND
IPXGetLocalTarget	recv()	mc_receive_immediate	
SPXTerminateConnection	send()	mc_confirmed	CMCFMD
SPXEstablishConnection	recvfrom()	mc_prepare_to_receive	CMPTR
SPXInitialize	sendto()	mc_flush	CMFLUS
SPXSendSequencedPacket	close()	get_allocate	
SPXAbortConnection	shutdown()	receive_allocate	
SPXGetConnectionStatus		tp_valid	

Abb. 5-16 : Kommunikationsschnittstellen im Vergleich

5.3.2 Grundlagen der Inter-Programm-Kommunikation

Die Interaktion zwischen den Kommunikationspartnern kann im Rahmen einer Inter-Programm-Kommunikation nach verschiedenen Mustern ablaufen (s. Abb. 5-17).

	asynchron	synchron
Botschaften-orientiert	No-Wait Send	Rendezvous
Auftrags-orientiert	Remote Service Invocation (RSI)	Remote Procedure Call (RPC)

Abb. 5-17: Interaktionsmuster im Rahmen einer Inter-Programm-Kommunikation (nach *NEH88*)

No-Wait-Send

Die Interaktion nach dem Prinzip des „No-Wait-Send" verläuft asynchron (s. Abb. 5-18). Der Sender der Nachricht wartet nicht auf eine Antwort. Deshalb spricht man davon, daß Sende- und Empfangsoperation asynchron sind. Aus diesem Grund ist ein speicherndes Transportmedium erforderlich, daß die vom Sender übermittelte Nachricht so lange zwischenspeichert, bis der Empfänger sie abholt.

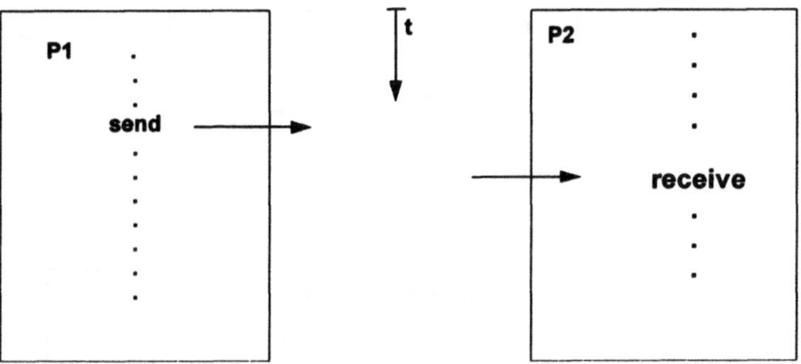

Abb. 5-18: No-Wait-Send

Rendezvous

Die Kommunikation nach dem Muster des Rendezvous macht eine Synchronisation zwischen Sender und Empfänger erforderlich (s. Abb. 5-19). Ein speicherloses Transportmedium ist ausreichend.

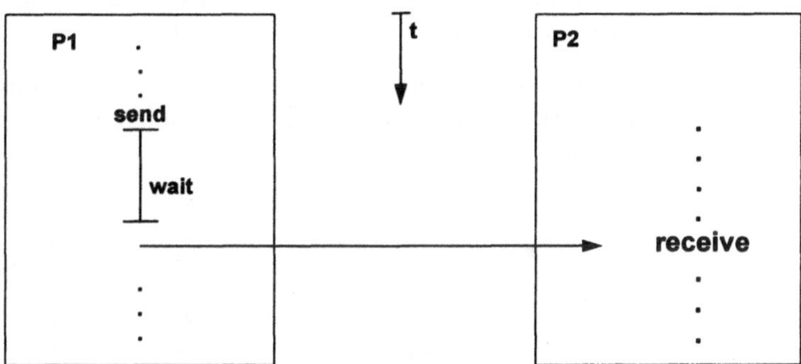

Abb. 5-19: Rendezvous

Remote Service Invocation

Die „Remote Service Invocation" ist eine Form der Kommunikation, die Auftrag und Antwort kennt (s. Abb. 5-20). Sende- und Empfangsoperationen sind aber asynchron, so daß ein speicherndes Transportmedium erforderlich ist.

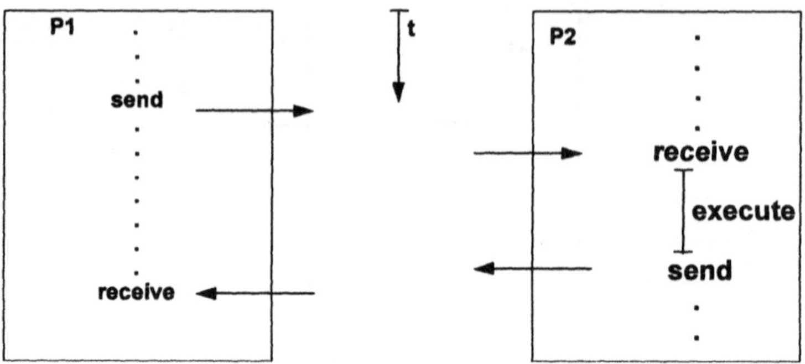

Abb. 5-20: Remote Service Invocation

Remote Procedure
Call

Auch der „Remote Procedure Call" kennt Auftrag und Antwort, die aber hier nach einer Synchronisation zwischen Sender und Empfänger ausgetauscht werden (s. Abb. 5-21). In dieser Form der Kommunikation gibt es also zunächst keine Parallelität zwischen Sender und Empfänger. Eine vergleichsweise geringe Komplexität bei der Anwendung ist die Folge. Ein speicherloses Transportmedium ist ausreichend.

Inzwischen gibt es Erweiterungen des Kommunikationsmodells „Remote Procedure Call", die auch eine asynchrone Kommunikation gestatten.

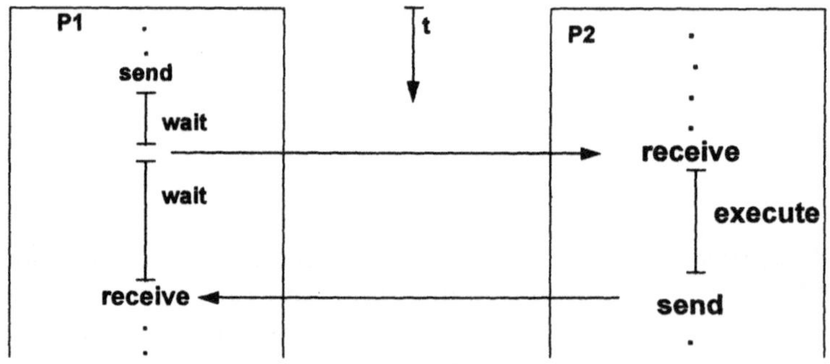

Abb. 5-21: Remote Procedure Call

In der Praxis werden diese Interaktionsmuster durch diverse Produkte abgebildet. Protokolle zur Inter-Programm-Kommunikation mit Hilfe asynchroner Meldungen wie zum Beispiel das „Message Queing Interface" (MQI) von IBM, oder der „Message Express" von Momentum, arbeiten nach dem Prinzip des „No-Wait-Send". Protokolle zur dialogorientierten Inter-Programm-Kommunikation im Rahmen von Sitzungen oder Konversationen wie zum Beispiel „CPI-C", „APPC" oder „NetBIOS" funktionieren nach dem Prinzip der „Remote Service Invocation" oder im Einzelfall im Sinne eines „Rendezvous". Die Protokolle zur Inter-Programm-Kommunikation nach dem Prinzip des „Remote Procedure Call" sind zum Beispiel der DCE-RPC der OSF oder Netwise Transaccess.

5.3.3 Auswahl einer Schnittstelle zur Inter-Programm-Kommunikation

Im Versuch, einen Kompromiß zwischen den bisher genannten Eigenschaften von Kommunikationsschnittstellen zu finden, haben sich diverse Formen der Inter-Programm-Kommunikation herausgebildet. Prinzipielle Möglichkeiten (s. Abb. 5-22) liegen in der Verwendung von

- verteilten Betriebssystemen,

- verteilten Programmiersprachen,

- Remote Procedure Calls,

- Transaktionsmonitoren,

- Client/Server-Datenbanken oder

- Nachrichtenaustausch über die Funktionen der Netzwerksoftware.

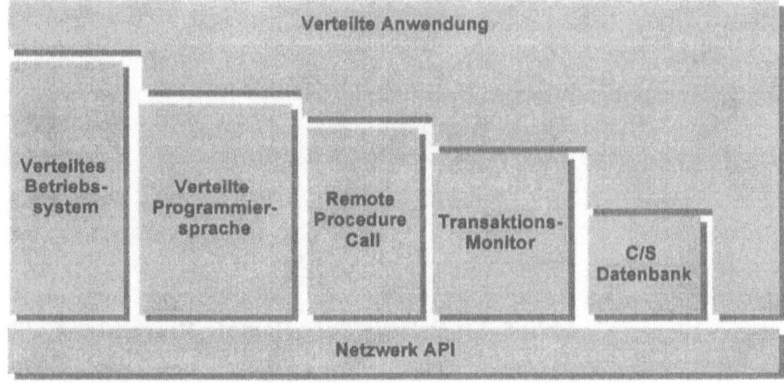

Abb. 5-22: Kommunikationsmittel

Verteilte Betriebssysteme

Verteilte Betriebssysteme sind zur Zeit nur im homogenen Systemumfeld verfügbar. Damit scheiden sie für die Realisierung von Client/Server-Applikationen aus, die in der Regel auf heterogenen Hardwareplattformen (Client, Server, Main-Server) aufsetzen.

Verteilte Programmiersprachen

Verteilte Programmiersprachen beinhalten Funktionen zur Inter-Programm-Kommunikation und generieren den notwendigen Code. Eine dynamische Verschiebung der Programmteile zur Laufzeit mit einer Lastoptimierung ist zur Zeit noch nicht möglich. Die verfügbaren Sprachen, in der Regel Programmiersprachen der vierten Generation, gestatten jedoch eine beliebige Allokation der Programmteile auf den Rechnerplattformen. Voraussetzungen sind Verfügbarkeit und durchgängige Nutzung der Programmiersprache auf allen Plattformen.

Remote Procedure Calls

Remote Procedure Calls schaffen Verteilungstransparenz, indem Prozedurrümpfe, die vom Remote Procedure Call Compiler generiert werden, der rufenden Funktion eine lokal vorhandene aufgerufene Funktion simulieren. Tatsächlich aber werden die übergebenen Parameter durch den Prozedurrumpf mittels des APIs der Netzwerksoftware zum Server-Rechner transportiert. Dort übernimmt ein Gegenstück des Prozedurrumpfs die Aktivierung der gerufenen Funktion (s. Abb. 5-23).

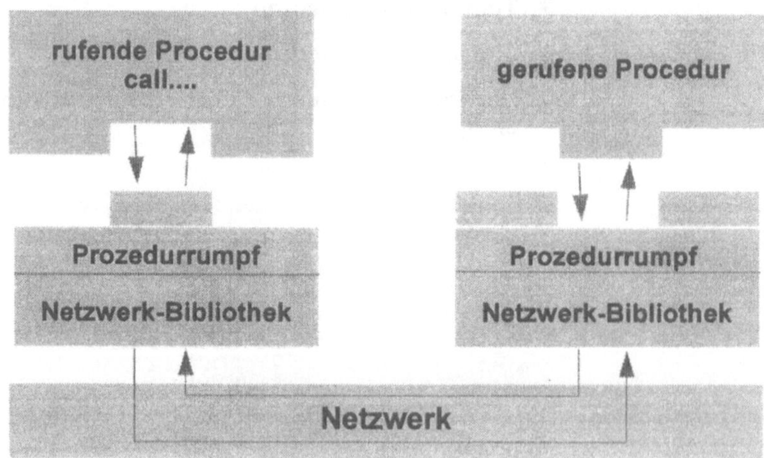

Abb. 5-23: Prinzip des „Remote Procedure Call"

Die Standardisierung des Remote Procedure Calls ist mit dem „Distributed Computing Environment (DCE)" der „Open Software Foundation (OSF)" vorangeschritten. Die Mehrzahl der Hersteller bietet bereits Implementierungen des Remote Procedure Calls des DCE an oder hat solche angekündigt. Der Remote Procedure Call bietet einen hohen Abstraktionsgrad und damit Verteilungstransparenz. Seine Funktionalität ist in der Regel auf synchrone Kommunikation beschränkt. Transaktionsgeschützte Remote Procedure Calls befinden sich in der Entwicklung. Mit der nächsten Version des OSF DCE wird auf der Basis des verteilten Transaktionsmonitors ENCINA ein „Transactional Remote Procedure Call" realisiert.

Verteilte Transaktionsmonitore

Verteilte Transaktionsmonitore sind eine weitere Möglichkeit zur Realisierung der Inter-Programm-Kommunikation. In diesem Fall dient die Schnittstelle des Transaktionsmonitors zum Aufruf entfernt liegender Programme. Dies wird in der folgenden Abbildung am Beispiel des „External Call Interface" des Transaktionsmonitors CICS gezeigt (s. Abb. 5-24). Mit Hilfe des „External Call Interface" kann zum Beispiel von einem Client-Rechner im LAN aus ein Unterprogramm auf dem Server aufgerufen werden. Damit wird ein Remote Procedure Call über die Funktionen des Transaktionsmonitors realisiert.

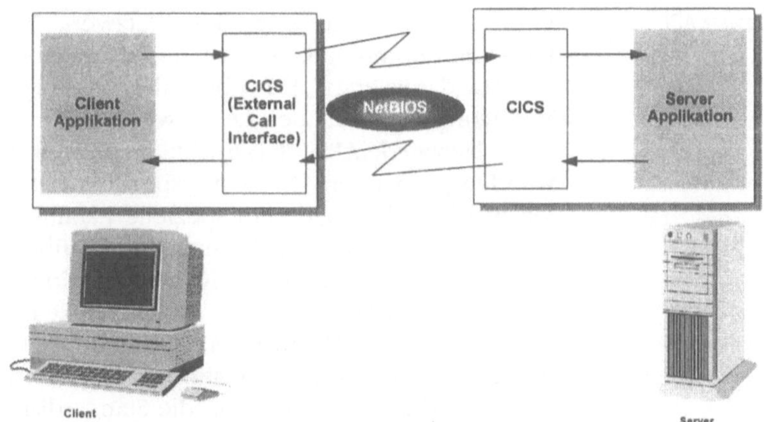

Abb. 5-24 : External Call Interface unter CICS

Die Verwendung eines Transaktionsmonitors für die Inter-Programm-Kommunikation schafft ebenfalls eine Schnittstelle auf hohem Abstraktionsgrad. Die Funktionalität geht weiter als die des Remote Procedure Calls, da in der Regel auch asynchrone Kommunikation unterstützt wird. Darüber hinaus werden die genannten Mechanismen zur Inter-Programm-Kommunikation (No-Wait Send, Rendezvous, Remote Service Invocation, Remote Procedure Call) durch die Verwendung eines Transaktionsmonitors um Funktionen zur Transaktionsverwaltung und -sicherung ergänzt. Die Standardisierung ist allerdings im Bereich der Transaktionsmonitore noch nicht weit fortgeschritten. Erste Ansätze finden sich im X-Open Modell für offene, transaktionsorientierte Anwendungen (s.u.).

Client/Server-Datenbank

Die Funktionen einer Client/Server-Datenbank können zur Inter-Programm-Kommunikation dann genutzt werden, wenn das Datenbankmanagementsystem die Möglichkeit unterstützt, Datenverwaltungslogik zum Beispiel in Form von „Stored Procedures" abzulegen. Diese Funktionen sind dann mit Hilfe des SQL-APIs der Datenbank aufrufbar. Die daraus resultierenden Schwierigkeiten bezüglich Portabilität sind bereits ausführlich dargestellt worden. Die Kommunikation erfolgt prinzipiell synchron. Das API ist auf hohem Abstraktionsniveau realisiert, so daß eine einfache Benutzung gesichert ist. Zum Beispiel werden „Stored Procedures" unter DB 2/2 mit Hilfe des „Database Application Remote Interface (DARI)" über eine Funktion „sqleproc()" (aus C-Programmen) oder mit „CALL _SQLGPROC" (aus COBOL-Programmen) heraus aufgerufen.

Netzwerk API

Eine direkte Benutzung des Netzwerk API für die Inter-Programm-Kommunikation ist nur dann empfehlenswert, wenn ein standardisiertes API über alle benutzten Plattformen zur Verfügung steht. In der Regel werden durch die Verwendung eines Netzwerk APIs starke Abhängigkeiten erzeugt, da im Anwendungsprogramm Netzwerk-spezifische Funktionen aufgerufen werden, die wiederum spezielle Parameter bis hin zu Netzwerkadressen erforderlich machen. Darüber hinaus muß das Anwendungsprogramm die Kommunikation steuern, indem es die benötigten Funktionen in definierter Reihenfolge aufruft. Die Heterogenität der Netzwerk APIs wurde bereits deutlich gemacht (s. Abb. 5-16 : Kommunikationsschnittstellen im Vergleich, S. 174). Aus diesem Grund kann die Standardisierung nur über Adapterprogramme oder die Verwendung eines Standard-APIs erfolgen. Das „Common Programming Interface for Communications" (CPI-C) von IBM, das mittlerweile von der X-Open Group lizensiert wurde, ist ein Beispiel für ein standardisiertes API (s. Abb. 5-25).

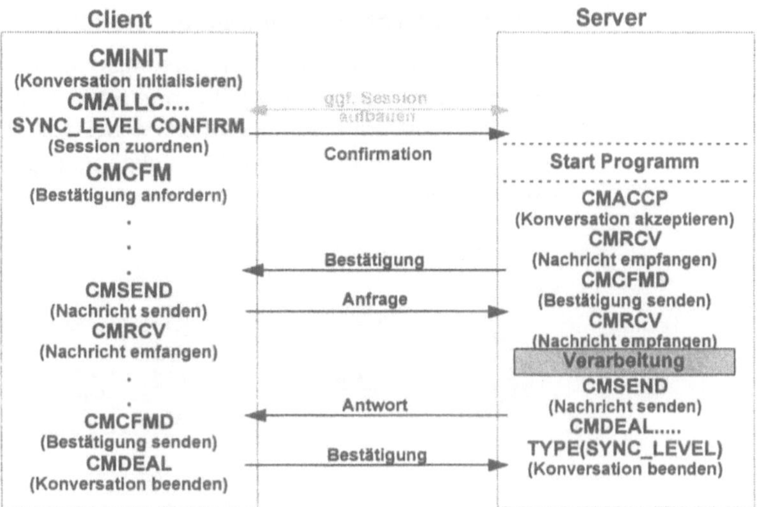

Abb. 5-25: CPI-C

CPI-C unterstützt die Kommunikation nach dem Prinzip der „Remote Service Invocation" oder des „Rendezvous" und basiert auf LU 6.2, wobei eine spätere Unterstützung von ISO/OSI-Protokollen vorgesehen ist. Die Programmierung von LU 6.2 mit Hilfe von CPI-C basiert auf dem Standard, während es sich bei der „Advanced Program to Program Communication (APPC)" um die proprietäre Schnittstelle handelt (s. Abb. 5-26).

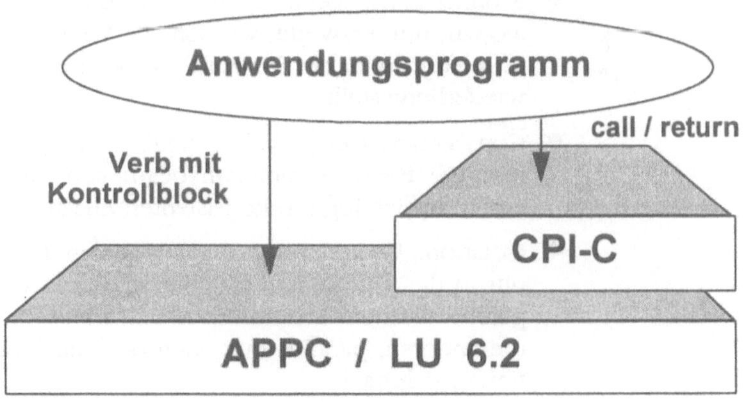

Abb. 5-26: CPI-C versus APPC (nach ORF94)

5.4 Standards für Transaktionssicherung

Eine Transaktion ist ein Verarbeitungsschritt, der im Rahmen der Abwicklung eines Geschäftsvorganges vollständig ausgeführt werden muß. Im Falle eines Fehlers bei der Ausführung muß der gesamte Verarbeitungsschritt rückgängig gemacht werden (s. Abb. 5-27).

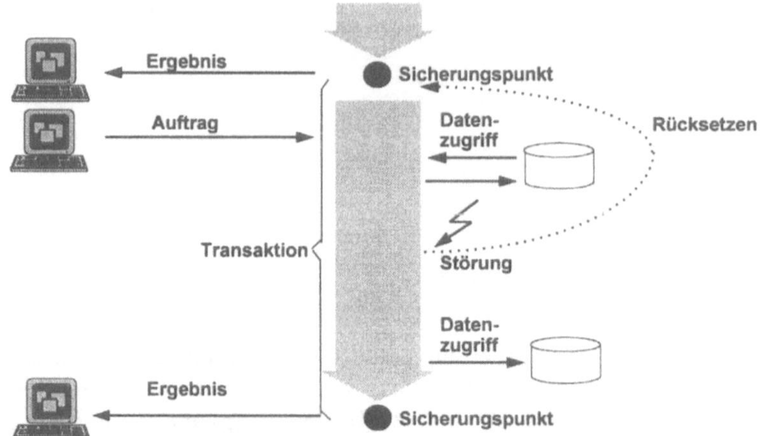

Abb. 5-27: Prinzip einer Transaktion

Die Eigenschaften einer Transaktion sind im sogenannten ACID-Prinzip zusammengefaßt (nach *DIE94*):

- **A**tomicity: Die Veränderung aller Daten in der Transaktion ist atomar, d.h. entweder werden alle Veränderungen vollständig ausgeführt oder der Zustand vor Beginn der Transaktion wird wiederhergestellt.

- **C**onsistency: Der globale Datenbestand der Anwendung, den mehrere Benutzer simultan bearbeiten, muß sich ständig in einem in sich logisch konsistenten Zustand befinden.

- **I**solation: Veränderungen am globalen Datenbestand dürfen nur in der Transaktion sichtbar sein, in der sie gerade durchgeführt werden. Erst am Ende der Transaktion werden sie für die anderen, parallel laufenden oder nachfolgenden Transaktionen sichtbar.

- **D**urability: Die am Ende der Transaktion vorgenommenen Änderungen am Datenbestand können auch durch Störungen des Systems, wie zum Beispiel ein Netzausfall nicht verfälscht werden.

Transaktionsmanagement

Ein Transaktionsmanagement ist immer dann erforderlich, wenn mehrere Transaktionen auf die gleichen Ressourcen zugreifen. Der Transaktionsmonitor stellt für den Anwendungsprogrammierer ein API zur Verfügung, mit dessen Hilfe die Steuerung der Transaktionen erfolgt.

Transaktionsmonitor

Transaktionsmonitore (TP-Monitore) erlauben es den Anwendungsprogrammen, von den vielfältigen Eigenschaften heterogener Endgeräte und involvierter Systeme zu abstrahieren. Damit wird eine Anwendungsentwicklung auf der Basis einheitlicher APIs ermöglicht. Auch die Endsysteme erhalten eine einheitliche Schnittstelle zum Zugriff auf zentrale Anwendungsprogramme und Datenbankmanagementsysteme. Darüber hinaus haben TP-Monitore die Aufgabe

- die Kommunikation zwischen Anwendungen und Endsystemen zu kontrollieren,

- heterogene Endsysteme zu verwalten,

- die Kontextverwaltung, das heißt den Wechsel zwischen Tasks, durchzuführen und

- Starts und Restarts nach Fehlern im Netz abzuwickeln.

Transaktionsmonitor realisiert Systemdienste

Ein Transaktionsmonitor stellt der Anwendungsentwicklung oftmals mehrere der eingangs genannten Systemdienste zur Verfügung. Neben den eigentlichen Aufgaben der Transaktionverwaltung und -sicherung werden Präsentationsdienste, Datenbankzugriffe, Protokollierung, Fehlerbehandlung, Funktionen zur Systemkonfiguration und Änderung, Messung und Optimierung des Systemverhaltens, Autorisierungsdienste und Schnittstellen zum Anwendungstest angeboten.

In den Diskussionen um die Realisierung von Client/Server-Architekturen, die einen „Online Transaction Processing (OLTP)" Betrieb unterstützen, hat sich die Unterscheidung zwischen „TP-Lite" und „TP-Heavy" durchgesetzt (*ORF94*). OLTP-Systeme zeichnen sich durch eine große Anzahl von Benutzern, hohe Transaktionsraten mit konkurrierenden Zugriffen und in der Regel hohe Sicherheits- und Verfügbarkeitsanforderungen aus. Im Client/Server-Umfeld sind zwei Realisierungsvarianten zu finden.

„TP-Lite"

Zunächst gibt es einfache Installationen mit geringfügiger räumlicher Verteilung, die in der Regel auf einem LAN basieren. In diesem Fall werden die Daten im Netz verteilt und das Transaktionsmanagement wird durch eine Client/Server-Datenbank übernommen. Die notwendige Effizienz dieser „TP-Lite"-Installation wird mit Hilfe von „Stored Procedures" gewährleistet. Es handelt sich um eine Zwei-Ebenen-Architektur.

„TP-Heavy"

„TP-Heavy"-Installationen zeichnen sich in der Regel durch weiträumige Verteilung von Funktionen und Daten im Netzwerk aus. Eine komplexe Mehr-Ebenen-Architektur ist damit in der Regel verbunden. Transaktionsmanager und Transaktionsmonitore sind verteilt auf den Rechnerplattformen notwendig, wobei die Synchronisation verschiedener Ressourcemanager erforderlich ist. Eine optimale Ausnutzung der Ressourcen wird durch Funktionen zur Lastoptimierung gewährleistet.

5.5 Verfügbare Standards zur Realisierung der Serviceschicht

5.5.1 Ausgangssituation

In den meisten Unternehmen wird die Serviceschicht der technischen Anwendungsarchitektur aus vorhandenen und neu definierten Systemdiensten zusammengestellt. Zum Beispiel wird zu einem vorhandenen Datenbankmanagementsystem auf dem Main-Server ein kompatibles Server-Datenbankmanagementsystem gesucht. Gegebenenfalls wird die Infrastruktur um ein Produkt zur Inter-Programm-Kommunikation ergänzt. Dieser Weg zur Realisierung der Serviceschicht ist durch das Bemühen um Investitionsschutz gekennzeichnet.

Steht jedoch eine vollständige Neukonzeption der Infrastruktur ohne Berücksichtigung vorhandener Komponenten und Anwendungen bevor, dann sind gegenwärtig zwei Plattformen identifizierbar, die den Anspruch haben, große Teile einer Serviceschicht in einem Produkt zusammengefaßt zu realisieren:

- das „Distributed Computing Environment (DCE)" der „Open Software Foundation (OSF)" und

- die „Common Object Request Broker Architecture (CORBA)" der „Object Management Group (OMG)".

Distributed Computing Environment

Das dem DCE hat sich die OSF das Ziel gesetzt, aus vorhandenen Produkten und Schnittstellen eine möglichst breit verfügbare Plattform für die Entwicklung verteilter Anwendungen aufzubauen. Zunächst wurden elementare Bestandteile einer Serviceschicht definiert, wie zum Beispiel Betriebssystemdienste (u.a. Uhrensynchronisation), ein verteiltes Dateisystem und Mechanismen zur Inter-Programm-Kommunikation in Form eines Remote Procedure Calls. Mit der nächsten Version werden dann Funktionen zur Unterstützung verteilter Transaktionen unterstützt.

Object Request Broker

Der „CORBA"-Standard, inzwischen in einer ganzen Reihe von „Object Request Broker (ORB)"-Produkten umgesetzt, verfolgt das Ziel, eine Verteilungsplattform für objektorientierte Anwendungssysteme bereitzustellen. Die „Object Management Group" ist ein Zusammenschluß von Firmen und Institutionen, die auf der Basis von „CORBA" Interoperabilität von verteilten, objektorientierten Anwendungen sichern wollen.

5.5.2 Das Distributed Computing Environment

Das „Distributed Computing Environment" wurde von der „Open Software Foundation" als Konglomerat verschiedenster verfügbarer Produkte aus dem Bereich offener und verteilter Systeme zusammengestellt. Dabei wurden nicht nur Schnittstellen standardisiert sondern auch in Teilbereichen ganze Komponenten als Bestandteil des DCE festgeschrieben. Die OSF hat als ein Konsortium von Firmen und Institutionen in einem Auswahlprozeß basierend auf einer öffentlichen Ausschreibung die Basiskomponenten des DCE definiert (s. Abb. 5-28):

- Threads Service,

- Remote Procedure Call,

- Time Service,

- Cell/Global Directory Service,

- Security Service,

- Distributed File System und

- Diskless Support/PC-Integration.

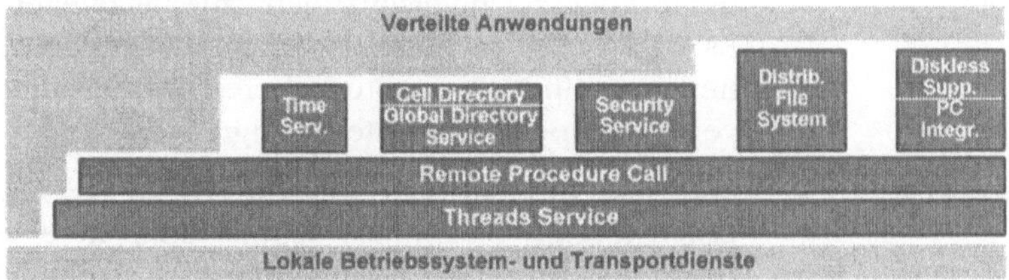

Abb. 5-28: Distributed Computing Environment

Threads Service	Der Threads Service (Basis: DEC Concert Multithread Architecture) bietet eine portable Implementierung leichtgewichtiger Prozesse (Threads) an. Diese teilen sich einen Adreßraum und ermöglichen die nebenläufige Verarbeitung. Dadurch können zum Beispiel entfernte Aufrufe scheinbar parallel abgesetzt oder lokale Berechnungen nebenläufig durchgeführt werden. Die Konstruktion von Anwendungsservern, die mehrere Clients parallel zu bedienen haben, wird durch den Threads Service unterstützt
Remote Procedure Call	Der Remote Procedure Call (Basis: DEC/HP Network Computing System) dient zur Kommunikation zwischen verteilt plazierten Modulen einer Anwendung auf der Basis des Client/Server-Modells. Die Prozedurschnittstellen werden in einer deklarativen Sprache („Interface Definition Language (IDL)") beschrieben. Das DCE bietet einen IDL-Compiler für die Erzeugung der benötigten Prozedurrümpfe („Stubs") sowie Laufzeitmechanismen zur Zuordnung von Servern zu Clients.
Cell Directory Service	Der Cell Directory Service (CDS) (Basis: „DEC Distributed Naming Service (DNS)") verwaltet logische Namen, zum Beispiel von Servern, und bildet diese auf Netzadressen ab, um den Zugriff, zum Beispiel durch Clients, zu ermöglichen.
Security Service	Der Security Service (Basis:MIT/Kerberos, ergänzt von HP Security Components) ermöglicht Authentisierung, Autorisierung und Verschlüsselung.
Distributed Time Service	Der Distributed Time Service (Basis: „DEC Distributed Time Synchronisation") ermöglicht die Synchronisation der Systemuhren in einer verteilten DCE-Umgebung durch periodischen Austausch der Systemzeit.
Global Directory Service	Der Global Directory Service (Basis: Siemens X.500) ergänzt den Cell Directory Service um eine globale Namensverwaltung für große Netze.
Distributed File System	Das Distributed File System (Basis: Andrew File System der Carnegie Mellon University) dient zur netzweiten Dateiverwaltung. Es wird durch mehrere Server implementiert. Clients können innerhalb eines Verwaltungsbereiches lokationstransparent auf verteilt gespeicherte Dateien zugreifen.
Diskless Support	Mit Hilfe des Diskless Support (Basis: HP Diskless Client Support) können plattenlose Workstations in eine DCE-Umgebung integriert werden und zum Beispiel auf das Distributed File System zugreifen.

PC-Integration

Die PC-Integration (Basis: SUN PC/NFS und HP/Microsoft LAN-Manager/X) ermöglicht den Zugang von PCs (mit DOS, UNIX oder OS/2) auf DCE-Server. Dabei wird primär der Zugriff auf das Distributed File System und auf dedizierte Druckerserver unterstützt.

5.5.3 Die Common Object Request Broker Architecture

Der CORBA-Standard entspricht von allen bisher dargestellten Produkten und Standards mit seinen Festlegungen am weitestgehenden den Charakteristika einer Client/Server-Architektur.

- Bildung wiederverwendbarer Dienste,

- ressourcengerechte Verteilung und

- Interoperabilität

sind Grundelemente der „Object Management Architecture" (*OMG93*). Die OMG sieht in ihrem Architekturmodell (s. Abb. 5-29) vier elementare Komponenten vor:

- „Application Objects"

- „Object Request Broker",

- „Object Services" und

- „Common Facilities".

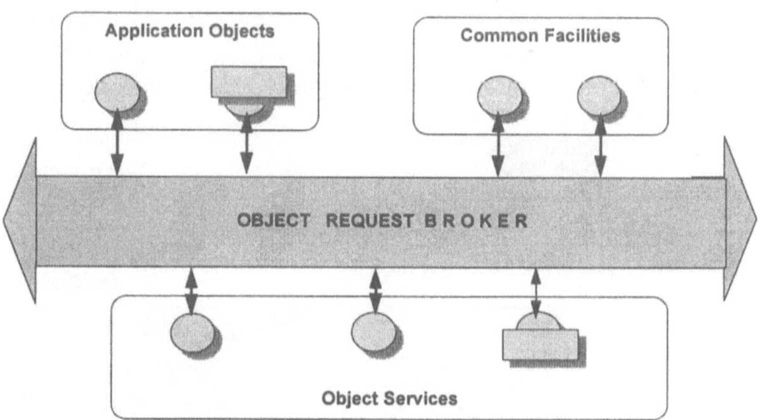

Abb. 5-29: Object Management Architecture (OMA)

Application Objects

Die „Application Objects" entsprechen den Anwendungsbausteinen einer Client/Server-Applikation. Wiederverwendbare, interoperable Dienste auf der Ebene der fachlichen Logik werden durch die Anwendungsbausteine bereitgestellt.

Object Request Broker

Der „Object Request Broker" ist die zentrale Komponente der verteilten objektorientierten Applikation. Er vermittelt zwischen den verteilten Objekten. Die Kommunikation zwischen Steuerungs-, Anwendungs- und Servicebausteinen einer Client/Server-Anwendung kann durch den ORB übernommen werden, der dabei selbst Bestandteil der Serviceschicht der technischen Anwendungsarchitektur ist.

Object Services

Die „Object Services" der OMA stellen Systemdienste für die Entwicklung verteilter objektorientierter Anwendungen bereit. Sie entsprechen damit der Serviceschicht der technischen Anwendungsarchitektur. Dienste zur Erzeugung, Verlagerung und Löschung von Objekten, zur Übertragung und Bearbeitung von Ereignissen und zur persistenten Speicherung wurden von der OMG bereits standardisiert.

Common Facilities

Die „Common Facilities" der OMA sind eine Sammlung von System- und Anwendungsdiensten, die vielen Anwendungssystemen gemeinsam zur Verfügung gestellt werden. Sie haben damit den Charakter vorgefertigter „Bibliotheken" und werden partiell mit Hilfe von Standardsoftware realisiert.

Der „Object Request Broker" (s. Abb. 5-30) als zentrale Komponente der OMA ist verantwortlich für Namensvergabe, Steuerung der Anforderungen von Objekten, Transformationen von Aufrufparametern, Routing, Synchronisation, Aktivierung von Objekten, Exception Handling und Sicherheitsvorkehrungen.

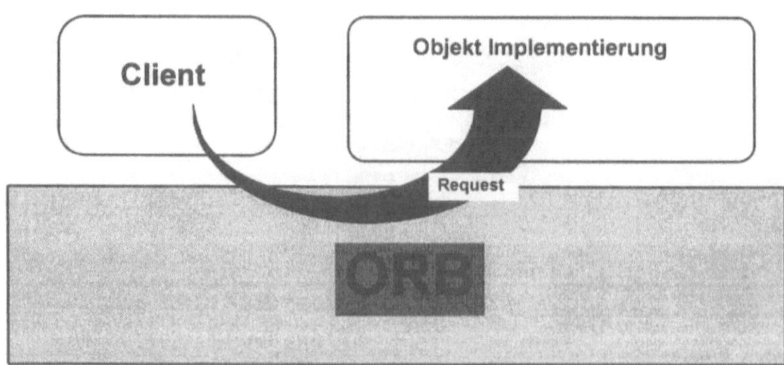

Abb. 5-30: Object Request Broker

statische und dynamische Schnittstelle

Beim Aufruf entfernter Objekte bestehen grundsätzlich zwei Möglichkeiten. Der ORB unterstützt statische und dynamische Schnittstellen. Die statische Schnittstelle entspricht der eines Remote Procedure Calls, das heißt ein Prozedurrumpf wird generiert und darüber wird das gewünschte Objekt aufgerufen. Bei Verwendung der dynamischen Schnittstelle werden zur Laufzeit durch den Client die Objektreferenz, die gewünschte Operation und die aktuellen Parameter an den ORB übergeben, der mit diesen Informationen das Server-Objekt aufruft. Für das Server-Objekt ist der Unterschied zwischen statischer und dynamischer Schnittstelle dabei nicht sichtbar. ORB-Produkte sind inzwischen von vielen Herstellern verfügbar so zum Beispiel ORB+ von HP, DSOM von IBM, ORBIX von IONA oder Xshell von Expersoft.

6 Organisation der Client/Server-Anwendungsentwicklung

6.1 Organisatorische Anforderungen

Mit der Realisierung von Client/Server-Anwendungen und deren
Integration in die bisherige Anwendungslandschaft sind Veränderungen der Gesamtarchitektur verbunden. Es gibt nicht länger
monolithische Anwendungssysteme, die weitgehend isoliert
voneinander entwickelt, betrieben und gewartet werden, sondern eine Anwendungslandschaft, die aus logisch integrierten
Services besteht. Diese Services sind das Baumaterial sowohl für
verteilte wie auch für nicht verteilte Anwendungssysteme. Je
deutlicher diese Implikationen der Einführung einer Cli-
ent/Server-Architektur im Unternehmen werden, um so deutlicher werden auch die Anforderungen, die sich daraus für die
Organisation der Anwendungsentwicklung ergeben. Die Charakteristika von Client/Server-Architekturen

- Bildung mehrfach nutzbarer Dienste,

- ressourcengerechte Verteilung der Dienste und

- Interoperabilität der Dienste

bedürfen einer organisatorischen Basis in der Anwendungsentwicklung. Dies hat sowohl ablauf- wie auch aufbauorganisatorische Implikationen.

Zum Beispiel hat die aufbauorganisatorische Struktur der Anwendungsentwicklung weitreichende Wirkung auf das Potential
zur Produktion wiederverwendbarer Dienste in Form von Programmen. Fehlt die Gesamtsicht auf das Geschäft des Unternehmens, so sind wiederverwendbare Zusammenhänge in den Geschäftsprozessen nur schwer identifizierbar. Auch die organisati-
onsgestalterische Aufgabe, Redundanz bei der Abarbeitung von
Geschäftsvorfällen zu reduzieren und Geschäftsregeln einheitlich
und verbindlich für alle Betroffenen zu formulieren, ist ohne ei-

ne Gesamtsicht auf die Geschäftsprozesse des Unternehmens kaum wahrzunehmen. Der Nutzungsgrad von Diensten in Folgeprojekten ist sowohl abhängig von der Güte der Ablauforganisation innerhalb der Anwendungsentwicklung wie auch von aufbauorganisatorischen Regelungen, die Administration und Identifikation wiederverwendbarer Services gewährleisten.

Demzufolge sind in der Organisation der Anwendungsentwicklung Mechanismen zur

- Identifikation von Diensten und Verwaltung der daraus resultierenden Programme,

- Organisation der Verteilung und

- zur Standardisierung der Schnittstellen, Prozesse, Werkzeuge und Ergebnisse zwecks Sicherung der Interoperabilität und Portabilität

vorzusehen.

Identifikation von Diensten

Die Identifikation von Diensten setzt ein geeignetes methodisches Vorgehen in der Anwendungsentwicklung voraus, wie es im Kapitel „Methodik" dargestellt wurde. Darüber hinaus entscheidet die Ablauf- und Aufbauorganisation der Anwendungsentwicklung darüber, in welchem Maße es gelingt, mehrfach verwendbare Dienste in den Geschäftsprozessen des Unternehmens zu identifizieren. Entwickeln mehrere Gruppen innerhalb der Anwendungsentwicklung zum Beispiel spartenspezifische Anwendungssysteme, so ist die Identifikation von gleichartigen Abläufen nur über zusätzliche administrative Maßnahmen wie ein zentrales Daten- und Funktionsmanagement möglich.

Voraussetzungen für einen hohen Wiederverwendungsgrad in der Anwendungsentwicklung sind die

- Produktion wiederverwendbarer Bausteine,

- die Organisation der Wiederverwendung und

- die Schaffung von Akzeptanz für die Produktion und Nutzung wiederverwendbarer Bausteine, um zu verhindern, daß in den Projekten nur das verwendet wird, was auch dort selbst produziert wurde.

Einige organisatorische Lösungsvorschläge zu diesen Anforderungen werden auf den folgenden Seiten dargestellt.

Organisation der Verteilung

Die Entwicklung verteilter Client/Server-Anwendungen hat in den Projektphasen „Implementierung" und „Wartung" sowohl technische wie auch organisatorische Konsequenzen. Für die Implementierungsphase geht es darum, die Softwareverteilung im Netz zu organisieren und technisch zu unterstützen. Für die Wartungsphase sind die Probleme eines „Change- & Configuration Managements" im Rahmen verteilter Systeme zu lösen. Hier ist beispielsweise ein Procedere zu definieren für die

- Meldung von Fehlern oder Änderungswünschen,

- die Priorisierung der Meldungen,

- die Durchführung der daraus resultierenden Wartungstätigkeiten,

- den Test und

- die anschließende Verteilung neuer Release-Stände.

Ein Organisationskonzept für dieses Veränderungsmanagement wird im folgenden vorgestellt.

Standardisierung   Die Standardisierung von Schnittstellen, Prozessen, Werkzeugen und Ergebnissen setzt einerseits eine Beschäftigung mit dem internationalen Standardisierungsprozeß und andererseits die Entwicklung von Hausstandards voraus. Nach Adaption vorhandener internationaler, nationaler, „de jure" oder „de facto" Standards müssen diese in das eigene Unternehmen integriert werden. Akzeptanz muß geschaffen werden, und vielfach geht es darum, konkrete Abbildungen des Standards in die vorhandene eigene Umgebung zu beschreiben. In Bereichen, die durch vorhandene Standards nicht oder nur unzureichend abgedeckt werden, ist ein eigener Hausstandard zu schaffen.

6.2 Identifikation von Diensten

6.2.1 Produktion wiederverwendbarer Bausteine

Das Ziel der Software-Wiederverwendung ist eine Steigerung der Produktivität durch schrittweise Reduktion der Fertigungstiefe unter Nutzung vorgefertigter Komponenten und eine Verbesserung der Qualität durch Verwendung bereits erprobter Ideen und vorhandenen Wissens (*END88*). Die Wiederverwendung von Komponenten wie zum Beispiel Funktionen, Module oder Werkzeuge beinhaltet die Wiederverwendung von Wissen in Form von Spezifikationen, Plänen oder Modellen, in der wiederum die Wiederverwendung von Ideen wie Entwurfsmustern, Methodik oder Designideen enthalten ist. Wiederverwendung von Komponenten trägt am weitesten zur Reduktion der Fertigungstiefe bei, bringt aber auch die größte Komplexität sowohl bei der Erstellung wiederverwendbarer Komponenten wie auch bei der Organisation der Wiederverwendung mit sich (s. Abb. 6-1).

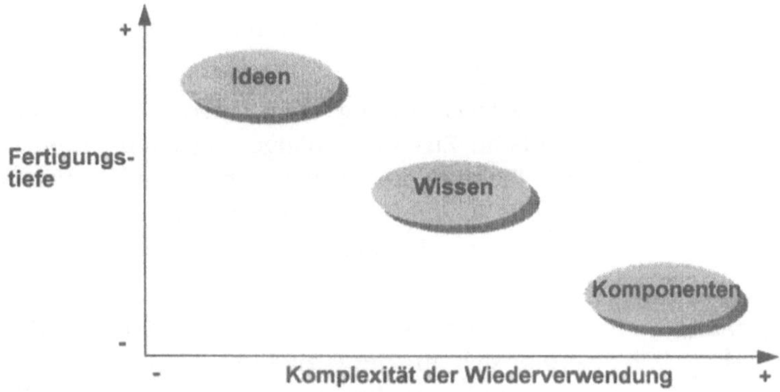

Abb. 6-1: Objekte der Wiederverwendung

Die geplante Produktion wiederverwendbarer Elemente unterscheidet die Methoden der

- Programmportierung,

- Programmadaptierung,

- Schablonentechnik oder

- Bausteintechnik.

Die Anpassung vorhandener Programme im Rahmen der Programmadaptierung und die Produktion neuer Programme auf der Basis von Schablonen machen nach wie vor weitergehende manuelle Eingriffe in den Quellcode erforderlich. Die Programmportierung unter der Voraussetzung einer Portabilität gewährleistenden Systemarchitektur und insbesondere die Nutzung vollständiger Programmbausteine haben eine stärkere Verringerung der Fertigungstiefe zur Folge, da sie manuelle Eingriffe in die Objekte der Wiederverwendung obsolet werden lassen. Darüber hinaus erleichtern diese Methoden die Organisation der Wiederverwendung, da die durch Adaptierung und Schablonentechnik entstehende Versionsvielfalt vermieden wird. Im Rahmen der Anwendungsentwicklung für Client/Server-Architekturen konzentrieren wir uns auf die Wiederverwendung von Bausteinen, die den Diensten entsprechen, aus denen eine Client/Server-Anwendung konstruiert wird.

Kernprobleme

Die Kernprobleme bei der Produktion wiederverwendbarer Bausteine sind

- die Wahl des geeigneten fachlichen oder DV-technischen Abdeckungsgrads und

- die fachliche beziehungsweise technische Einordnung der Bausteine.

Wiederverwendung technischer und fachlicher Bausteine

Wiederverwendung wird sowohl für technische wie auch für fachliche Zusammenhänge angestrebt. Damit sind Bausteine aus der Steuerungs-, Anwendungs- und Serviceschicht der technischen Anwendungsarchitektur im Hinblick auf Wiederverwendbarkeit und Organisation der Wiederverwendung zu berücksichtigen.

Richtiger Abdeckungsgrad

Der bei der Ableitung der Bausteine gewählte Abdeckungsgrad ergibt sich aus der Größe des im Baustein realisierten Ausschnitts aus dem fachlichen oder technischen Modell. Der gewählte Abdeckungsgrad entscheidet über Anzahl und Allgemeingültigkeit der Bausteine. Je geringer der Abdeckungsgrad gewählt wird, um so größer wird die Anzahl der zu verwaltenden Bausteine. Wenn zum Beispiel ein Baustein gleichgesetzt wird mit einem Programm, dann ergibt sich daraus die Anforderung, Wiederverwendung auf der Ebene von Programmen zu organisieren. Da große Unternehmen nicht selten mehr als 5000 Programme in der Produktion haben, ist ein Navigationsinstrument erforderlich, mit dessen Hilfe aus der Menge der zur Verfügung stehenden Programme die tatsächlich für ein Projekt wiederverwendbaren ausgewählt werden.

Einordnung der Bausteine

Zunächst setzt dies eine fachliche oder technische Einordnung der Bausteine voraus, um die zur Wiederverwendung in Frage kommenden Programme frühzeitig im Projekt finden zu können. Die Einordnung der Bausteine im Sinne einer fachlichen oder technischen Klassifikation ist Voraussetzung für ein Wiederfinden und damit Basis der Wiederverwendung. Demgegenüber verbirgt sich hinter der technischen Realisierung eines solchen Navigationsinstruments ein vergleichsweise geringer Aufwand.

Geringer Abdeckungsgrad

Die Konstruktion von Bausteinen, die mit geringem Abstraktionsgrad einen sehr kleinen Ausschnitt aus der fachlichen Welt abbilden, führt zu einer sehr großen Zahl von Bausteinen, was die Organisation der Wiederverwendung erschwert oder unmöglich macht. Die Bausteine, die dann zum Beispiel die Größe einzelner Operationen von Objekttypen haben und als separate Programme realisiert werden, sind wiederverwendbar, werden aber nicht wiederverwendet, da ein Auffinden des richtigen Bausteins aufgrund der großen Anzahl von Bausteinen und fehlender fachlicher oder technischer Einordnung unmöglich ist. Ein hoher Wiederverwendungsgrad kann aufgrund der unzureichenden Struktur der Bausteinbibliothek nicht erreicht werden. Bereits vorhandene und wiederverwendbare Funktionen werden ignoriert und neu implementiert (s. Abb. 6-2).

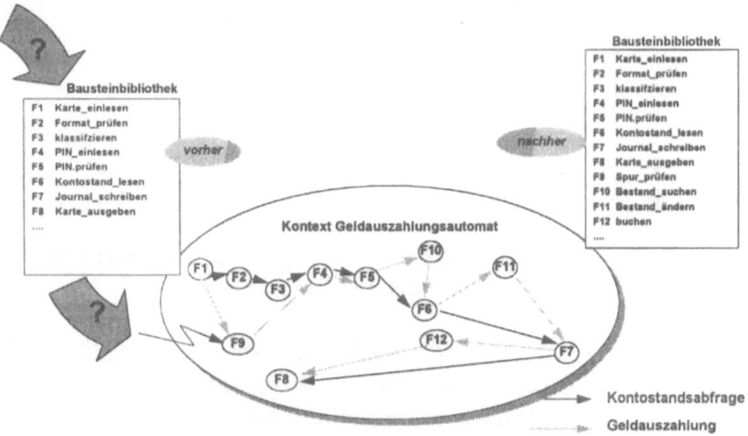

Abb. 6-2: Geringer Abdeckungsgrad und fehlende Struktur erschweren die Wiederverwendung

In Abb. 6-2 sieht man beispielsweise die Modellierung eines Geschäftsvorfalls „Geldauszahlung" auf der Basis bereits vorhandener Bausteine, die auf dem Abstraktionsgrad von Programmen gebildet wurden (Karte_einlesen, klassifizieren, usw.). Diese Bausteine resultieren aus der vorangegangenen Realisierung eines Geschäftsvorfalls „Kontostandsabfrage". Die Modellierung der „Geldauszahlung" benutzt partiell bereits vorhandene Bausteine. Die Menge und fehlende fachliche Einordnung der Bausteine birgt aber die Gefahr, neue Bausteine zu schaffen („Spur_prüfen"), obwohl ein Äquivalent bereits vorhanden ist (Format_prüfen").

Großer Abdeckungsgrad

Je größer der Ausschnitt aus der fachlichen Welt ist, der innerhalb des Bausteins abgedeckt wird, um so höher wird der Abstraktionsgrad der Bausteine, und es wächst die Gefahr, spezifische Abläufe oder Funktionen in einen Baustein aufzunehmen, die eine Wiederverwendung unmöglich machen.

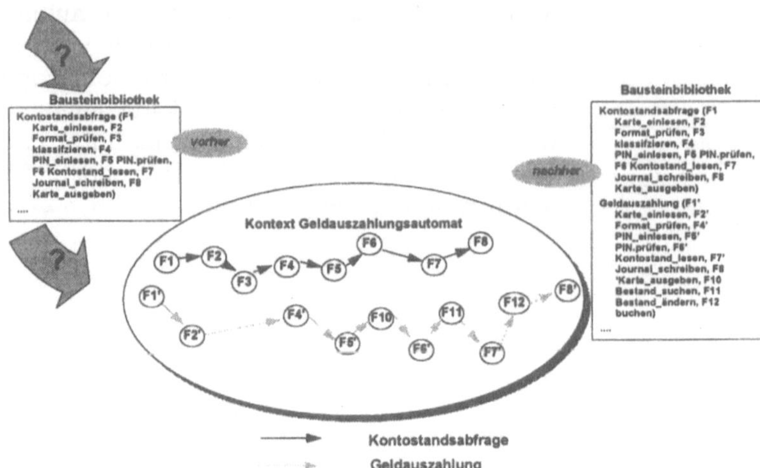

Abb. 6-3: Fachliche Spezifika verhindern Wiederverwendung bei großem Abdeckungsgrad

In Abb. 6-3 wird beispielhaft dargestellt, daß eine Bibliothek aus Bausteinen mit großem fachlichen oder technischen Abdeckungsgrad zur mehrfachen Realisierung von Teilfunktionen führt. Die Bausteine der Bibliothek stehen stellvertretend für ganze Geschäftsvorfälle. Eine Wiederverwendung ist nicht möglich, obwohl gemeinsame Funktionen existieren. Das Projekt „Geldauszahlung" realisiert die Funktionen F1', F2', F4', usw., obwohl äquivalente Funktionen bereits aus dem Projekt „Kontostandsabfrage" vorhanden sind. Diese Funktionen können in der Bausteinbibliothek aber nicht gefunden werden, da eine fachliche Einordnung lediglich auf der Ebene der Bausteine „Kontostandsabfrage" und „Geldauszahlung" erfolgt.

Methodik
Aus den bisherigen Ausführungen ergibt sich, daß die Art der Bausteinbildung das Maß an Wiederverwendbarkeit bestimmt. Die Qualität der Produktion wiederverwendbarer Bausteine hängt damit ganz wesentlich von der gewählten Vorgehensweise im Projekt ab. Die im Kapitel „Methodik der Anwendungsentwicklung für Client/Server-Architekturen" dargestellte Vorgehensweise konzentriert sich auf die Geschäftsvorfälle, die im Projektkontext abzuwickeln sind. Diese Geschäftsvorfälle werden unter Zuhilfenahme von Objekttypen modelliert. Die objektori-

entierte Modellierung der Geschäftsvorfälle bürgt nicht nur für einen einheitlichen Abstraktionsgrad sondern schafft auch eine frühzeitige fachliche Einordnung und ermöglicht damit die projektübergreifende Identifikation wiederverwendbarer Funktionen.

Die objektorientierte Modellierung von Geschäftsprozessen bietet in Gestalt der Objekttypen einen Orientierungspunkt für die Wahl des geeigneten fachlichen oder technischen Ausschnitts. Die fachliche Einordnung der Bausteine durch das Objekttypmodell unterstützt die Navigation und ermöglicht eine Identifikation der nutzbaren Anwendungsbausteine zu einem sehr frühen Zeitpunkt innnerhalb des Projekts (s. Abb. 6-4).

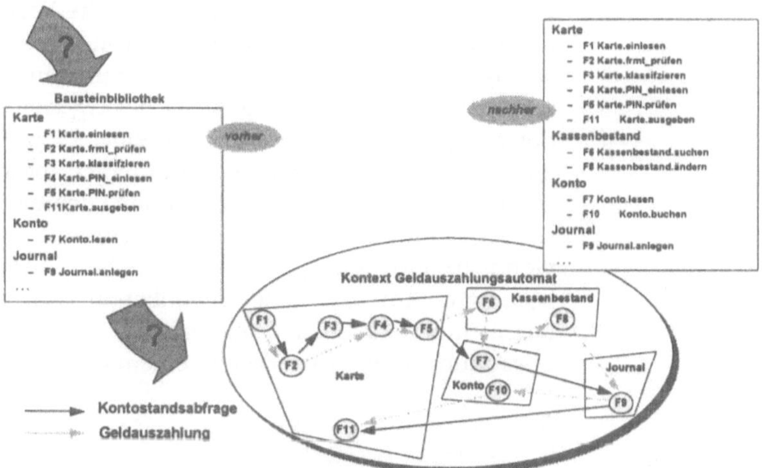

Abb. 6-4: Fachliche Einordnung und Strukturierung der Bausteine als Grundlage der Wiederverwendung

Objektorientierte Geschäftsprozeßmodellierung

Um den in Abb. 6-4 dargestellten Sachverhalt zu verdeutlichen, soll zunächst das methodische Vorgehen der objektorientierten Geschäftsprozeßmodellierung rekapituliert werden.

Das aus dem Kontextdiagramm abgeleitete Datenmodell wird in ein Objektmodell überführt, indem die Entitätstypen zu Objekttypen mit Datenstruktur aus dem Datenmodell und zugehörigen Operationen erweitert werden. Die Operationen eines Objekttyps ergeben sich zunächst aus den Basisfunktionen zum Anlegen, Lesen/Suchen, Ändern und Löschen von Instanzen des Objekttyps. Darüber hinaus sind Operationen zur direkten Manipulation einzelner Attribute (z.B. „Familienstand des Kunden ändern") notwendig. Schließlich ergeben sich bezogen auf die Attribute des Objekttypen weitere Operationen in Form von Prüffunktionen. Die auf dem beschriebenen Weg für jeden Objekttyp abgeleitete Spezifikation mit Attributen und Basisoperationen ist Grundlage der anschließenden Analyse der Geschäftsprozesse, in der weitere Operationen identifiziert und den Objekttypen zugeordnet werden. In diesem Analyseschritt wird für jeden Geschäftsprozeß die Frage beantwortet, welche Objekttypen und welche ihrer Operationen zur Bearbeitung des Prozesses benötigt werden.

Wiederverwendbarkeit optimieren

Entscheidend ist bei diesem Vorgehen die ständige Aktualisierung der Spezifikationen der Objekttypen, um bei der Analyse weiterer Geschäftsprozesse auf bereits spezifizierte Operationen zurückgreifen zu können. Die mehrfache Verwendung der Operationen in Geschäftsprozessen wird in diesem iterativen Analysevorgehen durch eine sukzessive Optimierung der Spezifikation einzelner Operationen begünstigt. So ergeben sich z.B. im Laufe der Analyse mehrere Operationen eines Objekttyps „Kunde", die ein Anschreiben des Kunden erforderlich machen (zum Beispiel „Angebot unterbreiten", „Rechnung schreiben", „Bestätigung senden") und damit auf eine gemeinsame und mehrfach verwendbare Operation „Kunde.anschreiben" zurückgeführt werden können (s. Tab. 6-1). Die Identifikation von mehrfach verwendbaren funktionalen Zusammenhängen wird durch eindeutige Zuordnung jeder Operation zu einem Objekttyp ermöglicht.

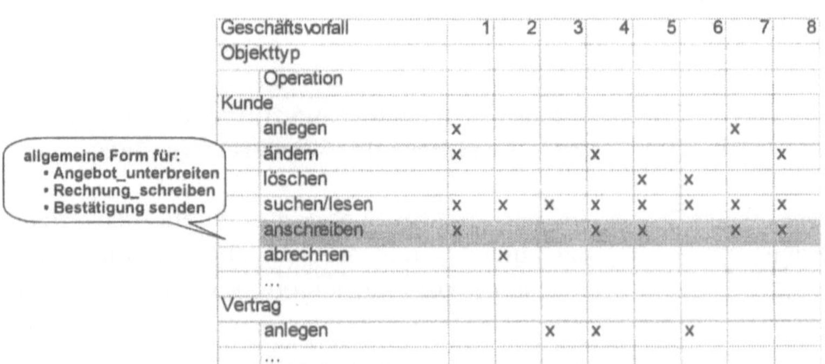

Geschäftsvorfall	1	2	3	4	5	6	7	8
Objekttyp								
Operation								
Kunde								
anlegen	X					X		
ändern	X			X				X
löschen					X	X		
suchen/lesen	X	X	X	X	X	X	X	X
anschreiben	X			X	X		X	X
abrechnen		X						
...								
Vertrag								
anlegen			X	X		X		
...								

Tab. 6-1: Ableitung wiederverwendbarer Operationen

Funktionale Planung

Im Rahmen der funktionalen Planung des Projekts wird dafür gesorgt, daß bei der Realisierung von Geschäftsvorfällen die bereits vorhandenen Funktionen soweit als möglich genutzt werden. Dies betrifft die Nutzung innerhalb des eigenen Projekts.

Darüber hinaus wird durch diese Form der Modellierung gewährleistet, daß die Nutzbarkeit von Funktionen sukzessive erhöht wird. In der funktionalen Planung des Projekts werden Objekttypen, zugehörige Operationen und ihre Verwendung in Geschäftsprozessen dokumentiert. Damit bietet sich für Folgeprojekte die Möglichkeit, bei der Dokumentation neuer Geschäftsprozesse in dieser Matrix bereits vorhandene Operationen zu nutzen. Zwei Sichten auf das Anwendungsportfolio werden in dieser Matrix zusammengefaßt. Zunächst öffnet sich in der Horizontalen die DV-technische Sicht, in der die Bausteine der Anwendungen in Form von Objekttypen dargestellt sind, die wiederum Zusammenfassungen von Datenbanktabellen und Programmen sind. Hier finden sich auch Verweise auf zugehörige Spezifikationen, Quelldateien, Datenbankdefinitionen und Verantwortlichkeiten. In der Vertikalen ergibt sich die Sicht der Geschäftsprozesse, in der die Bearbeitung eines Geschäftsprozesses durch verkettete Operationen von Objekttypen dokumentiert ist.

Optimierung von Geschäftsprozessen

Die Anzahl wiederverwendbarer Funktionen, die durch die Ableitung in der dargestellten Form identifizierbar sind, hängt vom Grad der Standardisierung der Geschäftsprozesse ab. Daraus ergibt sich als wesentliche Implikation dieses Vorgehens die Forderung, im Rahmen der Gestaltung von Informationssystemen auch deren Fundament in Gestalt der abzubildenden Geschäftsprozesse zu überdenken und gegebenenfalls zu optimieren. Voraussetzung für die Produktion wiederverwendbarer Bausteine zur Konstruktion von Anwendungssystemen ist das Vorhandensein von gleichartigen funktionalen Zusammenhängen in den Geschäftsprozessen. Diese gleichartigen funktionalen Zusammenhänge erschließen sich häufig nicht sofort, sondern müssen im Rahmen der Analyse aufgedeckt und dann auch in der Ablauforganisation implementiert werden. Der unmittelbare Zusammenhang zwischen der Optimierung von Geschäftsprozessen und ihrer Unterstützung durch qualitativ hochwertige Applikationen, die auf den Geschäftsprozeß ausgerichtet sind, wird an dieser Stelle noch einmal deutlich.

Organisationsgestaltung

Damit ergibt sich für die Anwendungsentwicklung in verstärktem Maß die Anforderung, auch Organisationsgestaltung zu betreiben. Die Anwendungsentwicklung steht in diesem Kontext vor neuen Aufgaben. Neben wirtschaftlicher Entwicklung und Bereitstellung von Applikationen zum Beispiel auf der Basis wiederverwendbarer Bausteine geht es um eine Ausrichtung der Systeme auf die Erfordernisse des Geschäfts. Die Analyse und Gestaltung von Geschäftsprozessen wird damit Bestandteil des Anwendungsentwicklungsprozesses um die erforderliche Qualität der Systeme zu gewährleisten.

Dies kann zum Beispiel für die Aufbauorganisation der Anwendungsentwicklung selbst eine Veränderung zur Folge haben, indem zwei Gruppen von Mitarbeitern diese unterschiedlichen Aufgaben wahrnehmen (s. Abb. 6-5). Alternativ greift ein Rollenkonzept, in dem ein Mitarbeiter in der Rolle des Programmierers wiederverwendbare Bausteine realisiert und auch in der Wartung verantwortlich für diesen Anwendungsbaustein ist. In der Rolle des Analytikers und Organisationsentwicklers ist derselbe Mitarbeiter der Anwendungsentwicklung verantwortlich für die Analyse und Optimierung von Geschäftsvorfällen, ihre Implementierung in der Ablauforganisation, die Identifikation nutzbarer und bereits vorhandener Operationen, die Formulierung von Aufträgen zur Realisierung neuer Operationen (die derselbe Mitarbeiter dann in seiner Rolle als Programmierer ausführt, falls er für den zugehörigen Objekttyp verantwortlich ist) sowie die Realisierung der Ablauflogik in der Steuerungsschicht der technischen Anwendungsarchitektur. Das Verständnis der Anwendungsentwicklung als Dienstleistungsbereich innerhalb des Unternehmen wird dadurch gefördert, daß Organisationsentwickler das „Produktmanagement" und Systemspezialisten die „Produktentwicklung" übernehmen.

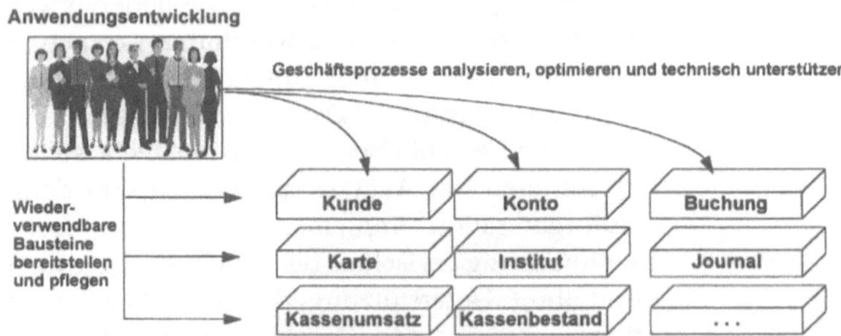

Abb. 6-5: Aufgaben der Anwendungsentwicklung

Der hier exemplarisch dargestellten Aufgabenverteilung der Anwendungsentwicklung liegt die Auffassung zugrunde, daß aufgrund der heutigen Anforderungen an die Anwendungsentwicklung nicht nur wie bisher die DV-technische Sicht auf die Anwendungssysteme erforderlich ist, die sich in der Abb. 6-5 in der Horizontalen erschließt. Darüber hinaus ist eine Sicht auf die Geschäftsprozesse notwendig, wie sie in Abb. 6-5 in der Vertikalen dokumentiert ist, um der Anforderung nach verbesserter Unterstützung der Geschäftsfunktionen gerecht zu werden. Produktentwicklung und Produktmarketing werden zu gleichberechtigten Aufgabenfeldern auch für die Anwendungsentwicklung innerhalb eines Unternehmens.

Analytiker/Organisationsentwickler

Das Interesse der Analytiker/Organisationsentwickler besteht darin, Anwendungssysteme mit weitreichender Unterstützung der Geschäftsprozesse schnell zu realisieren und Wirtschaftlichkeit des Projektes mit Hilfe eines hohen Anteils an wiederverwendeten Bausteinen zu erreichen. Der Erfolg des Projektes ergibt sich aus Termintreue, Produktivität und Geschick im Umgang mit der auftraggebenden Fachseite. Die Produktivität, die die wirtschaftliche Abwicklung eines Projektes bestimmt, bemißt sich am Verhältnis von Output zu Input. Der Input wird bestimmt durch das Projektbudget, während der Output sich am erreichten Nutzen für das Unternehmen, an der Komplexität der Projektanforderungen und an der erreichten Qualität der Projektergebnisse bemißt.

Systemspezialisten und Programmierer

Die Programmierer und Systemspezialisten verfolgen das Interesse, mittels hoher Qualität der Bausteine geringe korrektive Wartungsaufwände zu produzieren, adaptive Wartungsaufwände zum Beispiel für die Integration neuer Operationen auf das wirklich erforderliche Maß einzugrenzen und korrigierend zum letztgenannten Interesse mittels „Vermarktung" der Bausteine eine hohe Wiederverwendungsrate zu erreichen. Das Interesse des Systemspezialisten und Programmierers steht damit der schnellen Realisierung („quick and dirty") entgegen, da seine Aufgabe in der Produktion und Pflege stabiler und wiederverwendbarer Bausteine liegt (*MOA89*). Der Erfolg der Programmierer und Systemspezialisten ergibt sich demnach aus der Güte der produzierten Bausteine und aus dem Geschick, zwischen Vermarktungsinteresse einerseits und Anpassungs-/Erweiterungsaufwänden andererseits zu manövrieren.

Akzeptanz der Wiederverwendung

Die Wiederverwendung von Anwendungsbausteinen führt zu Anforderungen an die Systemspezialisten und Programmierer, wie zum Beispiel der Entwicklung oder Anpassung von Operationen eines Objekttyps. Die Erfüllung dieser Anforderungen wird in enger Abstimmung mit dem zentralen Objektmanagement zwischen den beteiligten Analytikern und Programmierern diskutiert. Das Objektmangement übernimmt hierbei die Aufgabe der unternehmensweiten Koordination und fördert die Akzeptanz der Wiederverwendung durch Moderation des Abstimmungsprozesses zwischen Organisationsentwicklern und Systemspezialisten.

6.2.2 Organisation der Wiederverwendung

Die Produktion wiederverwendbarer Bausteine führt erst dann zu einer merklichen Reduktion der Fertigungstiefe in der Anwendungsentwicklung, wenn es gelingt, die tatsächliche Nutzung der wiederverwendbaren Bausteine zu organisieren und Akzeptanz zu schaffen. Die Organisation der Wiederverwendung verfolgt das Ziel einer weiträumigen Nutzung der vorhandenen Bausteine. Hierzu muß die Nutzbarkeit der Anwendungsbausteine sukzessive durch Standardisierung der Geschäftsvorfälle, soweit es ohne Einbußen in der Wettbewerbsfähigkeit möglich ist, und durch Generalisierung der in den Anwendungsbausteinen realisierten Operationen gesteigert werden.

Wiederverwendung technischer Funktionen

Die Wiederverwendung technischer Funktionen wird heute bereits häufig praktiziert. So finden sich in den meisten Unternehmen Bibliotheken mit Funktionen zur Fehlerbehandlung, Transaktionssicherung, Präsentation oder Datenhaltung. Diese Form der Wiederverwendung, die in der Regel Unterprogramme als Implementierung funktionaler Abstraktionen betrifft, wird im Zuge der Realisierung von Client/Server-Architekturen um die Wiederverwendung von Bausteinen mit fachlichen Inhalten ergänzt. Diese Anwendungsbausteine sind in Form von Datenabstraktionen als Objekttypen realisiert. Um diese Form der Wiederverwendung zu organisieren, muß die Navigation in der Bibliothek der wiederverwendbaren Bausteine auf der Basis fachlicher Inhalte erfolgen. Je früher im Projekt die Möglichkeit einer Wiederverwendung aufgedeckt wird, um so größer ist die Wiederverwendungsrate und die damit verbundene Produktivitätssteigerung. Was liegt also näher, als bereits im Rahmen der Modellierung der Geschäftsprozesse die Möglichkeit einer Wiederverwendung in Betracht zu ziehen? Grundlage dafür ist ein Domänen-orientierter Ansatz zur Organisation der Wiederverwendung (*KÜF94*). Eine Domäne ist ein Anwendungsbereich, für den ähnliche Softwaresysteme konstruiert werden. Dieser Anwendungsbereich wird also durch eine Menge von Objekttypen beschrieben, aus denen die Softwaresysteme entwickelt werden. Ausgangspunkt für ein Projekt ist demnach die Suche nach den erforderlichen Objekttypen innerhalb der Domäne. Der Suchprozeß kann nur auf der Basis fachlicher Kriterien, die sich aus den Geschäftsprozessen ergeben, ablaufen.

Der richtige Granularitätsgrad

Die erfolgreiche Organisation der Wiederverwendung setzt voraus, daß bei der Produktion der Anwendungsbausteine der richtige Grad an Granularität gewählt wird. Bausteine mit zu großem fachlichen oder technischen Abdeckungsgrad sind nicht allgemeingültig nutzbar. Ein zu kleiner fachlicher Abdeckungsgrad führt zu einer Inflation von Anwendungsbausteinen, die mit vertretbarem Aufwand nicht administrierbar sind.

Objektmanagement

Die unternehmensweite Organisation der Wiederverwendung orientiert sich am Planungsraster der funktionalen Projektplanung. Die Matrix von Objekttypen, Operationen und Geschäftsvorfällen ist nicht nur das zentrale Projektdokument, sondern wird in einer zentralen Organisationseinheit, dem Objektmanagement, unternehmensweit zusammengeführt. Exemplarisch soll die zentrale Planungsmatrix gezeigt werden, die auch der Organisation der Wiederverwendung im Sinne einer Navigationshilfe dient (s. Tab. 6-2). Für das Gesamtunternehmen wird ein solches zentrales Planungs- und Navigationsinstrument in einem Data Dictionary oder einer speziellen Datenbankanwendung realisiert. In dieser Form kann die Datenbasis dann sowohl als Erfahrungsdatenbank bei der Projektplanung wie auch als Navigationshilfe bei der Suche nach nutzbaren Anwendungsbausteinen dienen.

Spalten 1–8 gehören zu *Projekt B*.

Geschäftsvorfall / Objekttyp / Operation	1	2	3	4	5	6	7	8	Komplexität Datenstruktur	Komplexität Operationen	Komplexität Objekttyp	Ablage Spezifikation	Ablage Source	verantwortlich
Kunde									10			...	...	...
anlegen	x						x			8				
ändern	x			x				x		8				
löschen					x	x				8				
suchen/lesen	x	x	x	x	x	x	x	x		4				
anschreiben	x			x	x		x	x		9				
abrechnen		x								10				
...											57			
Vertrag									10			...	...	...
anlegen			x	x		x				7				
...														
Komplexität d. GeVo.	9	1	6	10	5	4	5	8						

Tab. 6-2: Zentrale Planungs- und Navigationshilfe

Frühzeitige Identifikation von Wiederverwendungspotentialen

Die Voruntersuchung jedes Projektes liefert einen Begriffskatalog, der erste Ideen zu den benötigten Objekttypen enthält. Sobald die zentrale Datenbasis durch mehrere Projekte in einer ersten Version gefüllt ist, können die in ihr enthaltenen Objekttypen bereits als übergeordneter Katalog zur Auswahl der für einzelne Projekte relevanten Begriffe dienen. Dann werden die benötigten Objekttypen mit den bereits vorhandenen Operationen aus der zentralen Datenbasis entnommen. Auf diese Weise können wiederverwendbare Operationen bereits bei der Grobmodellierung der Geschäftsvorfälle im Rahmen der Projektplanung berücksichtigt werden.

Organisation der Wiederverwendung durch das Objektmanagement

Die Organisation der Wiederverwendung setzt eine zentrale Administrationsfunktion voraus. Ein Objektmanagement oder Daten- und Funktionsmanagement, wie es in manchen Unternehmen genannt wird, übernimmt die Konsolidierung der Begriffskataloge und funktionalen Projektplanungen. Es ist für die Ableitung und Veröffentlichung des zentralen Begriffskatalogs verantwortlich und überwacht die Pflege der Dokumentationen zu allen Objekttypen. Die Dokumentation selbst wird in der Anwendungsentwicklung von dem jeweils verantwortlichen Programmierer/Systemspezialisten vorgenommen (s. zum Beispiel die Spalte „Spezifikation" in Tab. 6-2). Das zentrale Objektmanagement koordiniert mit den Projekten

- die Aufnahme neuer Objekttypen,

- die Aufnahme neuer Operationen zu bereits vorhandenen Objekttypen und

- die Aufnahme neuer Attribute zu bereits vorhandenen Objekttypen.

Definierte Verantwortlichkeit

Wenn Projektteam, Fachseite und Objektmanagement darin übereinstimmen, daß ein neuer Objekttyp aufzunehmen ist, wird innerhalb der Anwendungsentwicklung die Verantwortlichkeit für diesen Objekttypen definiert (s. letzte Spalte in Tab. 6-2). Anschließend wird der Auftrag zur Realisierung an die Anwendungsentwicklung vergeben.

Einordnung des Objektmanagements

Sollen neue Operationen oder Attribute aufgenommen werden, so prüft das Objektmanagement (s. Abb. 6-6) in enger Abstimmung mit der Fachseite und dem Projektteam die Notwendigkeit dieser neuen Elemente. Dabei ist primär die Frage zu klären, ob nicht bereits vorhandene Datenstrukturen oder Operationen genutzt werden können.

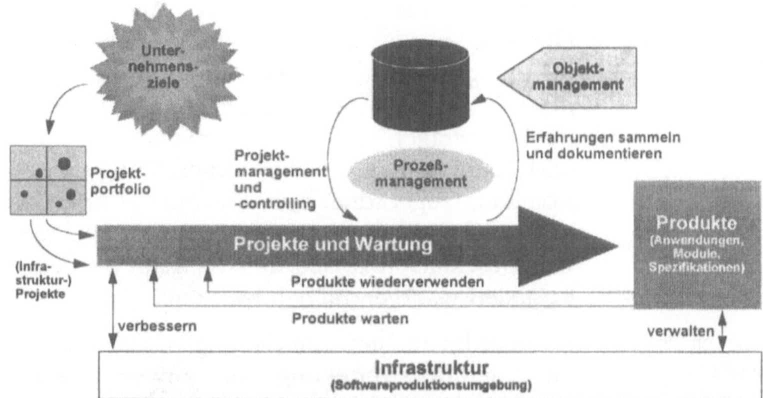

Abb. 6-6: Die Rolle des Objektmangements in der Ablauforganisation der Anwendungsentwicklung

Sammlung von Erfahrungswerten

Das Objektmanagement kontrolliert das Portfolio der vorhandenen Bausteine und mißt den Grad der Wiederverwendung. Darüber hinaus werden vom Objektmanagement Erfahrungswerte zur Relation zwischen Komplexität von Operationen, Objekttypen, Geschäftsvorfällen und Aufwand zu deren Realisierung gesammelt und den Projekten zur Unterstützung der Aufwandschätzung zur Verfügung gestellt. Die Referenztabellen und Algorithmen zur Beurteilung der Komplexität von Objekttypen und Operationen in den verschiedenen Projektphasen werden gleichfalls vom zentralen Objektmanagement gepflegt. Damit leistet das zentrale Objektmanagement einen wesentlichen Beitrag zum Prozeßmanagement der professionellen Anwendungsentwicklung, indem es Erfahrungswerte aus Projekten und Wartungsaktivitäten aufnimmt.

6.3 Organisation der Verteilung

Die Anwendungsentwicklung wird im Zuge der Migration zu Client/Server-Architekturen selbst verstärkt in die Diskussion um die Dezentralisierung involviert. Neben der organisatorischen Gestaltung der zentralen Anwendungsentwicklung stellt sich damit im Client/Server-Umfeld die Frage nach der Einbindung dezentraler Entwicklungsressourcen in den Prozeß der Anwendungsentwicklung. Ein immer größer werdender Anteil der Softwaresysteme wird nicht durch zentrale DV-Abteilungen entwickelt, sondern durch ausgelagerte Gruppen von Anwendungsentwicklern, die direkt mit den Anwendern zusammenarbeiten, oder durch die Anwender selbst. Marktforscher prognostizieren einen Anteil von mehr als 70% dezentraler, professioneller Anwendungsentwicklung oder Entwicklung durch Endbenutzer innerhalb der nächsten 5 Jahre (*GAR94a*). Demnach müssen die Funktionsträger, die wiederverwendbare Bausteine entwickeln und bereitstellen, nicht zwangsläufig einer zentralen DV-Abteilung zugeordnet sein. Sowohl die horizontale wie die vertikale Sicht auf die Anwendungsbausteine, die zur Realisierung von Geschäftsprozessen dienen, kann also auch durch dezentrale Stellen wahrgenommen werden.

Wartung von Client/Server-Applikationen

Darüber hinaus gewinnt die Organisation des Wartungsprozesses im Zuge der Verteilung von Anwendungen in Client/Server-Architekturen für den IV-Bereich größere Bedeutung. In Zukunft wird es für den Erfolg der Anwendungsentwicklung jedoch von entscheidender Bedeutung sein, den Prozeß zur korrektiven oder adaptiven Veränderung vorhandener Client/Server-Anwendungen zu beherrschen. Aufgrund von

- Heterogenität der Client/Server-Systeme,

- weiträumiger geographischer Verteilung,

- Integration von Standardsoftwarekomponenten in Client/Server-Applikationen, die Versionswechseln unterworfen sind, und

- sich noch entwickelnder Werkzeugunterstützung

wird der Prozeß der Softwarewartung sehr viel komplexer als gegenwärtig. Ein Veränderungsmanagement, daß diesen Wartungsprozeß steuert, muß implementiert und anschließend durch Werkzeuge unterstützt werden (s. Abb. 6-7).

Das Veränderungsmanagement umfaßt

- Erfassung und Dokumentation der adaptiven oder korrektiven Wartungsanforderung,

- Analyse der Auswirkungen und Abschätzung des Aufwands,

- Priorisierung der Wartungsanforderungen anhand des Produktportfolios,

- Formulierung der Wartungsaufträge,

- Durchführung der Änderungen,

- Test,

- Konzeption der Maßnahmen zur Sicherung der Konsistenz bei Einführung der Änderungen,

- Konzeption von Maßnahmen zur Rücknahme der Veränderung bei fehlerhafter Einführung der Änderungen,

- Vorbereitung und gegebenenfalls Schulung der Benutzer,

- Verteilung der Änderungen im Netz.

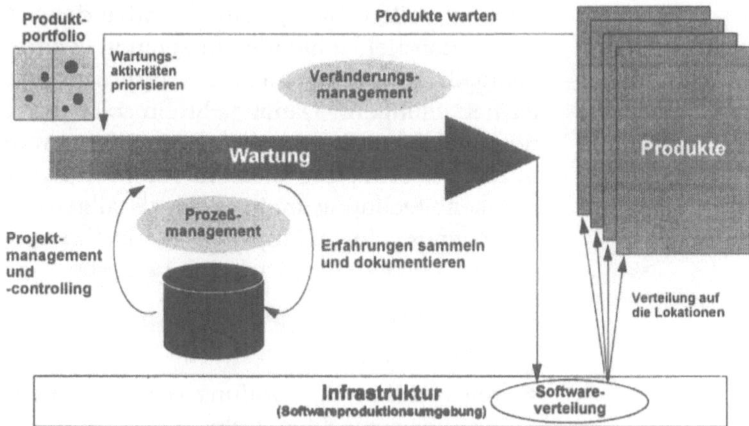

Abb. 6-7: Veränderungsmanagement in Client/Server-Umgebungen

Die erforderliche Werkzeugunterstützung für das Veränderungsmanagement betrifft

- Versions- und Konfigurationsverwaltung,

- Dokumentation und Auswertung,

- Konfigurationsunterstützung und

- Softwareverteilung im Netz.

Projektmanagement

Neben den Problemen, die aus der Organisation einer verteilten Anwendungsentwicklung erwachsen, stellen sich weitere Anforderungen an das Management der Client/Server-Projekte. Die erfolgreiche Durchführung eines Projektes zur Entwicklung einer verteilten Anwendung erfordert die Kooperation von Mitarbeitern verschiedenster Qualifikationen. Neben der Anwendungsentwicklung für Host- und Workstation-Systeme müssen gegebenenfalls Systementwicklung und Systemtechnik im Projekt vertreten sein. Die erforderliche enge Zusammenarbeit zwischen diesen Gruppen, die in reinen Großrechnerumgebungen so kaum anzutreffen ist, schafft ein hohes Konfliktpotential, das von der Projektleitung sorgfältig beobachtet und begrenzt werden muß. Offene Kommunikation, regelmäßige Information und institutionalisierte Verfahren zur Konfliktbewältigung sind in einem solchen Projekt unverzichtbar.

Erfolgszwang

Der Einstieg in neue Techniken bringt einerseits hohe Risikofaktoren mit sich. Andererseits ist die Erwartungshaltung in bezug auf solche innovativen Projekte extrem hoch. Verteilte Anwendungen sollen häufig lange vorhandene Mißstände beheben (zum Beispiel fehlende Integration verteilter Datenbestände, mangelhafte Unterstützung anspruchsvoller Tätigkeiten in Fachabteilungen). Damit steht ein solches Projekt im Mittelpunkt des Interesses und unter hohem Erfolgszwang. Die Projektorganisation kann dieser Situation zum Beispiel durch folgende Maßnahmen Rechnung tragen, die als allgemein gültige Projektmanagementregeln in Projekten zur Realisierung verteilter Anwendungen besonderer Beachtung bedürfen:

- Erhebung und Operationalisierung der Projektziele in der Vorphase,

- regelmäßige Überprüfung des Projektfortschritts anhand der meßbar gemachten Ziele,

- Orientierung an den Projektzielen bei notwendigen Entscheidungen im Projekt,

- regelmäßige Informationsveranstaltungen für Fachabteilungen, Management und Informationsverarbeitung und

- Partizipation der Fachabteilung am Projekt.

6.4 Standardisierung

Integration von Anwendungssystemen wurde als ein wichtiges Kriterium für Client/Server-Architekturen genannt. Diese Integration von neuen Anwendungen, Altsystemen und Standardsoftware setzt eine Interoperabilität voraus, die nur mit Hilfe von Standards für die Entwicklungs- und Zielumgebung erreicht werden kann. Die Wichtigkeit solcher Standards wird in Erfahrungsberichten von Unternehmen deutlich, die bereits große Client/Server-Installationen betreiben. Da ist die Rede von produktionshemmender Heterogenität (*CZ92a*), und von Konflikten in der Welt der offenen Systeme (*CW92a*). Standards sind die Voraussetzung für Integration und verhindern damit Inselbildungen.

Standards sorgen für Portabilität und sichern damit Investitionen. Standards legen den Grundstein für eine Skalierbarkeit der Anwendungen und deren Anpassung an die Erfordernisse des Unternehmens.

Standards

Den Ausgangspunkt für die Überlegungen zur Standardisierung bilden vorhandene „de jure" - Standards wie zum Beispiel DIN, ISO oder CCITT, Industriestandards und Standards von marktorientierten oder Non-Profit-Organisationen. Die Organisationseinheit „Forschung und Entwicklung" innerhalb des Bereichs Informationsverarbeitung ist zuständig für die Beobachtung und gegebenenfalls Übernahme solcher Standards für das eigene Unternehmen. Dort wo keine Standards übernommen werden können, geht es um die Entwicklung eines eigenen Hausstandards, der in die technische Anwendungsarchitektur integriert wird.

Akzeptanz der Standards

Unabhängig von der Herkunft des Standards muß Akzeptanz für seine Einhaltung geschaffen werden. Ein Maßnahmenkatalog zur Einführung von Standards umfaßt zum Beispiel folgende Aktivitäten:

- Informationsveranstaltungen und Fragestunden,

- Sammlung von Anregungen und Verbesserungsvorschlägen,

- Ausbildungsmaßnahmen,

- Publikation von Wirtschaftlichkeitsrechnungen,

- Nachkalkulation und Information.

Software-Produktionsumgebung

Die entwickelten und adaptierten Standards manifestieren sich in der Software-Produktionsumgebung des Unternehmens. Die professionelle Entwicklung von Client/Server-Applikationen setzt eine Software-Produktionsumgebung voraus, in der plattformübergreifend Methodik, Vorgehensmodell, Projektmanagementstandards und Entwicklungswerkzeuge durchgängig für alle Phasen des Lebenszyklus von Anwendungen definiert sind (*MÜH88*). Die Software-Produktionsumgebung wird durch zentrale Organisationseinheiten (zum Beispiel „Standards und Methoden") entwickelt und gepflegt.

Ein Überblick zu den Komponenten einer Software-Produktionsumgebung für die Anwendungsentwicklung in Client/Server-Architekturen und zu einem Evaluationsverfahren wird im folgenden Kapitel gegeben.

7 Migration zu Client/Server-Architekturen

Around computers it is difficult to find the correct unit of time to measure progress. Some cathedrals took a century to complete. Can you imagine the grandeur and scope of a program that would take as long ?

(Epigrams on Programming, A.Perlis)

7.1 Entwicklung einer Client/Server-Strategie

Häufig entsteht das Client/Server-Pilotprojekt in einem Unternehmen nicht im Rahmen einer Client/Server-Strategie, sondern aus technologischen Erfordernissen oder Anforderungen der Anwender heraus. Typische Beispiele für solche Projekte sind Unterstützung des Außendienstes mittels mobiler DV („Notebook") oder Realisierung eines „Executive Information Systems" mit qualitativ hochwertiger (graphischer) Benutzeroberfläche. Ein solches Pilotprojekt gibt dann den Anstoß zur Entwicklung der weiteren Client/Server-Strategie.

In anderen Unternehmen, in denen der Anwendungsstau bezogen auf die Client/Server-Architektur noch nicht ausreichend ist, um ein Pilotprojekt zu initiieren, nähert man sich dem Thema eher auf der planerischen Ebene.

Unabhängig davon, wie das Thema „Client/Server-Strategie" auf die Tagesordnung gelangt, stellen sich Fragen wie diese:

- Welche der geplanten Projekte werden in Form einer Client/Server-Architektur realisiert ?

- Für welche Altanwendungen ist darüber hinaus eine Migration in die Client/Server-Welt sinnvoll ?

- Welche dieser Altanwendungen können ohne zusätzliche Restrukturierungsmaßnahmen portiert werden ?

- Welche dieser Altanwendungen können nach Restrukturierung portiert werden ?

- Welche dieser Altanwendungen sollen sofort durch neue Client/Server-Anwendungen abgelöst werden ?

- Für welche Altanwendungen ist eine Migration in die Client/Server-Welt nicht sinnvoll ?

Antworten auf diese Fragen werden durch eine Analyse und Beurteilung technischer, organisatorischer und insbesondere wirtschaftlicher Randbedingungen gefunden. In technischer Hinsicht sind Kriterien wie zum Beispiel die Verteilbarkeit der Daten und Funktionen, Replikationsmöglichkeiten oder Leistungsfähigkeit der Kommunikationsnetze zu beurteilen. Unter organisatorischen Gesichtspunkten ist zum Beispiel der Grad der geographischen Verteilung oder die geforderte Ausfallsicherheit des Systems zu betrachten. Die Analyse der Wirtschaftlichkeit nimmt sowohl für Neuprojekte wie auch für Altanwendungen Kosten- und Nutzenerwartungen auf.

Portfolio für Client/Server-Projekte

Die Beantwortung der genannten Fragen resultiert im Client/Server-Projektportfolio, in dem Client/Server-Neuprojekte, Ablösungsvorhaben, Restrukturierungs- und Portierungsmaßnahmen zusammengefaßt, bewertet und priorisiert werden. Das Client/Server-Projektportfolio erlaubt darüber hinaus Aussagen zur bevorzugten Realisierungsform und zeigt Bereiche auf, in denen aufgrund geringer wirtschaftlicher und strategischer Bedeutung der Projekte kein günstiger Amortisationszeitraum für die mit der Client/Server-Architektur verbundenen Investitionen zu erwarten ist.

Client/Server-Infrastruktur

Neben dem Aufbau des Projektportfolios hat eine Client/Server-Strategie die Aufgabe, Aktivitäten zum Aufbau der erforderlichen Infrastruktur zu definieren. Aus dem Client/Server-Projektportfolio resultieren Anforderungen an die Software-Produktionsumgebung. Wenn zum Beispiel die Analyse der Altsysteme ergibt, daß viele in COBOL realisierte Altanwendungen ohne Restrukturierung in die Client/Server-Welt überführt werden könnten, so ist dies ein gewichtiges Argument für eine Software-Produktionsumgebung, die auch im Client/Server-Bereich die Programmiersprache COBOL beinhaltet.

Konzentration auf die wichtigsten Projekte

Mit der Ableitung des Client/Server-Projektportfolios aus der Analyse des Anwendungs- und Projektportfolios ist eine Konzentration auf die wichtigsten Projekte beabsichtigt, um eine zielgerichtete Investition zu gewährleisten (s. Abb. 0-1: Ableitung). Die Migration zu einer Client/Server-Architektur ist mit nicht unbeträchtlichen Investitionen in Infrastruktur, Migration und Ausbildung verbunden. Deshalb sollten die richtigen Projekte für die Migration ausgewählt werden. Um diese Projekte dann auch in der richtigen Weise abwickeln zu können, ist der Aufbau der Client/Server-Infrastruktur ausgehend von den Anforderungen der Migration erforderlich.

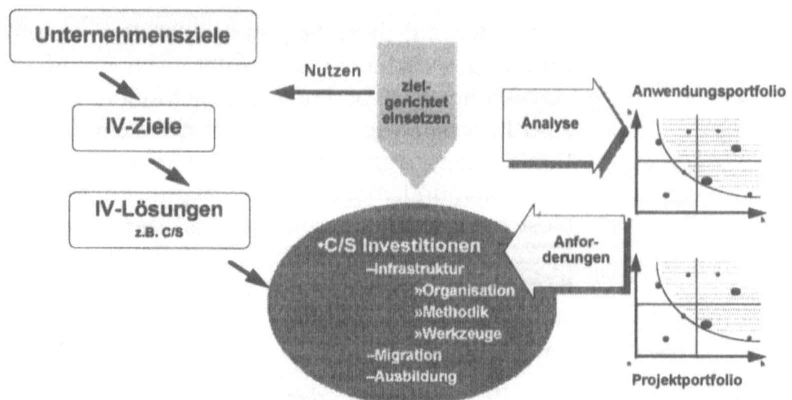

Abb. 0-1: Ableitung der C/S-Strategie aus den Zielen und Porte-
feuilles

IV-Ziele

Aus den Unternehmenszielen ergeben sich die Ziele der Informationsverarbeitung, für die adäquate Lösungen gefunden werden müssen. Ziele wie zum Beispiel „Optimale Unterstützung
der Geschäftsprozesse durch IV-Systeme" fließen in den Prozeß
der Projektdefinition ein. Die für ein Projekt gewählten Lösungen orientieren sich an den Zielsetzungen der auftraggebenden
Fachseite und berücksichtigen die strategischen IV-Ziele.

Anwendungs- und
Projektportfolio

Die Implementierung von IV-Lösungen in einer Client/Server-
Architektur macht Investitionen in die Infrastruktur, die Migration
und die Ausbildung erforderlich. Aus der Analyse des Anwendungsportfolios ergeben sich Hinweise darauf, welche der vorhandenen Systeme in eine Client/Server-Architektur überführt
werden. Die Analyse des Projektportfolios liefert Informationen
über Client/Server-Neuprojekte. Die Gestaltung der Infrastruktur
orientiert sich an diesen Anforderungen. Darüber hinaus werden Migrations- und Neuprojekte identifiziert, die unter Nutzung
einer Client/Server-Lösung einen großen Beitrag zu den IV- und
Unternehmenszielen leisten. Im Anwendungs- und/oder Pro-
duktportfolio und im Projektportfolio spiegelt sich dieser Sachverhalt.

Die resultierende Client/Server-Strategie schafft die notwendige
Infrastruktur zur

- Unterstützung der IV-Ziele und zur

- Realisierung der Migrations- und Neuprojekte, die eine hohe
  Bedeutung für die Unternehmensziele besitzen.

Die Analyse von Unternehmenszielen, IV-Zielen, Anwendungsportfolio und Projektportfolio liefert also zunächst Anforderungen an die Client/Server-Software-Produktionsumgebung (das „Wie") und bestimmt dann die Bereiche, in denen eine Client/Server-Migration beziehungsweise Neuentwicklung sinnvoll ist (das „Was").

Planungsworkshop Das anschließend dargestellte Analysevorgehen ist der methodische Rahmen eines Planungsworkshops, in dem die folgenden Bewertungen durch Führungskräfte des IV-Bereichs vorgenommen werden. Eine Detailanalyse des Produkt- und Projektportfolios, die den Rahmen eines Workshops sprengen würde, ist mit derselben Methodik durchführbar. Der Aufwand für eine solche Detailanalyse muß im Einzelfall den mit einer Fehlentscheidung verbundenen Risiken gegenübergestellt werden. Die Analyse in Form eines Planungsworkshops mit dem IV-Management hat sich in der Praxis als nutzbringend erwiesen.

7.2 Ableitung des Client/Server-Projektportfolios

7.2.1 Analyse des Anwendungsportfolios

7.2.1.1 Methodisches Vorgehen

Das Anwendungsportfolio eines Unternehmens enthält alle Anwendungssysteme, die im eigenen Haus im Einsatz sind oder bei Kunden installiert wurden. Im Rahmen einer Client/Server-Strategie ist zu klären, welche Implikationen sich aus der Migration in die Client/Server-Welt für diese Anwendungssysteme ergeben. Neben den technischen Auswirkungen, die sich unter Umständen zum Beispiel mit der Realisierung zusätzlicher Schnittstellen ergeben, sind Implikationen in Gestalt von Ablösungs- oder Reengineeringprozessen zu bedenken. Im Rahmen der Analyse des Produktportfolios sind demnach folgende Fragen zu klären:

I. Hat das Produkt zur Zeit Defizite ?

II. Sind diese Defizite mit einer Migration in die Client/Server-Architektur zu beheben ?

III. Welchen strategischen und wirtschaftlichen Nutzen bringt eine Migration ?

IV. Was kostet die Migration ?

Das Portfolio der Altsysteme, aus dem Aussagen zur Erhaltung, Umstellung und Ablösung vorhandener Anwendungssysteme abgeleitet werden können, resultiert aus der Analyse der existierenden Anwendungen hinsichtlich

- des Ablösungsbedarfs,
- der Client/Server-Eignung,
- des zu erwartenden Nutzens einer Ablösung und
- der zu erwartenden Kosten einer Ablösung.

Für die vorhandenen Anwendungen und Produkte resultiert aus der Analyse eine Einordnung, die Aufschluß über den weiteren Umgang mit den Altsystemen gibt.

7.2.1.2 Analyse des Ablösungsbedarfs

Hat das Produkt Defizite?

Das Produkt wird zunächst hinsichtlich Alter, Wartungsaufwand und Benutzerunzufriedenheit bewertet, um daraus den Ablösungsbedarf für das Anwendungssystem abzuleiten (s. Tab. 7-1). Für die Kriterien erfolgt eine Bestimmung der Kategorien „Niedrig", „Mittel" und „Hoch" in Anlehnung an die Ausgangssituation des Unternehmens. Gibt es zum Beispiel Anwendungssysteme im Alter zwischen 0 und 10 Jahren, so liegt eine Kategorisierung in folgender Form nahe:

0 - 3 Jahre	Niedrig
4 - 6 Jahre	Mittel
7 - 10 Jahre	Hoch.

Der Wartungsaufwand wird in ähnlicher Form mittels der zugehörigen Kostenstelle pro Anwendung bewertet. Die Benutzerzufriedenheit ergibt sich aus der Anzahl von Anfragen und Beschwerden oder aus einer Benutzerbefragung. Sollten keine Zahlen zu den Kriterien vorliegen, kann eine Abschätzung durch die Mitarbeiter erfolgen, die für die Pflege des Anwendungssystems verantwortlich sind.

Der Ablösungsbedarf einer Anwendung ergibt sich aus der Summe der Einzelbewertungen für Alter, Wartungsaufwand und Benutzerunzufriedenheit.

AL_i =	Bewertung des Alters der Anwendung i	
WA_i =	Bewertung des Wartungsaufwands für i	
BU_i =	Bewertung der Benutzerunzufriedenheit für i	
AB_i =	$AL_i + WA_i + BZ_i$	(Ablösungsbedarf für i)

Aus der beschriebenen Bewertung ergibt sich eine Rangliste aller Anwendungssysteme bezogen auf ihren Ablösungsbedarf.

Anwendungs-system	Alter	Wartungs-aufwand	Benutzer-unzufrieden-heit	Ablösungs-bedarf
AS1	1	3	1	**5**
AS2	2	2	2	**6**
AS3	3	3	1	**7**
AS4	3	3	3	**9**
AS5	1	1	1	**3**
AS6	2	2	1	**5**
AS7	1	2	1	**4**
...				
1 = niedrig, 2 = mittel, 3 = hoch				

Tab. 7-1: Bewertung des Ablösungsbedarfs

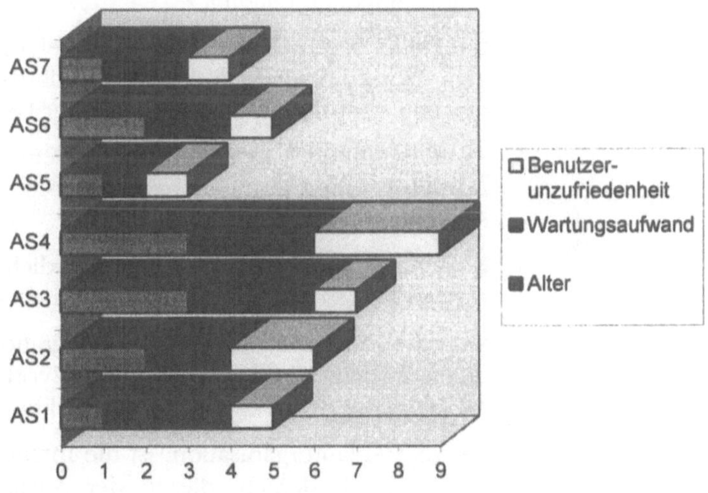

Abb. 7-8 : Ablösungsbedarf von Altanwendungen

7.2.1.3 Analyse der Client/Server-Eignung

Anhand eines Kriterienkatalogs wird primär für die defizitären Anwendungssysteme eine erste Bewertung der Eignung einer Client/Server-Lösung für dieses Anwendungssystem durchgeführt. An diesem Punkt wird deutlich, daß es sich bei der Client/Server-Architektur um lediglich eine der möglichen Lösungen für eine Problemstellung handelt. Die Migration in eine Client/Server-Landschaft kann keinesfalls das Ziel der Anwendungsentwicklung sein. Die Client/Server-Architektur ist lediglich eine Lösung unter mehreren. Im Einzelfall muß geprüft werden, ob diese Lösung die richtige ist. Der Kriterienkatalog gibt erste Hinweise, die in der anschließenden Bewertung des potentiellen Nutzens einer Migration verfeinert werden. Anhand des Kriterienkatalogs (s. Tab. 7-2) können aber bereits Anwendungssysteme aus der weiteren Analyse ausgeschlossen werden, die nicht prädestiniert für eine Client/Server-Lösung sind. Die zu bewertenden Kriterien sind im einzelnen:

1. verteilte Aufbauorganisation: ist das zu unterstützende Anwendungsgebiet räumlich verteilt oder sind mehrere Organisationseinheiten beteiligt ?

2. Integrationsbedarf: sind zum Beispiel operative Anwendungen, Bürokommunikation oder Standardsoftware zu integrieren und dem Benutzer in einheitlicher Form zu präsentieren ?

3. Ausfallsicherheit: bestehen besondere Anforderungen an Ausfallsicherheit in einem geographisch weiträumig verteilten Anwendungsgebiet ?

4. Kosteneinsparung: ist mit einer merklichen Verlagerung von Anwendungen auf kostengünstige Hardware zu rechnen ?

5. Verteilte Datenbestände: ist die Integration von Datenbeständen erforderlich, die bereits verteilt vorliegen (zum Beispiel die Integration von Lager- und Produktionsdaten) ?

6. verteilte Ablauforganisation: ist die Integration von Geschäftsvorfällen erforderlich, die in der Ausgangssituation verteilt ablaufen (zum Beispiel die Integration von Angebotserstellung und Auftragsbearbeitung) ?

7. Skalierbarkeit: muß ein Geschäftsbereich unterstützt werden, dessen Wachstum erwartet wird aber nur bedingt vorhersagbar ist ?

8. Benutzerunterstützung: bestehen hohe Anforderungen an die Unterstützung der Endbenutzer ?

gibt es Anforderungen, die für eine C/S-Lösung sprechen ?								
	Kriterien							
	1	2	3	4	5	6	7	8	Summe
AS1	1	1	0	0	0	1	0	0	3
AS2	1	1	2	0	0	0	2	2	8
AS3	0	0	1	1	0	0	1	2	5
AS4	0	0	0	2	0	0	1	2	5
AS5	1	2	0	0	1	2	0	1	7
AS6	2	1	0	2	2	2	1	2	12
AS7	1	2	0	0	1	1	0	2	7
...								
0 = trifft nicht zu, 1 = trifft partiell zu, 2 = trifft vollständig zu								

Tab. 7-2 : C/S-Kriterienkatalog „Anforderungen"

Die Beurteilung der genannten Kriterien gibt Aufschluß darüber, ob Anforderungen der zu unterstützenden Geschäftsfelder oder technische Randbedingungen für eine Ablösung der vorhandenen Anwendung durch eine Client/Server-Lösung sprechen. Damit können alle Produkte aus der weiteren Betrachtung eliminiert werden, die nicht in einem Geschäftsfeld positioniert sind, in dem mit einer Client/Server-Architektur Wettbewerbsvorteile zu erwarten sind.

Anwendungssysteme mit großem Ablösungsbedarf, für die aber eine Lösung in Form einer Client/Server-Architektur nicht relevant ist, müssen auf anderem Wege optimiert werden. Möglichkeiten, die hier nicht weiter ausgeführt werden können, sind zum Beispiel Reengineering einer Großrechneranwendung oder Ablösung mittels Standardsoftware (zur Vertiefung dieses Themas seien W*AG92*, *MOA93*, *EIC92*, und *ACM94* empfohlen). Im folgenden soll die Optimierung mittels Migration in eine Client/Server-Architektur weiter vertieft werden.

7.2.1.4 Nutzenanalyse

Zur Beurteilung des Nutzens einer Migration in die Client/Server-Architektur ist eine Abschätzung der potentiellen wirtschaftlichen und strategischen Bedeutung des Anwendungssystems sinnvoll.

Die Frage, welche Anwendungen tatsächlich migriert werden, hängt von der Analyse der möglichen wirtschaftlichen und strategischen Bedeutung ab, aus der abgeleitet werden kann, ob für eine Altanwendung eine Amortisation der Migrationskosten zu erwarten ist. Hierzu wird die Anwendung in einer Zukunftsprojektion in Beziehung zu den Unternehmenszielen und Geschäftsprozessen gesetzt, um die Frage zu beantworten, welcher Nutzen sich aus diesem Anwendungssystem potentiell für das Gesamtunternehmen ziehen ließe.

Die potentielle strategische Bedeutung eines Anwendungssystems ergibt sich aus der Unterstützung der Unternehmensziele. Dahinter steht zum Beispiel die Frage, ob das als Client/Server-Lösung realisierte Anwendungssystem für das Unternehmen Alleinstellungsmerkmale am Markt schafft. Zunächst werden die Anwendungssysteme in Beziehung zu den Unternehmenszielen gesetzt, um die strategische Bedeutung zu quantifizieren. Die zugehörige Analyse (s. Tab. 7-3) ermittelt den Abdeckungsgrad der Unternehmensziele durch die Anwendungssysteme. Für jedes Unternehmensziel und jede Anwendung wird abgeschätzt, was die Applikation zur Erreichung des Unternehmensziels beiträgt. Der Abdeckungsgrad wird als prozentualer Beitrag zur Erreichung des jeweiligen Ziels formuliert und mit der Priorität des Ziels gewichtet. Die Summe der gewichteten Abdeckungsgrade ergibt die strategische Bedeutung für jedes Anwendungssystem.

	Z1	Z2	Z3	Z4	Z5	...	strategische Bedeutung
PRIO	4	8	9	2	3		
AS1	70%	50%	30%	20%	45%		
* Priorität	2,80	4,00	2,70	0,40	1,35		11,25
AS2	60%	70%	50%	40%	30%		
* Priorität	2,40	5,60	4,50	0,80	0,90		14,20
AS3	20%	20%	60%	70%	25%		
* Priorität	0,80	1,60	5,40	1,40	0,75		9,95
AS4	20%	70%	25%	20%	40%		
* Priorität	0,80	5,60	2,25	0,40	1,20		10,25
AS5	25%	20%	70%	60%	70%		
* Priorität	1,00	1,60	6,30	1,20	2,10		12,20
AS6	70%	20%	40%	60%	40%		
* Priorität	2,80	1,60	3,60	1,20	1,20		10,40
AS7	25%	70%	20%	40%	70%		
* Priorität	1	5,6	1,8	0,8	2,1		11,3
...							

Tab. 7-3 : Strategische Bedeutung der Anwendungssysteme

Die anschließende Aufnahme der wichtigsten Geschäftsprozesse liefert eine Grundlage für die Ermittlung der wirtschaftlichen Bedeutung der Anwendungssysteme. Wirtschaftliche Bedeutung erlangt eine Anwendung durch Unterstützung der Geschäftsprozesse, die für den wirtschaftlichen Unternehmenserfolg ausschlaggebend sind (s. Tab. 7-4). Es wird bewertet, in welchem Maß ein Anwendungssystem die Geschäftsprozesse unterstützt. Dieses Maß wird in Form eines prozentualen Unterstützungsgrads des Anwendungssystems für einen Geschäftsprozeß erhoben und mit der Priorität des Geschäftsprozesses gewichtet.

	GP1	GP2	GP3	GP4	GP5	...	wirtschaftliche Bedeutung
PRIO	8	3	4	7	2		
AS1	5%	90%	0%	5%	0%		
* Priorität	0,40	2,70	0,00	0,35	0,00		3,45
AS2	80%	0%	0%	0%	0%		
* Priorität	6,40	0,00	0,00	0,00	0,00		6,40
AS3	10%	0%	60%	0%	0%		
* Priorität	0,80	0,00	2,40	0,00	0,00		3,20
AS4	0%	0%	0%	0%	60%		
* Priorität	0,00	0,00	0,00	0,00	1,20		1,20
AS5	0%	0%	0%	75%	0%		
* Priorität	0,00	0,00	0,00	5,25	0,00		5,25
AS6	0%	5%	40%	10%	0%		
* Priorität	0,00	0,15	1,60	0,70	0,00		2,45
AS7	5%	5%	0%	10%	40%		
* Priorität	0,4	0,15	0	0,7	0,8		2,05
...							

Tab. 7-4: Wirtschaftliche Bedeutung der Anwendungssysteme

Die potentielle strategische und wirtschaftliche Bedeutung eines
Anwendungssystems ergibt einen Indikator für den zu erwartenden Nutzen (s. Abb. 7-9).

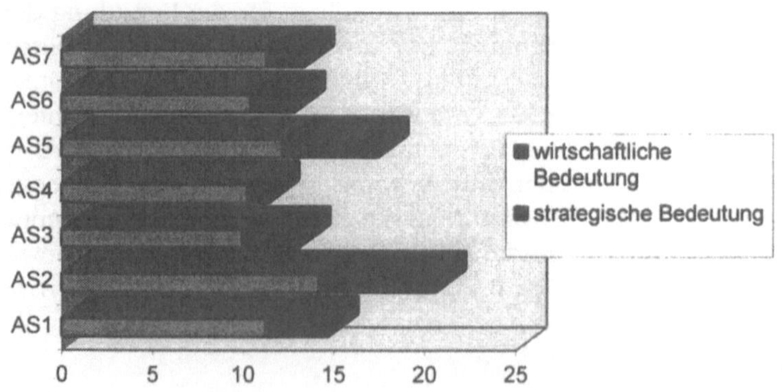

Abb. 7-9: Analyse des zu erwartenden Nutzens

7.2.1.5 Analyse der Migrationskosten

Die Kosten der Migration bestehender Anwendungen/Produkte
in die Client/Server-Landschaft sind primär von der technischen
Qualität der Systeme abhängig. Eine Softwarearchitektur, die
aufgrund guter Modularisierung, minimaler Schnittstellen und

Schichtenbildung eine Verteilung des Anwendungssystems unterstützt, ist Grundlage eines kostengünstigen Migrationsverfahrens. Monolithische Anwendungen ohne internes Schichtenmodell und ohne Berücksichtigung der Kriterien einer guten Modularisierung sind nur mit hohem Aufwand migrierbar. Anwendungssysteme mit starker Kopplung der Module untereinander, die zum Beispiel durch globale Datenbereiche entstehen, müssen vollständig neustrukturiert werden, bevor sie in einer Client/Server-Architektur verteilt werden können.

Für alle Anwendungen/Produkte, die aus der bisherigen Analyse heraus als prädestiniert für eine Migration in die Client/Server-Architektur gelten, wird zunächst die technische Qualität bewertet, die sich aus der Güte von Modularisierung, Schnittstellen und Schichtenbildung ergibt (s. Tab. 7-5). Mit der Bewertung der technischen Qualität wird die Altanwendung einer Kostenklasse zugeordnet, die Aufschluß über die zu erwartenden Kosten bei der Migration dieser Anwendung gibt.

Anwendungssystem	Qualität der Modularisierung	Qualität der Schnittstellen	Qualität der Schichtenbildung	technische Qualität
AS1	1	2	3	6
AS2	2	2	1	5
AS3	3	3	1	7
AS4	1	1	1	3
AS5	1	1	2	4
AS6	2	1	3	6
AS7	1	2	3	6
...				
1 = niedrig, 2 = mittel, 3 = hoch				

Tab. 7-5 : Bewertung der technischen Qualität

7.2.1.6 Priorisierung der Migrationsvorhaben

Strategischer und wirtschaftlicher Nutzen, Ablösungsbedarf und Ablösungskosten sind die Parameter, die zur Priorisierung der Migrationsvorhaben dienen. Anwendungssysteme/Produkte mit hohem Ablösungsbedarf, die potentiell von hoher wirtschaftlicher und strategischer Bedeutung sind und deren Migrationskosten als verhältnismäßig gering eingeschätzt werden, stehen oben auf der Liste der Migrationsprojekte (s. Abb. 7-10)

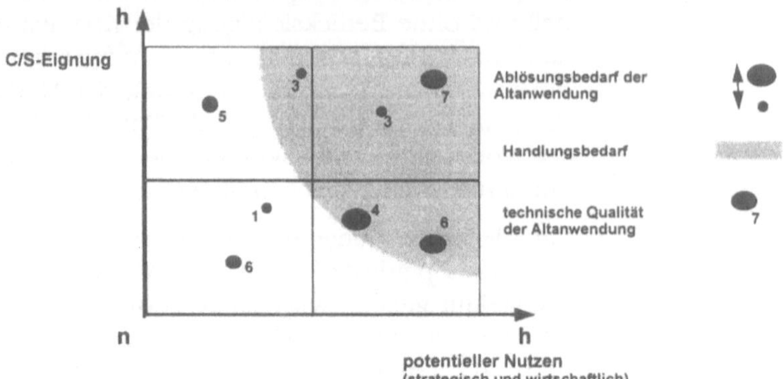

Abb. 7-10: Portfolio der Migrationsprojekte

Anwendungen/Produkte im oberen rechten Quadranten des Portfolios, deren Ablösungsbedarf hoch ist (dargestellt durch den Umfang des Punktes) und deren Migrationskosten aufgrund verhältnismäßig hoher technischer Qualität (dargestellt mit der Maßzahl neben dem Punkt) als niedrig eingeschätzt werden, sind prädestiniert für eine Überführung in die Client/Server-Architektur. Es ergibt ein Feld von Anwendungssystemen, für die Handlungsbedarf in bezug auf die Client/Server-Migration besteht. Die Priorität der Migrationprojekte spiegelt sich im „Ranking" (s. Abb. 7-11).

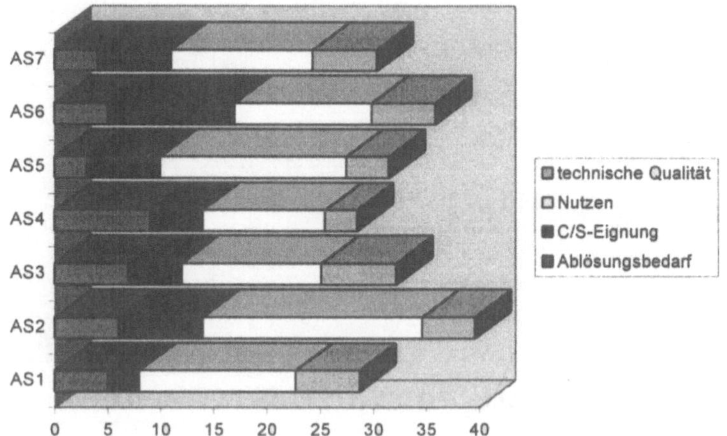

Abb. 7-11: Rangfolge der Migrationsprojekte

7.2.2 Analyse des Projektportfolios

Die Analyse der geplanten Projekte erfolgt in ähnlicher Weise wie die Analyse der existierenden Anwendungen/Produkte. Die Ermittlung des Ablösungsbedarfs entfällt. Die Betrachtung der Anforderungen aus dem zu unterstützenden Geschäftsfeld liefert auch für Neuprojekte Hinweise, ob eine Client/Server-Lösung geeignet ist. Die strategische und wirtschaftliche Bedeutung wird für Neuprojekte in der gleichen Weise wie für abzulösende Anwendungen/Produkte ermittelt. Abschließend wird eine Klassifizierung der Projektgröße vorgenommen, um damit die Grundlage für eine Priorisierung der Neuprojekte zu gewinnen (s. Abb. 7-12).

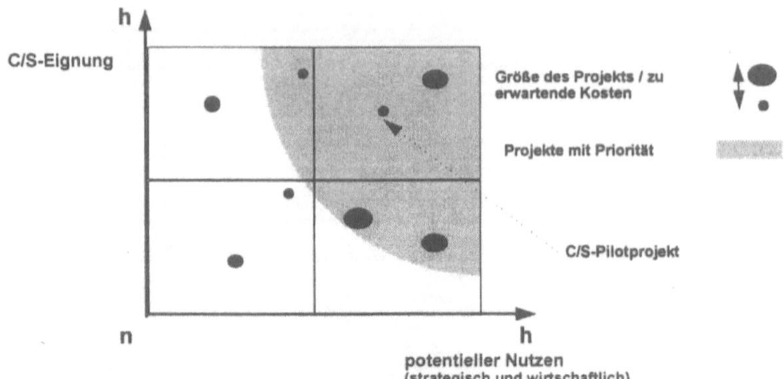

Abb. 7-12: Portfolio der Neuprojekte

Die Priorität der Client/Server-Neuprojekte ergibt sich wiederum aus dem zu erwartenden strategischen und wirtschaftlichen Nutzen sowie der Client/Server-Eignung, die anhand des bereits erläuterten Kriterienkatalogs bewertet wird (s Tab. 7-2 : C/S-Kriterienkatalog „Anforderungen"). Geplante Projekte, die aufgrund der Bewertungen in beiden Kategorien im rechten oberen Quadranten des Portfolios positioniert werden, sind prädestiniert als Client/Server-Pilotprojekte. Zwecks Minimierung der Risiken sollte aus diesen Projekten eines mit geringer Größe und niedrigen Kosten ausgewählt werden (dargestellt durch die Größe des Punktes in der Abb. 7-12).

7.3 Aufbau der Client/Server-Infrastruktur

7.3.1 Das Infrastrukturprojekt

Das mit Client/Server-Anwendungen verbundene Nutzenpotential kann wirksam erschlossen werden, indem die erforderliche Infrastruktur zur Erstellung dieser neuen Form von Anwendungen in Ausbaustufen geplant und eingeführt wird, wobei eine Abstimmung auf die Form der zu erstellenden Client/Server-Anwendungen erforderlich ist (Zwei-Ebenen- oder Mehr-Ebenen-Architektur). Der Umfang der erforderlichen Aktivitäten wird bestimmt durch die Gestalt der existierenden Software-Produktionsumgebung und die Frage nach der erforderlichen Ausbaustufe der Client/Server-Architektur.

Eine Infrastruktur, mit deren Hilfe Client/Server-Anwendungen effizient erstellt werden können, umfaßt Entwicklungsmethoden, Werkzeuge für die frühen wie auch die späten Phasen des Life Cycle sowie ein Vorgehensmodell, in dem Entwicklungs- und Projektmanagementaktivitäten den Spezifika der Erstellung verteilter Anwendungen angepaßt sind. Die Evaluation dieser Infrastruktur und ihre Integration in die bestehende DV-Landschaft macht folgende Aktivitäten erforderlich (s. Abb. 7-13):

- Unternehmensspezifische Definition der Ziele und des Nutzenpotentials einer Migration zu Client/Server-Architekturen, die sich aus den dargestellten Portfolioanalysen ergibt,

- Auswahl und Spezifikation einer Client/Server-Infrastruktur,

- Entwicklung einer Migrationsstrategie zur Client/Server-Architektur,

- Sicherung der Koexistenz von Client/Server- und klassischen Anwendungen,

- Durchführung von Client/Server-Pilotprojekten und

- Bewertung der Infrastruktur durch Nachkalkulation der Projekte.

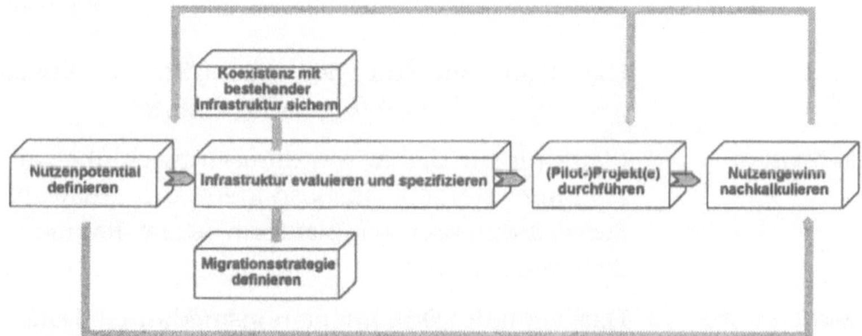

Abb. 7-13: Aufbau der Client/Server-Infrastruktur

7.3.2 Komponenten einer Client/Server Software-Produktionsumgebung

Die Komponenten einer Client/Server Software-Produktionsumgebung werden in der nachfolgenden Abbildung zusammengefaßt (s. Abb. 7-14). Entscheidendes Merkmal einer solchen Software-Produktionsumgebung ist die Notwendigkeit einer plattformübergreifenden Verfügbarkeit der Komponenten. Wenn auch nicht alle Komponenten auf allen Entwicklungs- und Zielsystemen zur Verfügung stehen müssen (zum Beispiel wird ein Werkzeug zur Gestaltung graphischer Oberflächen nur auf dem Arbeitsplatzrechner benötigt), so ist doch die plattformübergreifend einheitliche Gestaltung der Software-Produktionsumgebung oberste Zielsetzung. Möglichkeiten und Verfahren zur Standardisierung wurden bereits im Kapitel „Technik der Client/Server-Architektur" angesprochen.

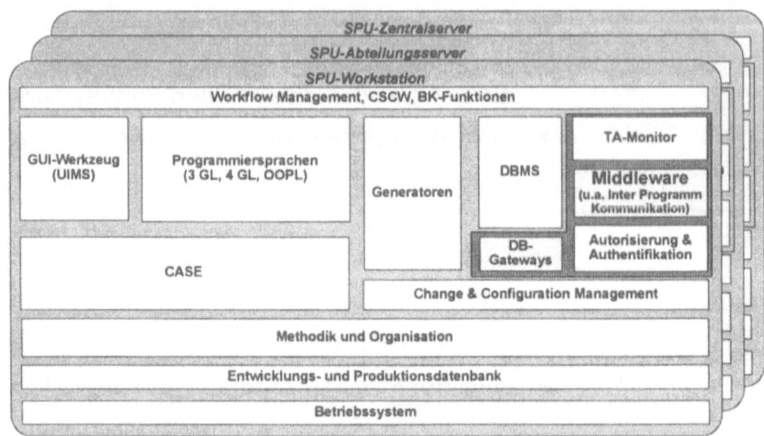

Abb. 7-14 : Client/Server-Software-Produktionsumgebung

Die Komponenten der Client/Server-Software-Produktionsumgebung werden im folgenden erläutert:

Betriebssystem:

Plattform für die Anwendungsentwicklung auf den heterogenen Rechnersystemen. Insbesondere die Auswahl der Client- und Server-Betriebssystemplattform ist im Rahmen der Client/Server-Strategie relevant.

Entwicklungs- und Produktionsdatenbank:

Das zentrale Dokumentationsmedium („Data Dictionary") dient der Ablage von Entwicklungsergebnissen und Informationen, die zum Betrieb und zur Administration der Anwendungssysteme erforderlich sind. Das „Data Dictionary" kann physisch verteilt oder zentral abgelegt sein. Die Dokumentation der Verteilung ist eine neue Aufgabe, die im Rahmen der Administration von Client/Server-Systemen entsteht.

Methodik und Organisation:

Ein plattformübergreifendes Methoden- und Organisationskonzept für die Anwendungsentwicklung und den Betrieb der Anwendungen ist erforderlich, um die Komplexität des gesamten Prozesses in Grenzen zu halten. Ein standardisiertes Vorgehen ist in heterogenen Client/Server-Umgebungen die Voraussetzung für wirtschaftliche und beherrschbare Anwendungsentwicklung.

CASE:
: Ein Werkzeug zum „Computer Aided Software Engineering" unterstützt das methodische Vorgehen in der Anwendungsentwicklung für Client/Server-Architekturen. Die objektorientierte Modellierung von Geschäftsprozessen bedarf einer Werkzeugunterstützung. Eine unternehmensweite Konsolidierung und Wiederverwendung der Entwicklungsergebnisse wird durch Kopplung des CASE-Werkzeugs mit der zugehörigen Entwicklungsdatenbank oder einem geeigneten „Data Dictionary" ermöglicht.

GUI-Werkzeuge:
: Die Werkzeuge zur Erstellung graphischer Oberflächen („User Interface Management System (UIMS)") sind mittlerweile häufig zu vollständigen Entwicklungswerkzeugen mit zum Beispiel Datenbankschnittstellen oder Funktionen zur Inter-Programm-Kommunikation erweitert worden. Programmiersprachen der 3. oder 4. Generation oder auch objektorientierte Sprachen sind integriert.

Programmiersprachen:
: Neben integrierten Client/Server-Entwicklungswerkzeugen gehören zu einer Software-Produktionsumgebung auch Programmiersprachen zur Entwicklung der Anwendungsteile auf dem Server oder Main-Server. Die Auswahl dieser Programmiersprache muß die bisherige Sprache berücksichtigen.

Generatoren:
: Eine Alternative zur Programmierung ist die partielle oder vollständige Generierung der Programme. Gerade in Client/Server-Umgebungen kann die Generierung ein probates Mittel zur Überwindung der aus der Heterogenität der Zielsysteme resultierenden Probleme sein.

Datenbankmanagementsysteme:
: Im Kapitel zur Technik der Client/Server-Architektur wurde bereits auf die Probleme heterogener Datenhaltungssysteme auf den Zielplattformen eingegangen. Die Client/Server-Strategie steht vor der Aufgabe, eine weitgehend uniforme DBMS-Schnittstelle über alle Plattformen unter Berücksichtigung der Ausgangssituation zu schaffen.

Datenbank-Gateways:
: Datenbank-Gateways können diese Aufgabe unterstützen, indem sie den Zugriff auf andere Datenhaltungssysteme gestatten. Eine Vereinheitlichung der DBMS-Schnittstelle ist so möglich. Die Einschränkungen bezüglich der Leistungs- und Funktionalitätseinbußen, die bereits im Rahmen der Ausführungen zur Technik der Client/Server-Architektur gemacht wurden, gelten weiterhin.

Transaktions-monitore:	Ein verteilter Transaktionsmonitor ist dann erforderlich, wenn in Client/Server-Anwendungen eine Transaktionssicherung über mehrere Rechner hinweg erforderlich ist, also ein Transaktionsmodell nach dem Prinzip des „TP-Heavy" realisiert wird. Wenn zum Beispiel im Rahmen einer Transaktion Daten in mehreren Datenbankmanagementsystemen verändert werden und die Datenbanken keine globale Transaktionssicherung anbieten, muß diese Sicherung durch einen globalen Transaktionsmonitor erfolgen.
Middleware:	Client/Server-Anwendungen nach dem Prinzip der kooperativen Verarbeitung machen die Kommunikation zwischen Anwendungsteilen erforderlich. Die Mechanismen der Inter-Programm-Kommunikation werden durch „Middleware"-Produkte bereitgestellt.
Sicherheit:	Die Authentifikation von Benutzern und ihre Autorisierung für bestimmte Anwendungen, Transaktionen, Funktionen oder Datenzugriffe müssen in einem Client/Server-Umfeld netzweit und konsistent erfolgen.
Change & Configuration Management:	Ein wichtiger Bestandteil der Software-Produktionsumgebung ist das Werkzeug zur Unterstützung des Wartungsprozesses. Anwendungsbausteine können auf verschiedenen Rechnern in unterschiedlichen Versionen eines Releases existieren. In weiträumig verteilten Client/Server-Installationen kann darüber hinaus die Verteilung neuer Releases aufgrund der erforderlichen Zeit dazu führen, daß temporär Anwendungsbausteine mit unterschiedlichen Releaseständen im Produktionsbetrieb sind.
Workflow Management:	Werkzeuge zur Unterstützung von Gruppenarbeit („Computer Supported Cooperative Work (CSCW)", „Groupware", Bürokommunikation) oder zur Steuerung von Geschäftsprozessen („Workflow Management") werden zur Realisierung der Steuerungsschicht der technischen Anwendungsarchitektur herangezogen.

7.3.3 Entwicklung von Szenarien

7.3.3.1 Ableitung der Varianten

Für die dargestellten Komponenten einer Client/Server Software-Produktionsumgebung ergeben sich unternehmensspezifische Varianten. Für jede Komponente entsteht so eine Liste möglicher Produkte. Die Zusammenstellung dieser Listen in Form einer Tabelle gestattet die Bildung von Szenarien für die Software-Produktionsumgebung (s. Abb. 7-15).

Work-flow	GUI	Programmier-sprache	DBMS	DB-Gateway	TA-Monitor	Middle-ware	...
Staffware	ISA	Cobol	Gupta	MDI	CICS	CPI-C	...
ViewStar	GRIT	C	Sybase	EDA-SQL	Tuxedo	Netwise RPC	
Hyp-archiv	Visual Basic	C++	DB2	DDCS	...	ORB	
Flow-PATH	Power-builder	Natural	Oracle	...		MOM	
COSA	Easel	Smalltalk	Informix			DCE RPC	
Flow-mark	Visualage	...	...			Entire Broker	
VAS	SQL-Windows					TCP/IP Sockets	
LEU	SQL-Forms					...	
...	....						

Abb. 7-15 : Szenarienbildung

Das Angebot an Werkzeugen zur Erstellung von Client/Server-Applikationen ist mittlerweile unüberschaubar groß, wobei Werkzeuge im klassischen „Lower-CASE" Bereich dominieren (Werkzeuge zur Erstellung graphischer Oberflächen, 4GL, Kommunikationswerkzeuge, objektorientierte Werkzeuge). Die Erfahrungen aus CASE-Einführungsprojekten haben gezeigt, daß eine isolierte Werkzeugeinführung ohne Integration von Methoden, Projektmanagement und Vorgehensmodell wenig Erfolg bringt. Medienbrüche, schlechte Methodenunterstützung, aufwendiges Projektmanagement, mangelnde Effizienz sind einige der Folgen. Deshalb muß die Infrastruktur für die Anwendungsentwicklung im Client/Server-Bereich integriert definiert werden.

Aus den möglichen Varianten für die Komponenten der Software-Produktionsumgebung werden Szenarien gebildet. Dabei wird dort besonderer Wert auf plattformübergreifende Homogenität gelegt, wo Komponenten auf mehreren Plattformen zur Verfügung stehen müssen. Wenn es also zum Beispiel notwendig ist, verschiedene GUI-Standards zu unterstützen (zum Beispiel OS/2 Presentation Manager, MS-Windows, OSF Motif), dann ist ein „UIMS" sinnvoll, das für diese heterogenen GUI-Standards geeignet ist. Ebenso ist auf eine plattformübergreifend einheitliche Datenbank-Schnittstelle zu achten, um die Portabilität von Anwendungsbausteinen zu sichern.

7.3.3.2 Entwicklung einer Migrationstrategie

Die Weiterentwicklung der Software-Produktionsumgebung muß die bestehende Infrastruktur in mehrfacher Hinsicht berücksichtigen. Erweiterungen im methodischen Bereich müssen auf den bestehenden Entwicklungsmethoden aufsetzen. Die revolutionäre Einführung objektorientierter Methoden unter Vernachlässigung vorhandener Konzepte (z.B. Datenmodellierung) führt zu Akzeptanzproblemen und bietet keinen Investitionsschutz. Es sind Migrationspfade unter Nutzung des vorhandenen Know-Hows aufzuzeigen. Die Nutzbarkeit vorhandener Entwicklungsergebnisse (Fachkonzepte, Data-Dictionary-Inhalte, Dokumentationen) muß gewährleistet werden.

Pilotprojekte für die Einführung von Client/Server-Architekturen sind so zu definieren, daß sie auch Erfahrungswerte für die Einbettung in die bestehende Infrastruktur liefern (z.B. Nutzung des Data Dictionaries). Die Erschließung des Nutzens für das Gesamtunternehmen verlangt nach einer Migrationsstrategie und einer Einbettung in die bestehende Infrastruktur.

7.3.3.3 Sicherstellung der Koexistenz von Alt und Neu

In einer flankierenden Maßnahme zur Entwicklung der Software-Produktionsumgebung für Client/Server-Architekturen muß ein Verfahren zur Koexistenz der Client/Server-Anwendungen mit den klassischen Host-Anwendungen definiert werden. Die völlige Trennung beider Welten ist unpraktikabel. Zumindest der Zugriff auf gemeinsame Datenbestände muß heute gewährleistet werden. Aber auch für die Zukunft ist nicht auszuschließen, daß eine Anwendung sowohl mit zeichen-orientierter als auch mit graphischer Benutzeroberfläche ausgestattet werden muß - Präsentation gleicher Inhalte auf unterschiedlicher Hardware.

7.3.4 Bewertung der Szenarien

Die Szenarien werden bezüglich der Kriterien

- Koexistenz mit bestehender Infrastruktur und Migrationsaufwand,
- Wirtschaftlichkeit und Risiken,
- Funktionalität und
- Zielerreichung

bewertet (s.Abb. 7-16).

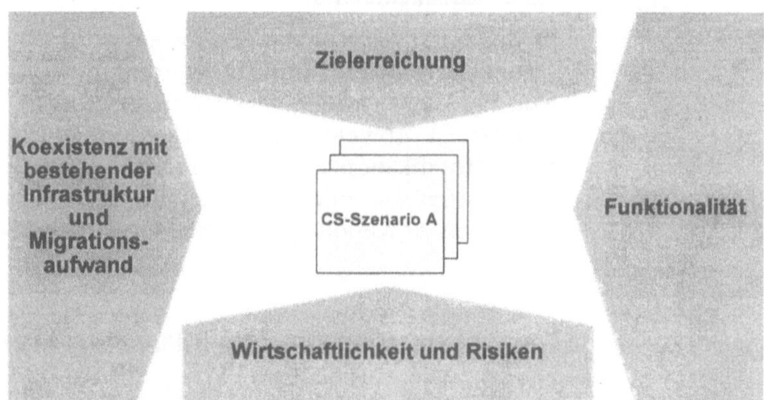

Abb. 7-16: Bewertungskriterien für die Szenarien

Die Bewertung vergleicht die Szenarien miteinander und resultiert in der Auswahl einer Variante für die Client/Server-Software-Produktionsumgebung (s. Abb. 7-17).

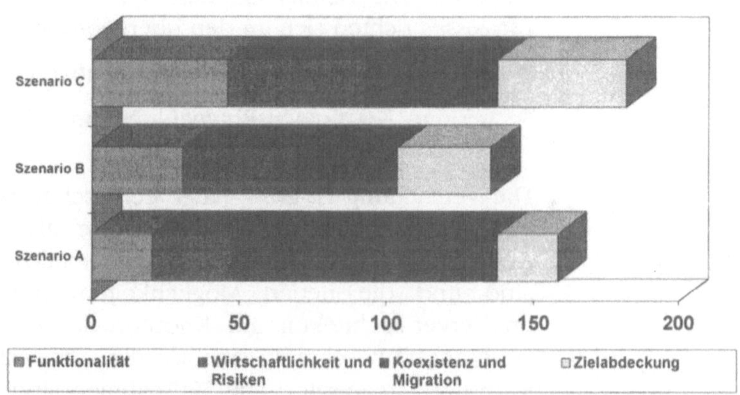

Abb. 7-17: Bewertung der Szenarien

7.3.5 Durchführung eines Pilotprojekts

In den Pilotprojekten soll überprüft werden, ob die definierte Software-Produktionsumgebung den Anforderungen gerecht wird, ob sie sich in die bestehende Infrastruktur einfügt und ob ihre Ergebnisse in die bestehende DV-Landschaft integriert werden können.

7.3.6 Nachkalkulation

In der Nachkalkulation der Projekte wird überprüft, ob die gesetzten Projektziele erreicht wurden und damit der erwartete Nutzen einer Client/Server-Architektur für das Unternehmen eingetreten ist. Abweichungen von den Projektzielen führen ggf. zu einer Modifikation der Software-Produktionsumgebung, der Migrationsstrategie oder des Verfahrens zur Einbettung der Client/Server-Anwendungen in die bestehende DV-Landschaft.

7.4 Konstruktion von Client/Server-Architekturen

Die Migration zu einer Client/Server-Systemarchitektur ist verbunden mit einer Reihe von Maßnahmen, die notwendige Voraussetzungen auf der technischen, methodischen und organisatorischen Ebene schaffen. Die Auslöser für den Migrationsprozeß ergeben sich aus den Anforderungen, die aus einer strategischen Neuorientierung oder aus einer aktuellen Problemsituation im Entwicklungs- und Bereitstellungsprozeß von Anwendungen erwachsen. Die bereits erläuterten Zielsetzungen des Migrationsprozesses richten sich an den übergeordneten Zielen aus:

- optimale Unterstützung der Geschäftsprozesse und

- geringe Kosten für Entwicklung und Bereitstellung von Anwendungen.

Die Versuchung ist groß, nach technischen Lösungen zu greifen, von denen behauptet wird, daß sie als „folienverschweißte" Komponente geliefert werden, problemlos zu implementieren sind und die neuen Möglichkeiten und Vorzüge der Client/Server-Architektur auf Knopfdruck bereitstellen. Dieser Lösungsansatz beschränkt sich auf die technische Ebene. Methodische und organisatorische Maßnahmen sind ergänzend notwendig, um die gesetzten Ziele zu erreichen. Die verbesserte Ausrichtung auf die Geschäftsprozesse verlangt zum Beispiel nach Integration von Altanwendungen, neuen Applikationen und Standardsoftware, um Reibungsverluste zu reduzieren und damit Durchlaufzeiten zu optimieren. Dieser Integrationsprozeß verlangt auf der methodischen Ebene nach einem architekturbasierten Entwicklungsvorgehen. Auf der organisatorischen Ebene sind Standards für die Anwendungsentwicklung und den Einkauf von Standardsoftware zu entwickeln. Werkzeuge und Systemkomponenten, die den Standards und dem Architekturmodell entsprechen, kommen auf der technischen Ebene hinzu.

In der Praxis spricht gegen den rein technischen Lösungsansatz vor allem die Tatsache, daß es wohl in kaum einem Unternehmen die zur Implementierung von Standardlösungen erforderliche Standardausgangssituation gibt. Wir haben es bei der Einführung von Client/Server-Anwendungssystemarchitekturen in den meisten Unternehmen nicht mit einer „tabula rasa" zu tun. Vielmehr sind vorhandene Anwendungen, Zielumgebungen, Entwicklungsumgebungen, Werkzeuge, Methodenkonzepte und Vorgehensmodelle zu berücksichtigen. Eine erfolgreiche Client/Server-Migrationsstrategie berücksichtigt die gewachsene Umgebung und zeichnet sich durch ganzheitliche Betrachtung der Lösungsebenen Methodik, Technik und Organisation aus.

Nur allein mit graphischen Oberflächen, Client/Server-DBMS und LANs können die gesteckten Ziele nicht erreicht werden. Die Zielabdeckung reicht bei weitem nicht aus, um die hohen Investitionskosten zu rechtfertigen und eine zeitnahe Amortisation zu gewährleisten. Vorbereitende methodische und organisatorische Aktivitäten sind erforderlich, die nicht zwangsläufig zu einer Client/Server-Architektur führen, aber unabdingbare Voraussetzung für die erfolgreiche Einführung von Client/Server-Systemen sind. Durch diese Aktivitäten wird der Softwareproduktionsprozeß im Unternehmen auf eine Ebene angehoben, die zur Beherrschung der mit einer Client/Server-Architektur verbundenen Komplexität erforderlich ist (s. Abb. 7-18).

Abb. 7-18: Methodische und organisatorische Maßnahmen zur C/S-Einführung

Standardisierung

Standardisierung ist die Grundlage für den erfolgreichen Aufbau einer Client/Server-Architektur. Ohne Standardisierung von Schnittstellen ist die zwangsläufig entstehende heterogene Hardware- und Betriebssystemlandschaft weder im Betrieb noch in der Anwendungsentwicklung beherrschbar. Häufig genug ergeben sich aufgrund gewachsener Strukturen zusätzliche Konformitätsprobleme im Bereich von Systemsoftware (unterschiedliche Datenbanken, Netzwerkschnittstellen, Autorisierungssysteme, etc.), Programmiersprachen oder Entwicklungswerkzeugen.

Steigende Bedeutung von Modularisierung

Im Rahmen der Einführung von Client/Server-Anwendungen wird eine Veränderung von Programmstrukturen notwendig. Bei der Gestaltung von C/S-Anwendungen ist Modularisierung nicht mehr Gegenstand einer abstrakten Methodendiskussion, sondern technische Notwendigkeit, um Services realisieren und verteilen zu können. Die Eigenschaften einer guten Modularisierung wie zum Beispiel

- geringe Datenkopplung und

- hohe interne Bindung

sind die Voraussetzung für eine verteilbare Systemarchitektur. Die Güte einer Schnittstelle gemessen an ihrem Parametervolumen bleibt so lange eine abstrakte Größe, bis diese Schnittstelle über ein Netzwerk mittels einer Inter-Programm-Kommunikation abgebildet wird. Modularisierung wurde in der Vergangenheit als methodisches Allheilmittel gegen Komplexität, Redundanz und damit hohe Wartungskosten propagiert. Der mit einer Modularisierung verbundene Mehraufwand in der Projektarbeit behinderte aber die konsequente Umsetzung. Die Akzeptanz blieb gering, da ein Nachweis des Nutzens von Modularisierung fehlte. Im Rahmen der Einführung von Client/Server-Architektur ist eine korrekte Modularisierung nicht nur Voraussetzung für effiziente Systeme, sondern ermöglicht auch die Beseitigung von Redundanz durch Wiederverwendung von Modulen. Damit ist Modularisierung Grundlage einer Client/Server-Architektur. Dies zeigt sich immer wieder deutlich, wenn im Rahmen von Migrationsprojekten die Portierung monolithischer Programmsysteme (Downsizing von Anwendungen) in eine Client/Server-Architektur teurer wird als eine Neuentwicklung.

Prozeßorientierung

Die optimale Unterstützung von strategisch und wirtschaftlich bedeutsamen Geschäftsprozessen durch Client/Server-Anwendungen verlangt eine Ausrichtung der Methodik der Anwendungsentwicklung auf die Spezifika dieser Geschäftsprozesse. Nicht nur die korrekte Abbildung und Konsolidierung fachlicher Logik, sondern auch die Optimierung der Geschäftsprozesse durch Beseitigung von Redundanz und Konzentration auf das Kerngeschäft sind gefragt.

Wiederverwendung

Das wesentliche Potential der Kostensenkung besteht in dem Aufbau einer Client/Server-Softwarearchitektur, in der wiederverwendbare Software-Bausteine realisiert werden, deren Wiederverwendung für Folgeprojekte zu organisieren ist. Ein zentrales Objektmanagement ist hierzu erforderlich. Das methodisch abgeleitete Modell der Client/Server-Anwendung ist in diesem Prozeß Strukturierungsmittel für Daten- und Funktionen. Darüber hinaus bietet es die erforderliche Navigationshilfe für das Auffinden wiederverwendbarer Funktionen in Folgeprojekten.

Veränderung der Anwendungs-entwicklung

Die Integration von Daten und Funktionen zu DV-technischen Bausteinen, die zur Konstruktion von Client/Server-Anwendungen benutzt werden, liefert im Ergebnis ein Portfolio von mehrfach nutzbaren Diensten. Dieses Portfolio ist die Grundlage für eine wirtschaftliche und qualitativ hochwertige Unterstützung der Geschäftsprozesse durch IV-Systeme. Die Bildung von Diensten im Rahmen einer verteilbaren Softwarearchitektur ist Voraussetzung für den Aufbau von Client/Server-Architekturen. Notwendige Rahmenbedingungen in methodischer und organisatorischer Hinsicht müssen zunächst geschaffen werden. Gleichzeitig wird damit aber der Grundstein für eine veränderte Anwendungsentwicklung gelegt, in deren Mittelpunkt Geschäftsprozesse und unterstützende Dienste stehen.

8 Anhang

8.1 Glossar

Abstrakter Datentyp

> Zusammenfassung von Datenstruktur und zugehörigen Operationen. Die Ausführung einer Operation verändert den Zustand der Instanz des abstrakten Datentypen.

Anwendungsserver

> Beim Anwendungsserver handelt es sich um einen für die Client/Server-Architektur Cooperative Processing notwendigen Server mit Anwendungsfunktionalität. Mittels selbständiger Programme auf dem Server-Rechner, die z.B. über eine RPC-Funktion aufgerufen werden, kann ein Anwendungsserver konstruiert werden.

API

> Application Programing Interface: Anwendungsprogrammschnittstelle. Formal definierte Schnittstelle, über die Anwendungsprogramme Systemdienste (Netz, Betriebssystem, DBMS u.ä.) oder Dienstleistungen anderer Anwendungsprogramme verwenden können.

APPC

> Advanced Program to Program Communication: Programmierschnittstelle, die eine Programm-Programm-Kommunikation unter Verwendung der LU 6.2 Protokolle gestattet. Dabei steht den kommunizierenden Programmen auch heterogenen Rechnern eine einheitliche Funktionalität des Kommunikationsmechanismus zur Verfügung. Es bestehen ca. 60 aufrufbare Funktionen (LU-Verben) mit einer Vielzahl von Parametern. Die Implementierung von APPC ist in den verschiedenen Netzwerk-Protokollen und Kommunikationssystemen nicht einheitlich. Die Ausbaustufen (option sets) sind mehrfach, die APIs sind verschieden. Die standardisierte Schnittstelle CPI-C löst APPC in immer stärkerem Maße ab.

asynchron

> Datenübertragungsmodus ohne feste Taktfrequenz mittels Start-/Stoppbits. Ermöglicht Datenübertragung zwischen Geräten mit unterschiedlicher Geschwindigkeit, indem diese nur für die Da-

tenübertragung aufeinander abgestimmt werden, ansonsten aber mit ihren eigenen Taktfrequenzen laufen.

BAUD   Übertragungsrate (1 Baud = 1 Schritt pro Sekunde). Bei binärer Datenübertragung und Verwendung einer Leitung entspricht ein Baud der Übertragung von einem Bit/sec. (1 Baud = 1Bit/s). Abkürzung: Bd.

Call Level Interface

Ein definiertes API für SQL-Anweisungen. Der ansonsten zur Umwandlung der SQL-Anweisungen in ein Call-Format benötigte Preprozessor (bei embedded SQL) ist nicht erforderlich. Dynamischer SQL wird über das API und einen darunterliegenden DBMS-Treiber an das DBMS übergeben.

Client/Server-Architektur

Eine Softwarearchitektur, die sich durch Bildung wiederverwendbarer Services, Sicherung der Interoperabilität dieser Services und ihre Verteilung auf geeignete Rechner auszeichnet. Zunächst handelte es sich um eine Hardware-Architektur im LAN. Dabei war der Zugriff auf die Festplatte eines Datei-Servers für alle Workstations im Netz als virtuelle Platte möglich. Daraus entwickelte sich eine Software-Architektur für verteilte Systeme. Ein wesentlicher Teil einer Anwendung ist auf Arbeitsplatzrechnern plaziert. Dieser Teil ist in der Lage, Anwendungsdienste auf anderen Rechnern, die z.B. Datenbank-Funktionen, Mail- und Druckservices der Verarbeitungsfunktionalität (Application Server) beinhalten, zu benutzen.

Combination Box

bekannt auch als Combo-Box. Ein aus einem Eingabefeld und einer List Box bestehendes Interaktions-Element. Die Öffnung der List Box wird erst durch das Anklicken eines Pfeilsymbols erreicht. Im Eingabefeld erscheint das aus der Liste selektierte Objekt.

CORBA   Common Object Request Broker Architecture. Eine von der OMG erstellte Definition für den Aufbau von Object Request Brokers, die die Kommunikation zwischen den Objekten eines verteilten, objektorientierten Systems unterstützen.

CPI-C   Eine Programmierschnittstelle zur Kommunikation innerhalb der CPI. Diese auf der LU 6.2-Funktionalität basierende Programmierschnittstelle beinhaltet eine CALL-Schnittstelle mit über 50

Funktionsaufrufen und einer Mehrzahl von Parametern. X/Open übernahm CPI-C als Standard für Inter-Programm-Kommunikation.

CUA
Common User Access. Teil der Systems Application Architecture (SAA) der IBM für die einheitliche Benutzeroberfläche. Im CUA sind Design-Regeln für den Mensch/ Maschine-Dialog enthalten (Bildschirm-Layout, Steuerelemente, Begriffe, Bezeichnungen und Dialogablauf), um dem Anwender die gleiche Bedienoberfläche trotz unterschiedlicher Programme oder Rechnersysteme anbieten zu können. Es wird von der Entwicklungsstufe her unterschieden zwischen CUA '87, CUA '89 und CUA '91. CUA '89 der graphischen Benutzeroberfläche (GUI) und CUA '91 sind analog zur objektorientierten Benutzeroberfläche (OOUI).

Dämon
Es handelt sich bei Dämon um ein Programm mit automatischem Start zu bestimmten Zeiten oder in bestimmten Zeitintervallen.

Dateiserver
Als Funktionalität von LAN-Betriebssystemen (Beispiele: Net-Ware, LAN-Manger, Banyan-Vines), damit alle Client-Rechner eine gemeinsame Dateiverwaltung auf einem Server-Rechner im LAN erhalten. Dadurch wird ein kollektiver Zugriff auf alle Dateien möglich. Automatische Sperrungen gibt es auf Datei-Ebene, auf Satz-Ebene ist es erforderlich, Sperrmechanismen selbst zu programmieren.

DCE
Distributed Computing Environment. Ein von der Open Software Foundation (OSF) standardisierte Software für die Grundfunktionen in verteilten Systemen. Zum DCE gehören u.a. RPC, Naming Services, Security Services, Network File System. Da DCE-Komponenten von verschiedenen Herstellern, die Mitglied der OSF sind, ausgeliefert werden sollten, liefert DCE auch die Plattform für Offene Systeme.

DDE
Dynamic Data Exchange. Daten werden zwischen zwei unterschiedlichen, aber gleichzeitig ablaufenden Window-Anwendungen über eine standardisierte Schnittstelle ausgetauscht. DDE wurde von Microsoft im Rahmen von WINDOWS entwickelt, steht aber auch unter OS/2 zur Verfügung.

Distributed Program Link

Terminus bei CICS, um ein Unterprogramm, welches in einem anderen CICS-System abläuft, aufzurufen. Es handelt sich dabei um eine RPC-ähnliche Funktionalität.

Distributed Request

> IBM- Terminologie im Rahmen von DRDA. Betriebsform einer Distributed Database mit der Möglichkeit, daß sich ein SQL-Befehl auf mehrere Knoten der DDB beziehen kann (Beispiel: Join über verteilte Tabellen). In diesem Zusammenhang ist hierfür die Funktion Globale Optimierung sinnvoll.

Distributed Unit of Work

> IBM- Terminologie im Rahmen von DRDA. Betriebsform einer Distributed Database mit der Möglichkeit innerhalb einer Transaktion SQL-Befehle an mehrere Knoten einer DDB zu geben. Für diese Möglichkeit ist ein 2-Phasen-Commit-Protokoll Voraussetzung.

DLL
> Dynamic Link Libraries sind als Bibliotheken zu verstehen. Ihre Funktionen werden erst beim jeweiligen Aufruf zur Laufzeit dem Programm hinzugebunden. Bei statistischen Bibliotheken werden im Unterschied zu DLLs alle im Programm referenzierten Funktionen bereits beim Binden des Programms in dieses eingebunden. Folgende Eigenschaften der DLLs sind zu nennen: Sie sind reentrant und werden vom Betriebssystem verwaltet, so daß DLLs von mehrereren Anwendungen genutzt werden können.

Downsizing Ersatz (teurer) Mainframe-Rechenleistung durch (kostengünstigere) Rechenleistung von Servern und Workstations. Häufig werden bei der Diskussion um diese Hardware-Beschaffungsstrategie die Implikationen vernachlässigt:

> 1. Eine neue Anwendungssystemarchitektur und damit eine Veränderung des Software-Entwicklungsprozesses werden notwendig.

> 2. Organisatorische Veränderungen werden notwendig (dezentrales Operating, Sicherheitsanforderungen, Benutzerservice).

> Downsizing hat eine Client/Server-Architektur nicht notwendigerweise zur Folge. In vielen Fällen geht es um eine Portierung bestehender Terminal-Anwendungen auf einen anderen Rechner (Beispiel AS/400, UNIX-Rechner). Bei dieser Überführung existierender Anwendungen in eine Client/Server-Architektur stellt die monolithische Struktur der alten Anwendungen eine Barriere dar.

DRDA   Distributed Relational Database Architecture. Ein Regelwerk zur Kommunikation zwischen Datenbanksystemen, das von IBM definiert worden ist. Eine Distributed Database kann folglich auch mit heterogenen DB-Systemen realisiert werden. Zur DRDA gehört die Definition des Nachrichtenaufbaus, des Kontrollflusses, der Kommandos und der erforderlichen Funktionalität des DBMS, jedoch nicht ein einheitliches SQL. Es gibt bei DRDA drei Ausbaustufen der Kooperation:

- Remote Unit of Work

- Distibuted Unit of Work

- Distributed Request

Embedded SQL

Es handelt sich um SQL-Anweisungen, in einem Source-Programm eingefügt mit der Klausel EXEC SQL. Zunächst muß ein Precompiler diese Anweisungen in einen Call umwandeln, weil die Übersetzung dieser Anweisungen durch den Compiler der jeweiligen Programmiersprache nicht möglich ist. Jeweils das Format des Calls und und das darüber angesprochene Interface-Programm ist DBMS-spezifisch. (vgl: Call Level Interface)

Entfernte Datenbank

Ein Datenbankzugriff wird an einen entfernten Rechner zur Ausführung versandt. Die Transaktionssicherheit kann nur auf dem ausführenden Rechner aber nicht netzweit realisiert werden. In der IBM-Terminologie: Remote Unit of Work.

entfernte Präsentation

Die entfernte Präsentation ist bei der Migration bestehender Großrechneranwendungen häufig der zweite Schritt nach Realisierung einer verteilten Präsentation. Neben graphischen Präsentationsfunktionen werden auch Dialogsteuerungslogik und Prüffunktionen auf dem Client installiert. Die Schicht der Datenverwaltung wird entweder sowohl auf dem Client wie auch auf dem Server realisiert, oder es erfolgen Zugriffe über das Netz auf die Geschäftsregeln zwecks Prüfung der Benutzereingaben.

Event-driven Form der Verarbeitungslogik im Rahmen des Einsatzes von GUI-Oberflächen. Es werden nur Programmteile, die ein einzelnes Ergebnis bearbeiten, realisiert und dem Ereignbis zugeordnet. Ein durchgängiges (prozedurales) Programm existiert nicht. Als

Ereignisse werden Benutzereingaben (Tastendruck, Eingabe in ein Feld, Mausklick u.a.) oder Nachrichten betrachtet, die von anderen ereignisbearbeitenden Programmteilen erzeugt wurden. Die Ereignisse werden vom Window-Manager kontrolliert und in einer Warteschlange zur Verarbeitung zusammengestellt.

Gateway   Eine Funktion zur Überleitung von Konventionen einer Schnittstelle in die einer anderen. Beispiel: Es gibt Gateways für Datenbankmanagementsysteme, damit einem Programm, das für ein bestimmtes DBMS eingerichtet ist, der Zugriff auf ein anderes DBMS ermöglicht wird. Dabei muß das Programm nicht verändert werden. Ein Gateway kann zwischen den DB-Systemen nicht die funktionalen sondern meist nur die technischen Differenzen ausgleichen.

GUI   Graphical User Interface: Eine Benutzerschnittstelle auf der Basis hochauflösender graphischer Bildschirme. Es wird ein Window-Manager (z.B. WINDOWS, OSF/Motif) benötigt. Als Gegensatz kann CUI (Charakter User Interface) bezeichnet werden, das auf einem Bildschirm mit festen Stellen (z.B. 24X 80 Zeichen) und festen Zeichengrößen beruht. Im engeren Sinne versteht man unter GUI die Gestaltung und Interaktion nach den Konventionen von CUA'89.

IDAPI   Entsprechend den Konventionen der SQL Access Group wird IDAPI als verallgemeinerte Datenbank-Gateway von Borland verstanden. Diese Art Gangway setzt SQL-Anweisungen im Call-Level-Format in die spezifischen Formate verschiedener DB-Systeme um. Es handelt sich um ein konkurrierendes Produkt zu ODBC von Microsoft allerdings mit unwesentlicher Bedeutung für den Markt.

Inter Programm Kommunikation

Ein Mechanismus zur Kommunikation zwischen Programmen, die auf verschiedenen Rechnern (d.h. Rechnern mit disjunkten Adreßräumen, also ohne gemeinsam nutzbaren Speicher) ablaufen. Auch bekannt als IPC (=Inter Program Communication).

IPC   Inter Program Communication (siehe Inter-Programm-Kommunikation)

ISO   International Standards Organization. Ein internationes Standardisierungsgremium, welches z.B. für die Entwicklung des OSI-Referenzmodells (Open Systems Interconnection) der Kommunikationsebenen verantwortlich ist.

Kerberos   Als Bestandteil des Software-Paketes DCE von OSF bekanntes Programm zur Verwaltung und Prüfung von Benutzern und ihrer Zugriffsberechtigungen auf UNIX- und in verteilten Systemen.

Kooperative Verarbeitung

Verteilung und Kooperation von Komponenten eines Programms (Module, Unterprogramme, Objekte) auf mehrere Rechner und Schaffung eines Mechanismus zur Inter-Programm-Kommunikation zwischen diesen Komponenten zum Zweck der optimalen, angemessenen Nutzung der vorhandenen Ressourcen und der Spezifika der beteiligten Rechner (Massendatenverarbeitung auf dem Großrechner, Graphical User Interfaces auf der Workstation).

LAN   Local Area Network. Eine Gruppe von Rechnern (Workstations) mit den zugehörigen Endgeräten (Drucker, Scanner, etc.), die über ein Netz (Kabel, aber auch Funk oder Infrarot) miteinander verbunden sind und mittels zugehöriger Kommunikationssoftware Daten austauschen und gemeinsame Ressourcen nutzen. Räumlich erstreckt sich LAN in begrenzter Weise (bis etwa 1,5 km).

MDI   Multiple Document Interface. Wird von den meisten Window-Managern unterstützt und charakterisiert die Möglichkeit, mehrere aktive Windows aus einer Anwendung heraus bedienen zu können.

Mehr-Ebenen-Architektur

Eine Form der Client/Server-Architektur, die für Anwendungen mit unternehmensweiter Reichweite gewählt wird. Anwendungslogik und Datenverwaltungsregeln werden als mehrfach nutzbare Dienste realisiert. Inkonsistenzen und Redundanzen werden dadurch verhindert.

MQI   Message Queueing Interface. API von IBM, um eine asynchrone Inter-Programm-Kommunikation aufzurufen. Auf verschiedenen Betriebssystemen von Produkten unterstützt.

Multi-Threading

Mehrere Anforderungen werden durch ein einzelnes Programm überlappend bearbeitet (Beispiel: TP-Monitor oder DBMS). Aus der Perspektive des Betriebssystems belegt das Programm nur einen Prozeß/Task. Ein Thread ist einer Subtask analog.

Named Pipe   Ist eine Schnittstelle von Microsoft zur Inter-Programm-Kommunikation auf der Ebene des Application-Layer der OSI-Modells.

NetBIOS   Eine Schnittstelle im LAN, die zur Inter-Programm-Kommunikation auf dem Session-Layer des OSI-Modells verbreitet ist.

ODBC   ODBC ist ein generalisiertes Datenbank-Gateway von Microsoft, welches den Konventionen der SQL Access Group entspricht. Zur Umwandlung von SQL-Anweisungen im Call-Level-Format in die spezifischen Formate verschiedener DB-Systeme geeignet. Als Konkurrenzprodukt ist IDAPI von Borland bekannt.

OLE   Object Linking and Embedding. Ist innerhalb von WINDOWS eine Funktionalität zur Erzeugung und Bearbeitung von Verbunddokumenten; auch für OS/2 und UNIX vorgesehen. Dazu konkurrierend zählt die Entwicklung: OpenDoc von IBM und Apple.

OLTP   Online Transaction Processing. Betriebsform von Anwendungen für viele Benutzer zur konkurrierenden Bearbeitung gemeinsamer Datenbestände. Auf der Basis von Arbeitseinheiten (Transaktionen) erfolgt die Reservierung, Freigabe und Wiederherstellung von Daten. Die Arbeitseinheiten dürfen dabei entweder vollständig oder gar nicht abgewickelt sein. In der Regel überwacht ein OLTP-fähiges Datenbanksystem oder ein TP-Monitor die Integrität und Sicherheit der Transaktion.

OMG   Object Management Group. Bezeichnet eine Gruppierung, die als Intention die Standardisierung im Bereich der Objektorientierung hat. Die Definition einheitlicher Schnittstellen für einen Object Request Broker (CORBA= Common Object Requesr Broker Architecture) zählt zu den ersten Ergebnissen dieser Vereinigung.

OOUI   Object Oriented User Interface. Ist eine Gestaltungsform einer graphischen Benutzeroberfläche. Dabei kann der Benutzer die Daten oder bearbeitbaren Objekte in Form von Ikonen sehen, die durch Anklicken aktiviert werden können. Es wird ein Kontext-Menü angeboten, in dem die zu den Objekten gehörenden Funtionen plaziert sind. Eine schreibtisch-ähnliche Gestaltung des Bildschirms wird dadurch möglich (workplace environment). Eines der Regelwerke für ein OOUI ist CUA'91.

OSF   Open Software Foundation Ist eine Organisation von Herstellern, die um eine Realisierung einer Standard-Software im Bereich offener Systeme- meist UNIX bemüht sind. OSF/1, OSF/Motif und DCE sind von OSF entwickelt worden.

OSI   bezeichnet das Referenzmodell der ISO zur Kommunikation zwischen Rechnern. Dieses Referenzmodell schließt ein 7-schichtiges Modell mit aufeinander aufbauenden Funktionen ein, die für Netzwerkprotokolle und Kommunikationssoftware als Architekturmodell wirken sollen.

Peer to Peer Eine Form der Inter-Programm-Kommunikation, bei der jeder der beteiligten Komunikationspartner gleichberechtigt ist und damit die Kommunikation einleiten kann. Im Gegensatz dazu steht die Master-Slave-Beziehung, bei der ein Partner dem anderen übergeordnet und damit verantwortlich für die Initialisierung der Kommunikation ist.

persistente Geschäftsregeln

Das Verteilungsmodell der persistenten Geschäftsregeln wird auf der Basis von Client/Server-Datenbankmanagementsystemen realisiert, die es ermöglichen, anwendungsspezifischen Code in der Datenbank in Form von gespeicherten Prozeduren abzulegen. Diese gespeicherten Prozeduren beinhalten sowohl die Datenmanipulation (im allgemeinen SQL) wie auch Regeln, die an die Datenstruktur geknüpft sind. Die gespeicherte Prozedur enthält damit eine namentlich identifizierbare Geschäftsregel, die persistent in der Datenbank abgelegt wird und allen Anwendungssystemen zur Verfügung steht. Zur Realisierung der gespeicherten Prozeduren wird je nach Hersteller eine spezielle Notation oder auch eine der klassischen Programmiersprachen verwendet.

Remote Procedure Call

siehe RPC.

Replication Server

bezeichnet die Funktionalität eines DBMS zur asynchronen Verwaltung replikater Datenbestände (gesamte Datenbank oder ausgewählte Teilmengen) auf anderen DB-Systemen. Die Verwaltung der Datenbestände erfolgt nach einem Master/Slave-Konzept: Veränderungen erfolgen ausschließlich auf dem als Master definierten Datenbestand. Die Übertragung der Änderungen findet zeitversetzt auf die anderen Kopien statt. Aus diesem Grunde können die Kopien nur noch gelesen werden.

RPC   Ein Remote Procedure Call ist ein Vorgang, bei dem ein Unterprogramm auf einem anderen Rechner über einen für das aufrufende Programm nicht sichtbaren Mechanismus aufgerufen wird.

Sockets   Programmierschnittstelle für die Inter-Programm-Kommunikation bei TCP/IP und SPX/IPX.

SPX/IPX   Proprietäres Netzwerk-Protokoll von Novell. Im LAN-Bereich konkurriert es mit NetBEUI und TCP/IP.

SQL   Structured Query Language. Für Datenbanksysteme genormte Sprache basierend auf der Relationen-Algebra von Dr.Codd. Das 1992 veröffentlichte SQL2 ist der neueste Normungsstand, wird jedoch von keinem DBMS vollständig abgedeckt. Es gibt zwei verschiedene Programmierschnittstellen (API) für SQL: embedded SQL und Call Level Interface.

SQL Access Group

Abkürzung: SAG. Vereinigung von 45 DBMS-Herstellern, die sich um die Vereinbarung einer einheitlichen Datenbank-Schnittstelle bemüht. X/Open hat das Call Level Interface (CLI) der SAG als Standard übernommen.

Stored Procedure

Bezeichnet die Fähigkeit eines DBMS, unter seiner Kontrolle ein Programm auszuführen. Ein beträchtlicher Teil der Anwendungslogik wird bei einer Client/Server-Architektur durch einen Stored Procedure auf den Server-Rechner mit der Datenbank verlagert. So entsteht ein Application Server. Es findet eine deutliche Reduktion der Anzahl der SQL-Befehle, die über das Netz geschickt werden müssen, durch eine Stored Procedure statt, so daß die Verbesserung der Performance möglich wird. Die Prorammierung einer Stored Procedure erfolgt allerdings meist in der Regel in einer DBMS-spezifischen Sprache, infolgedessen eine Abhängigkeit vom DBMS erzeugt wird.

TCP/IP   Transmission Control Protocol/Internet Protocol. Zur Kommunikation zwischen heterogenen Rechnern verbreitetes Netzwerk-Protokoll. TCP/IP ist in allen UNIX-Implementierungen als auch unter MVS, OS/400 Novell u.a. verfügbar.

TP-Monitor Ein TP-Monitor ist ein Steuerprogramm zur transaktionsorientierten Verwaltung von Anwendungsprogrammen für Dialogverarbeitung. Funktionen für dynamisches Laden von Programmen, Ressource-Kontrolle, Zwischenspeicherung, Datenverwaltung,

DB-Anschluß und Inter-Programm-Kommunikation gehören zum TP-Monitor. Durch den Einsatz eines TP-Monitors erhöht sich der Durchsatz auf einem Server-Rechner während sich gleichzeitig der Betriebsmittelverbrauch reduziert.

Verteilte Datenbank

Zu einer verteilten Datenbank gehören mehrere physische DB-Systeme, deren Daten dem Anwender- interaktiver Benutzer oder Programmierer- wie eine einzige Datenbank erscheint. Die beteiligten DB-Systeme sorgen dafür, daß dem Anwender gegenüber der Speicherungsort und die Verteilungsform der Daten nicht sichtbar werden und alle Operationen auf dieser Datenbasis netzweit integer abgewickelt werden. Die Distributed Database kann sich über ein Weitnetz oder ein lokales Netz hinziehen.

Verteilte Präsentation

bezeichnet eine Form der Client/Server-Architektur, bei der die Bildaufbereitung auf einem dezentralen Arbeitsplatzrechner (PC) realisiert wird. Trotzdem eine graphische Oberfläche vom Anschein her durch das Benutzen eines Window-Managers erreicht wird, ist dies vom Verhalten her nicht gegeben. Der Grund dafür liegt darin, daß eine vollständige GUI-Oberflläche auch eine Verlagerung von Steuerungslogik und Prüfungen in die Benutzeroberfläche erfordert.

Zwei-Ebenen-Architektur

Eine Form der Client/Server-Architektur, die auf der Verteilung von Anwendungssystemen an der Schnittstelle zum DBMS basiert. Präsentation, Steuerung, Anwendungslogik und Datenverwaltungsregeln werden auf dem Client realisiert. Eine Schichtenbildung ist damit nicht zwangsläufig verbunden. Anwendungslogik und Datenverwaltungsregeln werden für unterschiedliche Anwendungssysteme mehrfach realisiert. Inkonsistenzen müssen dabei durch organisatorische Maßnahmen verhindert werden. Die Zwei-Ebenen-Architektur ist damit nur für solche Anwendungssysteme nutzbar, deren Bedeutung sich auf Teilbereiche des Unternehmens beschränkt.

8.2 Verzeichnis der Abbildungen

8.3 Verzeichnis der Tabellen

8.4 Literaturverzeichnis

ACM94	div. Autoren: Reverse Engineering, Communications of the ACM, Nr. 5, 1994
ADO93	Adolf, M./ Fillhardt, H.: Der Vererbungsbegriff in der Objektorientierung, HMD, Nr. 170, 1993
AMM94	Ammon, v. R.: UIMS sind eine Alternative zu DBMS-spezifischen Werkzeugen, Computerwoche, Nr. 3, 1994
AND92	Andleigh, P.K./ Gretzinger, M.R.: Distibuted Object-Oriented Data-Systems Design, Englewood Cliffs, 1992
AUE94	Aue, A.: BOS - Eine Methode zur Analyse verteilter Informationssysteme, in: Sommerville, I./ Paul, M.: Software Engineering - ESEC '93, 1994
AUT90	Autenrieth, K./ Dappa, H./ Grevel, M./ Kubalski, W./ Bartsch T.: Technik verteilter Betriebssysteme, Heidelberg, 1990
BAL95	Balzert, H.: Methoden der objektorientierten Systemanalyse, Mannheim, 1995
BAR92	Barker, R.: CASE *Method: Entity Relationship Modellierung, Bonn, 1992
BAU94	Baum, M./ Wassermann, H.: Entschlackung, Business Computing, Nr. 4, 1994
BEH88	Behr, J.P. et. al.: A distributed abstract object machine for the office, in: Wolfinger, B.: Vernetzte und komplexe Informatik-Systeme, Heidelberg, 1988
BER92	Berson, A.: Client/Server Architecture, New York, 1992
BOE81	Boehm, B.: Software Engineering Economics, Englewood Cliffs, 1981
BOF92	Boffey, B.: Distributed Computing, Oxford, 1992
BOO90	Booch, G.: Object Oriented Design, Redwood City, 1990
BOO94	Booch, G.: Qualitätsmaße, Objektspektrum, Nr. 4, 1994
BRI95	Briem, J.: Client/Server-Architektur in OLTP - ein begehbarer Weg, HMD, Nr. 181, 1995
BUE94	Bues, M.: Offene Systeme, Berlin, 1994
CHE77	CHEN, P.: Entity-Relationship-Approach to Logical Database Design, Wellesley, 1977

CHU80   Chu, W. W./ Holloway, L. J./ Lan, M./ Efe, K.: Task Allocation in Distributed Data Processing, Computer, Nr. 11, 1980

COA90   Coad, P./ Yourdon, E: Object-Oriented Analysis, Englewood Cliffs, 1990

COA92   Coad, P./ Yourdon, E.: Object-Oriented Design, Englewood Cliffs, 1992

COL94   Coleman, D./ u.a.: Object-Oriented Development, Englewood Cliffs, 1994

COR91   Corbin, John, R.: The Art of Distributed Applications: Programming Techniques for Remote Procedure Calls, New York, 1991

CUA91   Common User Access (CUA), IBM, 1991

CW93   Schwerpunkt Middleware, Computerwoche, Nr. 34, 1993

CW93a   Client-Server: DV-Chefs ändern ihre Strategien, Computerwoche, Nr. 43, 1993

CW95a   Die gesamte SW-Industrie steht vor einem Umbruch, Computerwoche, Nr. 3, 1995

CW95b   Viele Unternehmen hoffen auf den Deus ex machina (Interview mit H. Österle), Computerwoche, Nr. 11, 1995

CWE94a   Informationsmanagement, Computerwoche-Extra, Nr. 5, 1994

CWE94b   Verteilte Systeme, Computerwoche-Extra, Nr. 4, 1994

CWS94   Die Client/Server-DV wird immer mehr das Normale, Computerwoche-Sonderausgabe, 1994

CYP91   Cypser, R.J.: Communications for Cooperating Systems, Reading, 1991

CYR94   Cyrus, H.: CICS-Applikationen laufen auch in einem PC-Netzwerk, Computerwoche, Nr. 48, 1994

DEN91   Denert, E.: Software-Engineering, Berlin, 1991

DEW93   Dewire, D. T.: Client/Server Computing, New York, 1993

DIE94   Dielmann, F. : Verteilungskonzepte und Transaktionssicherheit, in: Jähnichen, S. (Hrsg.): Innovative Softwaretechnologien, Online Congress VI, Velbert, 1994

DIV81   div. Autoren: Schwerpunktthema Objektorientierte Programmierung, Byte, Nr. 8, 1981

DIV89a   div. Autoren: OOPSLA 89, Special Issue of SIGPLAN Notices, SIGPLAN, Nr. 10, 1989

DIV89b	diverse Autoren: Objektorientierte Systementwicklung, HMD, Nr. 145, 1989
DIV90	div. Autoren: Object oriented Design, Communications of the ACM, Nr. 9, 1990
DMA82	DeMarco, T.: Controlling Software Projects, Englewood Cliffs, 1982
DOR93	Dorsch, M.: Datenbankschnittstellen - Konzepte u. Strategien, Datenbank FOKUS, Nr. 9, 1993
DRE95	Drespling, W.: Technologien des Software-Rightsizing oder die Wege zur vernetzten Applikationswelt, in: Vogt, F.H. (Hrsg.): Objektorientierte Architekturen und Softwaretechnologiekonzepte im Client/Server-Umfeld, Online Congress VI, Velbert, 1995
DUM92	Dumke, R.: Softwareentwicklung nach Maß, Wiesbaden, 1992
EIC92	Eicker/ Kurbel/ Pietsch/ Rautenstrauch: Einbindung von Software Altlasten durch integrationsorientiertes Reengineering, Wirtschaftsinformatik, Nr. 34, 1992
ELZ89	Elzer, P. F.: Management von Softwareprojekten, Informatik Spektrum, Nr. 12, 1989
END88	Endres, A.: Software Wiederverwendung: Ziele, Wege und Erfahrungen, Informatik Spektrum, Nr. 11, 1988
FÖR89	Förster, C.: Adaptive Allocation of Computational Requirements to Heterogeneous Networks, in: Kommunikation in verteilten Systemen, ITG/GI Fachtagung, Berlin, 1989
GAG94	Gagliardi, G.: Client/Server Computing, 1994
GAR94a	Gartner Group: Lining Up Teams for Distributed Applications Development, 1994
GEI95	Geihs, K.: Client/Server-Systeme, Bonn, 1995
GIL88	Gilb, T. Principles of Software Engineering Management, Wokingham, 1988
GRA92	Grady, R.: Practical Software Metrics for Project Managment and Process Improvement, Englewood Cliffs, 1992
GRP94	Grupe, D.: Wirtschaftlichkeitsargumente für eine Client/Server-orientierte Infrastruktur, in: Jähnichen, S. (Hrsg.): Innovative Softwaretechnologien, Online Congress VI,Velbert, 1994
GRU94	Gruhn , V./ Wolf, S.: Software-Entwicklung auf der Basis von Geschäftsprozeßmanagement, HMD, Nr. 180, Heidelberg, 1994

HAC93   Hackathorn, R. D.: Enterprise Database Connectivity, New York, 1993

HAM93   Hammer, M./ Champy, J.: Reengineering the Corporation, 1993

HAN93   Hansen, W.-R. (Hrsg.): Client/Server-Architektur, Bonn, 1993

HEI85   Heinrich, L.J./ Roithmayr, F.: Die Bestimmung des optimalen Distribuierungsgrades von Informationssystemen, in: Bischoff, R. u.a., HMD, Nr. 121, 1985

HEI93   Heinrich,W.: Client-Server-Strategien, 1994

HEN94   Henne, A.: Open Transaction Management mit CICS, in: Jähnichen, S. (Hrsg.): Innovative Softwaretechnologien, Online Congress VI, Velbert, 1994

HER88   Herbert, A./ Dobson, J./Monk, J./ van der Linden, R.: A Design Schema For Distributed Systems, in: Speth, R.: Research Into Networks And Distributed Systems- Euteco `88, 1988

HER94   Hermann, G.: Client-Server-DV verändert die Transaktionsverarbeitung, Computerwoche, Nr. 48, 1994

HET94   Hetzel-Herzog, W.: Objektorientierte Softwaretechnik, Braunschweig, 1994

HEU88   Heuser/ Schill/ Frank/ Mühlhäuser: How to support the development of distributed object oriented application, in: Valk, R.: Vernetzte und komplexe Informatik Systeme, 1988

HOF86   Hofmann, F.: Remote Procedure Call, Informatik Spektrum, Nr. 5, 1986

HOR88   Horn, C.: An Object Oriented Model for Distributed Processing, in: Speth, R.: Research into Networks and Distributed Applications, 1988

HUM89   Humphrey, W. S.: Managing the Software Process, Reading, 1989

HUT94   Hutt, A. (OMG), Object Analysis and Design, New York, 1994

IBM92   Insurance Application Architecture. IAA Business Modelling Guide, Edition 1, IBM Corp., 1992

INM93   Inmon, W. H.: Client/Server- Anwendungen, Berlin, 1993

ISO92   International Organization for Standardization, Information Technology, International Standard 9075: Database Language SQL2, 1992

ISO93a   International Organization for Standardization, Information Technology, International Standard 9579-1: Remote Database Access (RDA) - Service and Protocol, 1993

ISO93b   International Organization for Standardization, Information Technology, International Standard 9579-2: Remote Database Access (RDA) - SQL Spezialization, 1993

ISO93c   Information Processing Systems- Open Systems Interconnection, Proposed Draft Amendment # 1for 9579-2: PDAM 1 for Remote Database Access- Part 2: SQL Specialization, 1993

ITR94   Informatik Training GmbH: Client-Server-Anwendungen - Grundlagen, Seminarunterlagen, 1994

JAB91   Jablonski, S.: Konzepte der verteilten Datenverwaltung, HMD, Nr. 28, 1991

JAC92   Jacobson, I.: Object-Oriented Software Engineering, Wokingham, 1992

JÄH94   Jähnichen, S.: Innovative Softwaretechnologien, Online Congress VI, Velbert, 1994

KAU94   Kauffels, F.-J.: Betriebssysteme in Netzen, Bergheim, 1994

KIL93   Kilberth, K./ Gryczan, G./ Züllighoven, H.: Objektorientierte Anwendungsentwicklung, Braunschweig, 1993

KLA94   Klahold, A.: Datenbank Esperanto, Business Computing, Nr. 4, 1994

KRA88   Kraemer, R.: An Object Oriented Architecture for Concurrent System and Application Software in a Distributed Environment, in: Speth, R.: Research into Networks and Distributed Applications, 1988

KRC94   Krcmar, H. (Hrsg.): Client/Server- Architekturen - Herausforderung an das Informationsmanagement, Hallbergmoos, 1993

KÜF94   Küffmann, K.: Software-Wiederverwendung, Braunschweig, 1994

KUR93   Kurbel, K. (Hrsg.): Wirtschaftsinformatik, Heidelberg, 1993

KUR95   Kurz, M.: Sicherheit in verteilten und vernetzten Anwendungen, in: Vogt, F.H. (Hrsg.): Objektorientierte Architekturen und Softwaretechnologiekonzepte im Client/Server-Umfeld, Online Congress VI, Velbert, 1995

LAM94   Lamersdorf, W.: Datenbanken in verteilten Systemen, Braunschweig, 1994

LAN94   Langer, V.: Auch PCE-LANs brauchen Strategien zur Datensicherung, Computerwoche, Nr. 46, 1994

LEH91   Lehner, F./ Auer-Rizzi, W./ Bauer, R./ Breit, K./ Lehner, J./ Reber, G.: Organisationslehre für Wirtschaftsinformatiker, München, 1991

LET95   Letters, F.: Wie macht der Praktiker 1995 objektorientierte Client/Server-Systeme?, Objektspektrum, Nr. 6, München, 1995

LIT93   Litke, H.-D.: Projektmanagement, München, 1993

LOR88   Lorin, H.: Aspects of Distributed Computer Systems, 1988

LOR94   Lorenz, M./ Kidd, J.: Object Oriented Software Metrics, Englewood Cliffs, 1994

LUC89   Lucas Jr., H.C.: Managing Information Services, New York, 1989

MAR92   Martin, J./ Odell, J.J.: Object-Oriented Analysis and Design, Englewood Cliffs, 1992

MCC76   McCabe, T.J.: A Complexity Measure, IEEE TOSEM, Nr. 2, 1976

MCM84   McMenamin, S.M./ Palmer, J.F.: Essential Systems Analysis, Englewood Cliffs, 1984

MEI94   Meise /Manus: Versteckte Kosten, Business Computing, Nr. 2, 1994

MEY88   Meyer, B.: Object Oriented Software Construction, London, 1990

MEY94   Meyer, H.-M.: OLE: ComponentWare revolutioniert den Softwaremarkt, Objektspektrum, Nr. 5, München, 1994

MIP92   Microsoft Press: The Windows Interface- An Application Design Guide, Redmond, 1992

MOA89   Moad, J.: Cultural Barriers Slow Reusability, Datamation, 1989

MON92   Monarchi, D.E./ Puhr, G.I.: A Research Typology for Object-Oriented Analysis and Design, Communications of the ACM, Nr. 9, 1992

MÜH88   Mühlhäuser, M.: System DESIGN: Softwaretechnik für verteilte Anwendungen, in: Valk, R.: GI- 18. Jahrestagung, Band II, Berlin, 1988

MÜH92   Mühlhäuser, M./ Schill, A.: Software Engineering für verteilte Anwendungen, Berlin, 1992

NEH85   Nehmer, J.: Softwaretechnik für verteilte Systeme, Berlin, 1985

NEH88	Nehmer, J.: Entwurfskonzepte für verteilte Systeme, in: Valk, R.: Vernetzte und komplexe Informatik Systeme, Berlin, 1988
NIE93a	Niemann, K.D.: Abschied von monolithischen Softwarestrukturen, Computerwoche-Extra, Nr. 4, 1993
Nie93b	Niemann, K.D.: Anwendungsentwicklung für Client/Server-Architekturen, in: Löw, H.-P./ Partosch, G. (Hrsg.): Verteilte Systeme - Organisation und Betrieb, Wiesbaden, 1993
NIE93c	Niemann, K.D.: Methodische Entwicklung verteilter DV-Systeme im Unternehmen, in: Kurbel, K., Wirtschaftinformatik, Heidelberg, 1993
NIE94a	Niemann, K.D.: Modulare Systeme statt monolithische Softwarestrukturen, Computerwoche-Focus, Nr. 4, 1994
NIE94b	Niemann, K.D.: Anwendungsentwicklung für Client/Server-Architekturen, in: Jähnichen, S. (Hrsg.): Innovative Softwaretechnologien, Online Congress VI, Velbert, 1994
NIE95a	Niemann, K.D./ Peschel, R.: Organisation und Methodik der Client/Server-Anwendungsentwicklung, in: Vogt, F.H. (Hrsg.): Objektorientierte Architekturen und Softwaretechnologiekonzepte im Client/Server-Umfeld, Online Congress VI, Velbert, 1995
NUT92	Nutt, G. J.: Open Systems, Englewood Cliffs, 1992
OFE93	Ofer, U.: SQL-Server im Vergleich, Datenbank FOKUS, Nr. 5, 1993
OMG93	Object Management Group: Object Management Architecture Guide, Wellesley, 1993
ORF91	Orfali, R./ Harkey, D.: Client/ Server Programming with OS/2 Extended Edition, New York, 1991
ORF94	Orfali, R./ Harkey, D.: Client/Server Survival Guide with OS/2, New York, 1994
ORT89	Ortner, E./ Söllner, B.: Semantische Datenmodellierung nach der Objekttypenmethode, Informatik Spektrum, Nr. 12, 1989
PES94	Peschanel, F.D.: IT-Strategien für die nächsten 1000 Tage, Plenum Institut GmbH, Bd. 1 und 2, Radolfzell/Bodensee, 1994
PÜR94	Pürner, H. A./ Pürner, B.: DB2/2 kompakt, Braunschweig, 1994
RAA91	Raasch, J.: Systementwicklung mit Strukturierten Methoden, München, 1991
RAI91	Rains, E.: Function Points in an Ada Object-Oriented Design, in: Zdonik, S.B.: OOPS Messenger, Nr. 4, 1991

RAU93   Rautenstrauch, C.: Integration Engineering, Bonn, 1993

RÖS95   Rösch, M.: Objektorientiertes COBOL - die Wüste lebt, Objektspektrum, Nr. 6, 1995

ROY94   Roy, M.: DCE RPC versus ORB, Objektspektrum, Nr. 5, 1994

RUB92   Rubin, K.S./ Goldberg, A.: Object Behavior Analysis, in: Maurer, J.: Communications of the ACM, Nr. 9, 1992

RUM91   Rumbaugh, J./ Blaha M./ Premerlani, W./Eddy, F./ Lorensen, W.: Object-Oriented Modeling and Design, Englewood Cliffs, 1991

SAT95   Sattler, H.: Offene Schnittstellen für transaktionsorientierte Client/Server-Anwendungen, in: Vogt, F.H. (Hrsg.): Objektorientierte Architekturen und Softwaretechnologiekonzepte im Client/Server-Umfeld, Online Congress VI, Velbert, 1995

SCH93   Schill, A.: DCE- das OSF Distributed Computing Environment, Berlin, 1993

SCH94   Schott, A./ Graave, H.J.M./ Schley, J.: Entwicklung und Einsatz einer technischen Anwendungsarchitektur in der Versicherungswirtschaft, HMD, Nr. 180, Heidelberg, 1994

SCH95   Schulz-Wolfgramm, C: Informationsverarbeitung 1995: Optimierung der IS-Ressourcen, Online Congress VII, Velbert, 1995

SHI90   Schill, A.: Migrationssteuerung und Konfigurationsverwaltung für verteilte objektorientierte Anwendungen, Berlin, 1990

SHL88   Shlaer, S./ Mellor, S.J.: Object-Oriented Systems Analysis, Englewood Cliffs, 1988

SHL92   Shlaer, S./ Mellor, S.J.: Object Lifecycles, Englewood Cliffs, 1992

SNE94   Sneed, H.: Erfolgreiche Projektkalkulation beruht vor allem auf Erfahrung, Computerwoche, Nr. 43, 1994

SPE88   Speth, R.: Research Into Networks And Distributed Applications-Euteco `88, 1988

SPI85   Spiess, P.P.:No-wait-send/Rendezvous, Informatik Spektrum, Nr. 5, 1985

SPI89   Spitta, Th.: Software Engineering und Prototyping, Berlin, 1989

STE88   Stefani, J.-B.: Communication And Object Management in Distributed Office Information Systems: Objects and Basic Services, in: Speth, R.: Research into Networks and Distributed Applications-Euteco `88, 1988

TAN88 Tanenbaum, A. S./ van Renesse, R.: A Critique of the Remote Procedure Call Paradigm, in: Speth, R.: Research into Networks and Distributed Applications- Euteco `88, 1988

TON95 Tonhäuser, V.: Client/Server-Projekte erfogreich gestalten; in: Vogt, F.H. (Hrsg.): Objektorientierte Architekturen und Software-technologiekonzepte im Client/Server-Umfeld, Online Congress VI, Velbert, 1995

VAU94 Vaughn, L.T.: Client/Server System Design & Implementation, New York, 1994

VOG95 Vogt, F.H. (Hrsg.): Objektorientierte Architekturen und Software-technologiekonzepte im Client/Server-Umfeld, Online Congress VI, Velbert, 1995

WAG92 Wagner, Bernardo u.a.: Reverse Engineering, Ehningen 1992

WEG84 Wegner, P.: Capitalintensive Softwaretechnology, part 1: Software Components., IEEE Software, Nr. 13, 1984

WHE93 Wheeler, T.: Offene Systeme, Braunschweig, 1993

WIR90 Wirfs-Brock, R./ Wilkerson, B./ Wiener, L.: Designing Object-Oriented Software, Englewood Cliffs, 1990

XOP93 DTP: Reference Model, X/Open Company Ltd., 1993

YOU89 Yourdon, E.: Modern Structured Analysis, Englewood Cliffs, 1989

ZIE91 Ziegler, K.: Distributed Computing and the Mainframe, New York, 1991

8.5 Sachwortverzeichnis